有机化学实验

主　编　曾　伟
副主编　方　伊　蒋　亚　宋　红

西南交通大学出版社
·成　都·

图书在版编目（CIP）数据

有机化学实验 / 曾伟主编. —成都：西南交通大学出版社，2010.9（2018.7 重印）
ISBN 978-7-5643-0885-8

Ⅰ. ①有… Ⅱ. ①曾… Ⅲ. ①有机化学－化学实验
Ⅳ. ①062-33

中国版本图书馆 CIP 数据核字（2010）第 176351 号

有 机 化 学 实 验

主编 曾 伟

责任编辑 牛 君
封面设计 墨创文化
出版发行 西南交通大学出版社（四川省成都市二环路北一段 111 号 西南交通大学创新大厦 21 楼）
发行部电话 028-87600564 028-87600533
邮编 610031
网址 http: //www.xnjdcbs.com
印刷 成都蓉军广告印务有限责任公司
成品尺寸 185 mm × 260 mm
印张 11.5
字数 286 千字
版次 2010 年 9 月第 1 版
印次 2018 年 7 月第 2 次
书号 ISBN 978-7-5643-0885-8
定价 29.00 元

前 言

为了适应本科实验教学发展和新世纪人才培养的需要，在借鉴我校近年来有机化学实验教学和教改经验和成果的基础上，参考近年来国内外出版的同类教材，并充分考虑了当前我国普通高等院校基础课教学现状和不同学科专业对有机化学实验的不同要求，我们编写了这本《有机化学实验》。本书可面向生物工程学院、环境工程学院、材料学院等各专业本科生，有较宽的适用面，不同专业可根据需要选择自己所侧重的内容。

本书共包括了6章内容，按照由浅入深，从一般知识、基本操作到综合性技术和技能的顺序进行编排。这6章内容分别是：第1章，有机化学实验一般知识；第2章，有机化学实验基本操作；第3章，有机化合物的性质实验；第4章，有机化合物的制备与反应；第5章，天然产物的提取；第6章，综合设计性实验。

本书具有以下特点：

(1) 对有机化学实验的一般知识进行了详细的介绍，尤其重点介绍了关于有机化学的安全知识和有机化学实验常用的玻璃仪器和设备。

(2) 共选编了35个典型实验，实验规程可靠，实用性强，尽量体现环保理念，并附有大量实验图片，有助于加深学生对实验操作的印象。

(3) 遵循以人为本的教学理念，每个实验项目相对独立完整，包括实验目的、实验原理、仪器试剂、实验步骤、注释和思考题等部分。书后附录收集了部分常用有机化合物的物理常数表以及危险化学药品的使用与保存，便于查阅使用。使用本书使学生预习实验更加方便，更能培养学生的思维能力，达到素质教育的目的。

(4) 为了使实验教学真正从“验证型”转向“研究设计型”，本书编排了少量综合设计性实验，让学生根据这些题目自行独立设计，教师只是组织者、指导者，学生才是整个学习过程的中心，这有利于学生个性的发展，调动学生的学习主动性和积极性。

近年来，波谱技术广泛用于分离和分析，使有机化学的实验方法发生了重大变化，目前大多数学校都配有色谱、红外光谱和核磁共振仪。本书除了介绍纸色谱、柱色谱和薄层色谱外，还简单介绍了气相色谱、液相色谱的基本原理和应用。

在编写本书的过程中，西南交通大学生命工程与科学学院化学化工系的老师对初稿提出了许多宝贵的意见，使用过原讲义的历届同学们对本书的编写也提出了许多有益的建议，本书的出版得到了西南交通大学生命工程与科学学院化学化工系领导的关心和大力支持，在此一并致谢。

诚挚欢迎使用本书的各院校同行和读者对书中存在的错误与不妥之处提出批评和建议，便于我们修改，使之更加完善。

编 者

2010年8月于成都

目　录

有机化学实验须知

1. 有机化学实验的重要性

有机化学实验是独立开设的一门重要的专业必修课，它在有机化学教学中占有十分重要的地位。有机化学是以实验为基础的科学，有机化学的理论、原理和定律都是在实践的基础上产生，又依靠理论与实践的结合而发展的。通过进行有机化学实验能使学生更好地理解和掌握有机化学的理论知识，有效提高其知识质量。随着有机化学的发展，目前有机化合物数目已达数百万种，其中有相当数量是人工合成的。虽然不同的有机化合物的制备一般采用不同的合成路线、方法，但是常常会用到有机化学实验基本操作技术和有机合成单元操作反应，如蒸馏、分馏、水蒸气蒸馏、减压蒸馏、结晶、层析等。尤其是随着知识经济时代的到来，许多化工新产品的开发与应用、工业“三废”的处理、环境保护、生命与健康领域的科学研究等都依赖于有机化学实验知识的应用。所以，有机化学实验知识是化工类及其相关专业学生必备的基础知识之一，是培养21世纪高素质的化学化工类人才的重要组成部分。学好有机化学实验还能为学生今后做毕业论文或从事相关工作打下良好的基础。

2. 有机化学实验的目的

（1）熟悉有机化学实验的一般知识，掌握有机化学实验的基本操作技能，培养实验动手能力。

（2）验证常见有机化合物的性质，掌握重要有机化合物的鉴别方法，丰富感性知识，巩固、加深和扩充有机化学的基本理论知识。

（3）学会常用的有机化学实验装置的安装与操作，掌握最基本的有机化合物的制备、分离与提纯方法，培养正确观察实验现象，准确测量、记录以及处理实验数据，科学地表达实验结论，规范地完成实验报告的能力。

（4）掌握天然有机物的提取技术，培养创新思维和综合运用有机化学实验操作技术的能力。

（5）掌握实验室常见问题的处理方法，养成良好的实验习惯，培养理论联系实际的工作作风，实事求是的科学态度和独立分析问题、解决问题的能力。

3. 有机化学实验的学习方法

我国著名化学家、前中国科学院院长卢嘉锡教授说过：科学工作者应具备“C3H3”，即Clear Head（清醒的头脑）、Clever Hand（灵巧的双手）和Clean Habit（整洁的习惯）。

这对于学生学好有机化学实验具有重要的指导意义。因为实验课就是要手脑并用，认真思考、认真操作、认真整理。实验前预习、实验操作和实验报告是安全、高效地完成有机化学实验的三个重要环节。

（1）认真预习，写出预习报告。

实验前，学生必须通过预习在头脑中建立整个实验过程的轮廓。包括掌握有机化学实验的一般知识，了解实验室安全及常用仪器设备的性能和使用方法；在进行每一个实验以前还必须认真预习有关实验内容，明确实验的目的和要求，了解实验的基本原理、内容和方法，写好实验预习报告，了解所用药品和试剂的毒性和其他性质，牢记操作中的注意事项，制订本次实验的实验计划。

（2）认真操作，仔细观察，详细记录，一丝不苟。

实验时要亲手完成每项操作，逐步提高实验技能，不要让自己成为“实验旁观者”。实验过程中要勤于动手、勤于观察、勤于思考、勤于记录，养成整洁的好习惯。实验课程是培养学生动手能力和创新思维能力的主要途径之一，包括实验装置组装的正确规范、基本操作技能的训练掌握、突发事件的应对处理等。在实验过程中应养成细心观察和及时记录的良好习惯，凡实验所用物料的质量、体积以及观察到的现象和温度等所有数据，都应立即如实地填写在记录本中。学生每人必须准备一个实验记录本，不得用散纸。实验完成后，应计算产率，然后将记录本和盛有产物、贴好标签的样品瓶交给教师核查。

（3）写好实验报告。

学生应独立完成实验报告，并在规定时间内送指导教师批阅。做完课堂实验只是完成实验的一半，余下更为重要的是分析实验现象，整理实验数据，将直接的感性认识提高到理性思维阶段，这是锻炼分析问题能力的重要一环。报告中可以针对本实验中遇到的疑难问题，对实验过程中发现的异常现象，或数据处理时出现的异常结果展开讨论，敢于提出自己的见解，分析实验误差的原因，也可以对实验方法、教学方法、实验内容等提出自己的意见或建议。

1　有机化学实验一般知识

在有机化学实验中，经常要使用易燃易挥发溶剂，如乙醚、乙醇、丙酮和苯等；易燃易爆的气体和药品，如氢气、乙炔和金属有机试剂等；有毒药品，如硝基苯、甲醇和某些有机磷化合物等；有腐蚀性的药品，如浓硫酸、浓硝酸、浓盐酸、烧碱及溴等。这些药品若使用不当，就有可能产生着火、爆炸、烧伤、中毒等事故。同时，有机实验所用仪器多为玻璃制品，易碎、易裂，如果不注意，不但会损坏仪器，还会造成割伤、燃烧等各种事故。还有电器设备和气瓶等，如果使用或处理不当也易引起触电或火灾。另外，长期待在实验室内，如果不注意采取通风等防护措施，实验室内空气中的甲醛等有机化合物对我们的健康也会产生急性或慢性影响。但是，这些事故的影响都是可以预防的。俗话说，磨刀不误砍柴工，只要实验者树立安全第一的思想，充分认识到化学实验室是潜在的危险场所，认真学习本书关于有机化学一般知识的内容，认真预习，了解所做实验中用到的化学药品和仪器的性能、用途、可能出现的问题及预防措施，并严格执行操作规程，就能有效地维护人身安全和实验室安全，确保实验顺利进行。

本章我们重点介绍有机化学实验的一般知识，主要包括有机化学实验规则、安全知识、常用玻璃仪器和设备介绍、常用装置介绍、有机化学实验实施方法及有机化学实验预习和实验报告等内容。

1.1　有机化学实验规则

为了保证有机化学实验课正常、有效、安全地进行，保证实验课的教学质量，学生必须严格遵守下列规则：

（1）每次做实验前，必须认真预习有关实验的内容及相关参考资料，理清实验思路，了解实验中使用的药品的性能和可能引起的危害及相应的注意事项。写好实验预习报告，没有达到预习要求者，不得进行实验。

（2）提前 10 分钟进入实验室。

（3）实验前清点仪器，若发现有破损或缺少，应立即报告教师，按规定手续补发。未经教师同意，不得擅自拿用别的位置上的仪器。

（4）蒸馏、回流和加热用仪器，禁止用密闭体系操作，一定要和大气接通在或与大气相接处套一气球①。

(5) 实验中应严格按操作规程操作，若要改变，必须经指导老师同意。实验中要认真、仔细观察实验现象，养成及时记录的良好习惯，凡是观察到的现象和结果以及有关的质量、体积、温度或其他数据，都应立即如实记在记录本上。实验完成后，由指导老师检查实验结果，并将产品回收统一保管。课后，按时写出符合要求的实验报告。

(6) 在实验过程中，不得大声喧哗，不得擅自离开实验室。不能穿拖鞋、背心等暴露过多的服装进入实验室；实验室内不能吸烟或吃东西。

(7) 爱护公物：公用玻璃仪器和药品应在指定地点使用，用完后及时放回原处（以免影响其他同学使用)，并保持其整洁。节约药品，按实验要求称取所需药品，药品取完后，及时将盖子盖好，以免药品被污染或挥发污染环境。玻璃仪器损坏应立即向老师汇报，老师登记后予以补发，并按制度赔偿。

(8) 废物处理：液体废物应倒在废液桶内（易燃液体除外，有指定容器回收)，固体废物（如沸石、滤纸、脱脂棉等）应倒在垃圾桶内，千万不要倒在水槽中，以免堵塞。

(9) 正确使用温度计、玻璃棒和玻璃管，以免玻璃管、玻璃棒折断或破裂而划伤皮肤。玻璃管（棒）或温度计插入塞子中时，应先检查塞孔大小是否合适，然后将玻璃切口熔光，用布裹住并涂少许甘油等润滑剂后再缓缓旋转而入。握玻璃管（棒）的手应尽量靠近塞子，以防因玻璃管（棒）折断而割伤皮肤。

(10) 要熟悉安全用具如灭火器、沙桶以及急救箱的放置地点和使用方法。安全用具及急救药品不能移作他用，或挪动存放位置。

(11) 实验结束后，将个人实验台面打扫干净，仪器洗净放好，关闭电源，请指导老师检查、签字后方可离开实验室。

(12) 轮流值日：公共卫生由学生轮流值日，值日生负责实验室的清理和检查工作，清洁桌面、地面和水槽；整理公用仪器和药品；清除垃圾，最后检查水、电是否安全。

1.2 有机化学实验安全知识

在实验中，我们经常使用有机试剂和溶剂，这些物质大多易燃、易爆，而且具有一定的毒性。虽然我们在选择实验用品时，尽量选用低毒性的溶剂和试剂，但是当大量使用时，对人体仍然会造成一定伤害，因此，防火、防爆、防中毒已成为有机化学实验中的重要问题。为了防止事故发生以及事故发生后及时处理，应仔细了解如下安全知识，并切实遵守。

① 用密闭装置蒸馏、回流时，可能因冷凝不好，或产生不易冷凝的气体而使体系内压力增大，导致爆炸。若在与空气相接处加一气球，既可使体系与空气隔绝，又可使体系内压力增大时，气球膨胀或破裂，而不致发生意外事故。

1.2.1 火灾的预防及处理

引起着火的原因很多，如用敞口容器加热低沸点的溶剂，加热方法不正确等，均可引起着火。为了防止着火，实验中应注意以下几点：

(1) 实验中使用的有机溶剂大多是易燃的，在操作易燃溶剂时，要特别注意：

① 防火的基本原则是使火源与溶剂尽可能离得远些，尽量不用明火直接加热。使用和处理易燃性试剂时，必须在没有火源和通风的实验室中进行，试剂用毕要立即盖紧瓶塞。数量较多的易燃有机溶剂应放在危险药品橱内，尽量不存放在实验室内。

② 切勿用敞口容器存放、加热或蒸除有机溶剂，更不能在密闭容器（如带磨口玻璃塞的锥形瓶）内加热有机溶剂。因事离开实验室时，一定要关闭自来水和热源。

③ 在反应中添加或转移易燃有机溶剂时，应暂时熄火或远离火源。

④ 对沸点低于 80 °C 的液体，蒸馏时应采用水浴，不能直接加热。可燃性试剂不能用明火加热，必须用水浴、油浴、沙浴或可调电压的电热套加热。

(2) 蒸馏装置不能漏气。发现漏气时，应立即停止加热，检查原因。若因塞子被腐蚀，则待冷却后才能换掉塞子。接收瓶不宜用敞口容器如广口瓶、烧杯等，而应用窄口容器如三角烧瓶等。从蒸馏装置尾接管支管排出来的尾气应远离火源，最好用橡皮管引入水槽。

(3) 冷凝水要保持畅通。若冷凝管忘记通水，大量蒸气来不及冷凝而逸出，也易造成火灾。

(4) 回流或蒸馏低沸点易燃液体时应注意：

① 应放数粒沸石或素烧瓷片或一端封口的毛细管，以防止暴沸。若在加热后才发现未放这类物质，绝不能急躁，不能立即打开瓶塞补放，而应停止加热，待被蒸馏的液体冷却后才能加入，否则，会因暴沸而发生事故。

② 严禁直接用明火加热。

③ 瓶内液体量不能超过瓶容积的 2/3。

④ 加热速度宜慢，不能快，避免局部过热。

(5) 易燃、易挥发的废物，不得倒入废液缸和垃圾桶中，应倒入指定容器回收处理。

(6) 使用易燃、易爆气体，如氢气、乙炔等时要保持室内空气畅通，严禁明火，并应防止一切火星的产生，如由于敲击、鞋钉摩擦、静电摩擦、马达炭刷或电器开关等产生的火花。

实验室一旦发生火灾事故，室内全体人员应沉着镇静而有秩序地参加灭火。一般采用如下措施：

(1) 一方面防止火势扩展。首先，立即切断电源，熄灭附近所有火源（酒精灯等），移走易燃物。

(2) 另一方面根据易燃物的性质和火势采取适当的方法进行灭火。有机实验室灭火，常采用使燃着的物质隔绝空气的方法，通常不能用水，因为一般有机物不溶于水或遇水可发生更强烈的反应而引起更大的事故。在着火初期，不能用嘴吹，必须使用灭火器、黄沙、石棉布等。如果火势小，可用抹布把着火的仪器包裹起来。例如，在小容器（烧杯、烧瓶）内着火，可用石棉网或湿抹布盖住使其隔绝空气而熄灭。小火可用湿布或黄沙盖灭，火势较大时，应用灭火器扑救。

常用灭火器有二氧化碳灭火器、四氯化碳灭火器、干粉灭火器及泡沫灭火器等。不同的灭火器有不同的应用范围，不能随便使用。表 1.1 给出了常用灭火器及其应用范围。

表 1.1　灭火器种类及其应用范围

灭火器名称	应用范围
泡沫灭火器	用于油类着火。这种灭火器由 $NaHCO_3$ 和 $Al_2(SO_4)_3$ 溶液作用产生 $Al(OH)_3$ 和 CO_2 泡沫，泡沫把燃烧物质包住，使其与空气隔绝而灭火。因泡沫能导电，因此不能用于扑灭电器着火 泡沫灭火器会喷出大量的泡沫而造成严重污染，给后处理带来麻烦
二氧化碳灭火器	内装液态 CO_2，用于扑灭电器设备失火和小范围油类及忌水的化学品着火
1211 灭火器	内装 CF_2ClBr 液化气，适用于油类、有机溶剂、精密仪器、高压电器设备着火
干粉灭火器	这种灭火器内装 $NaHCO_3$ 等盐类物质与适量的润滑剂和防潮剂，用于油类、可燃气体、电器设备、精密仪器、图书文件等不能用水扑灭的火焰
四氯化碳灭火器	内装液态 CCl_4，用于电器设备和小范围的汽油、丙酮等着火 四氯化碳在高温下生成剧毒的光气，不能在狭小和通风不良的实验室内使用。注意四氯化碳与金属钠接触将发生爆炸

目前实验室中常用的是干粉灭火器。干粉灭火器内充装的是干粉灭火剂，干粉灭火剂是用于灭火的干燥且易于流动的微细粉末，由具有灭火效能的无机盐和少量的添加剂经干燥、粉碎、混合而成的微细固体粉末组成。它是一种在消防中广泛应用的灭火剂。

在弄清如何配备干粉灭火装置时，首先要明白的一个基本道理是火灾的分类。依据国家标准消防火灾分类的规定，将火灾分成 A、B、C、D、E 五类，分别指：

A 类火灾：固体物质火灾。这类物质往往具有有机物的性质，一般在燃烧时能产生灼热的余烬，如木材、棉麻、纸张等。

B 类火灾：指液体火灾和可熔化的固体物质火灾，如汽油、煤油、原油、甲醇、乙醇、沥青等。

C 类火灾：指气体火灾，如天然气、氢气、甲烷、煤气等。

D 类火灾：指金属火灾，如钾、钠、钛、锂、铝镁合金等。

E 类火灾：指带电设备火灾，如发电机、电缆、家用电器等。

干粉灭火剂一般分为碳酸氢钠干粉灭火剂（BC 干粉灭火剂）和磷酸铵干粉灭火剂（ABC 干粉灭火剂）。BC 干粉灭火剂是以碳酸氢钠为主料，粉碎后经过全硅化处理，并添加适量的抗结块等添加剂，具有优良的防潮、防结块等特点，易于储存，流动性好，灭火迅速等，适用于扑救 B 类（液体）火灾、C 类（气体）和 E 类（电气）火灾。磷酸铵盐（ABC 型）干粉灭火剂是由磷酸铵盐与防结块剂、流动促进剂、硅油等添加剂共同组成的，具有一定粒径分布，细微干燥，易于流动。它除了具有 BC 型干粉灭火剂能迅速扑灭 B 类（液体）火灾、C 类（气体）火灾及 E 类（带电设备）火灾的应用外，还能迅速扑灭 A 类（一般固体物）火灾，是一种高效、多功能、环保型干粉灭火剂。

干粉灭火剂主要通过在加压气体作用下喷出的粉雾与火焰接触、混合时发生的物理、化学作用灭火：一是靠干粉中无机盐的挥发性分解物，与燃烧过程中燃料所产生的自由基或活性基团发生化学抑制和副催化作用，使燃烧的链反应中断而灭火；二是靠干粉的粉末落在可燃物表面，发生化学反应，并在高温作用下形成一层玻璃状覆盖层，从而隔绝氧，进而窒息灭火。另外，还有部分稀释氧和冷却作用。

如图 1.1 所示，使用干粉灭火器时，拔出销钉，将出口对准着火点，将上手柄压下，干粉即可喷出。

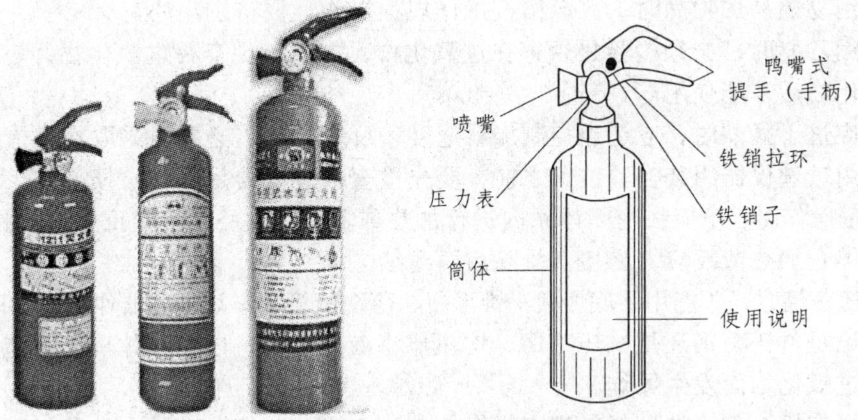

（a）外形及结构

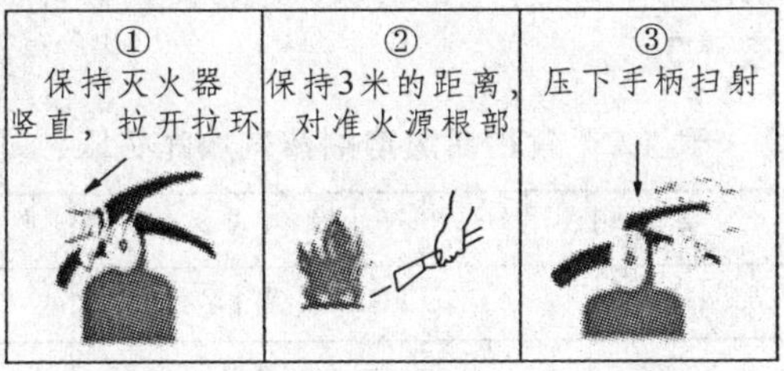

（b）使用步骤

图 1.1　干粉灭火器

地面或桌面着火时，还可用沙子扑救，但容器内着火不易使用沙子扑救。

发生火灾时，如果身上着了火，千万不能奔跑，因为奔跑时会形成一股风，就像给炉子扇风一样，火会越烧越旺。千万不要在实验室内乱跑，以免造成更大的火灾。身上着火，一般总是先烧着衣服、帽子、裤子。这时，最重要的是先设法把衣、帽、裤脱掉，如果来不及脱，也可就近在地上打滚（速度不要太快），把身上的火苗压熄灭，或让人向身上浇水、喷灭火剂就更有效了。

1.2.2　防　爆

在有机化学实验室中，发生爆炸事故一般有三种情况：

（1）有机溶剂的蒸气或易燃、易爆气体浓度达到某一爆炸极限时，遇有明火即发生燃烧爆炸。

（2）某些化合物容易发生爆炸，例如，过氧化物、芳香族多硝基化合物等，在受热或受到碰撞时，均会发生爆炸；含过氧化物的乙醚在蒸馏时，也有爆炸的危险；乙醇和浓硝酸混合，会引起极强烈的爆炸。

(3) 仪器安装不正确或操作不当时，也可引起爆炸。例如，蒸馏或反应时实验装置被堵塞，减压蒸馏时使用不耐压的仪器等。

为了防止爆炸事故的发生，应注意以下几点：

(1) 使用易燃易爆物品时，应严格按操作规程操作，要特别小心。

(2) 使用乙醚时，必须检验是否存在过氧化物，如果发现存在过氧化物，应先用硫酸亚铁除去过氧化物后才能使用。

(3) 反应过于猛烈时，应适当控制加料速度和反应温度，必要时采取冷却措施。

(4) 在用玻璃仪器组装实验装置之前，要先检查玻璃仪器是否有破损。

(5) 常压操作时，不能在密闭体系内进行加热或反应，要经常检查反应装置是否被堵塞。发现堵塞应停止加热或反应，将堵塞排除后再继续。

(6) 减压蒸馏时，不能用平底烧瓶、锥形瓶、薄壁试管等不耐压容器作为接收瓶或反应瓶。

(7) 无论是常压蒸馏还是减压蒸馏，均不能将液体蒸干，以免液体蒸干后造成烧瓶局部过热或产生过氧化物而发生爆炸。

(8) 易燃有机溶剂（特别是低沸点易燃溶剂）在室温时即具有较大的蒸气压。空气中混杂易燃有机溶剂的蒸气达到某一极限时，遇明火即发生燃烧爆炸。常见易燃溶剂蒸气和易燃气体的爆炸极限见表 1.2、表 1.3。

表 1.2 常用易燃溶剂蒸气爆炸极限

名　称	沸点/°C	闪燃点/°C	爆炸范围（体积分数）/%
甲　醇	64.96	11	6.72～36.50
乙　醇	78.5	12	3.28～18.95
乙　醚	34.51	−45	1.85～36.5
丙　酮	56.2	−17.5	2.55～2.80
苯	80.1	−11	1.41～7.10

表 1.3 易燃气体爆炸极限

气　体		空气中的含量（体积分数）/%
氢　气	H_2	4～74
一氧化碳	CO	12.50～74.20
氨	NH_3	15～27
甲　烷	CH_4	4.5～13.1
乙　炔	$CH\equiv CH$	2.5～80

(9) 使用易燃易爆气体，如氢气、乙炔等时要保持室内空气畅通，严禁明火，并应防止一切火星的发生，如由于敲击、鞋钉摩擦、静电摩擦、马达炭刷或电器开关等所产生的火花。

1.2.3 中毒的预防及处理

大多数化学药品都具有一定的毒性，中毒主要是通过呼吸道和皮肤接触有毒物品而对人体造成危害。

1. 中毒的预防

(1) 从思想上认识到常见的化学品对人体健康或多或少是有害的，在做实验时，要打开实验室门窗及通风设备，必要时戴上防护口罩。特别要注意的是苯、四氯化碳、氯仿等常见溶剂，所以实验时通常用甲苯代替苯，用二氯甲烷代替四氯化碳和氯仿，要树立绿色化学的观念。

(2) 称量药品时应使用工具，不得直接用手接触，尤其是有毒药品。做完实验后，应洗手后再吃东西。不能用嘴尝任何药品。

(3) 开启有挥发性液体的试剂瓶时，应先用冷水冷却，开启时瓶口必须指向无人处，以免由于液体喷溅而造成伤害。当瓶塞不易开启时，必须注意瓶内贮存物质的性质，切不可贸然用火加热或乱敲瓶塞等。

(4) 使用和处理有毒或腐蚀性物质时，应在通风柜中进行或加气体吸收装置，并戴好防护用品；尽可能避免蒸气外逸，以防造成污染。

(5) 如发生中毒现象，应立即让中毒者离开现场，到通风好的地方，严重者应及时送往医院。

(6) 在反应过程中可能生成有毒或有腐蚀性气体的实验应在通风橱内进行，使用后的器皿应及时清洗。在使用通风橱时，实验开始后不要把头部伸入橱内。

2. 中毒的处理

溅入口中而尚未咽下的毒物应立即吐出来，用大量水冲洗口腔；若已吞下，应根据毒物的性质服解毒剂，并立即送医院急救。

(1) 腐蚀性毒物：对于强酸，先饮大量的水，再服氢氧化铝膏、鸡蛋白；对于强碱，也要先饮大量的水，然后服用醋、酸果汁、鸡蛋白。不论酸或碱中毒都需灌注牛奶，不要吃呕吐剂。

(2) 刺激性及神经性中毒：先服牛奶或鸡蛋白使之缓和，再服用硫酸铜溶液（约 30 g 溶于一杯水中）催吐，有时也可以用手指伸入喉部催吐后，立即到医院就诊。

(3) 甲醛中毒的应急处理方法：吞食时，立刻饮食大量牛奶，接着用洗胃或催吐等方法，使吞食的甲醛排出体外，然后服下泻药。有可能的话，可服用 1% 的碳酸铵水溶液。

(4) 吸入气体中毒：将中毒者移至室外，解开衣领及纽扣。吸入大量氯气或溴气者，可用碳酸氢钠溶液漱口。

为处理事故需要，实验室应备有急救箱，内置有以下一些物品：

(1) 绷带、纱布、脱脂棉、橡皮膏、医用镊子、剪刀等。

(2) 凡士林、创可贴、玉树油或鞣酸油膏、烫伤油膏及消毒剂等。

(3) 醋酸溶液（2%）、硼酸溶液（1%）、碳酸氢钠溶液（1%及饱和）、医用酒精、甘油、红汞、龙胆紫等。

1.2.4 灼伤的预防及处理

皮肤接触了高温、低温或腐蚀性物质后均可能被灼伤。为避免灼伤，在接触这些物质时，最好戴上橡胶手套和防护眼镜。发生灼伤时应按下列要求处理：

（1）酸灼伤。

① 皮肤上：立即用大量水冲洗，然后用5%碳酸氢钠溶液洗涤，再涂上油膏，并将伤口包扎好。

② 眼睛上：抹去溅在眼睛外面的酸，立即用水冲洗（用洗眼杯或将橡皮管套上水龙头用慢水对准眼睛冲洗），然后立即到医院就诊，或者再用稀碳酸氢钠溶液洗涤，最后滴入少许蓖麻油。

③ 衣服上：依次用水、稀氨水和水冲洗。

④ 地板上：撒上石灰粉，再用水冲洗。

（2）碱灼伤。

① 皮肤上：先用水冲洗，然后用饱和硼酸溶液或1%醋酸溶液洗涤，再涂上油膏，并包扎好。

② 眼睛上：抹去溅在眼睛外面的碱，用水冲洗，再用饱和硼酸溶液洗涤，然后滴入蓖麻油。

③ 衣服上：先用水洗，然后用10%醋酸溶液洗涤，再用氢氧化铵中和多余的醋酸，后用水冲洗。

（3）溴灼伤：溴沾到皮肤上时，应立即用水冲洗，涂上甘油，敷上烫伤油膏，将伤处包扎好。若眼睛受到溴蒸气刺激，暂时不能睁开，可对着盛有酒精的瓶口注视片刻。

（4）被热水烫伤后一般在患处涂上红花油，然后擦烫伤膏。

上述各种急救法，仅为暂时减轻疼痛的措施。若伤势较重，在急救之后，应速送医院诊治。

1.2.5 割伤的预防及处理

有机实验中主要使用玻璃仪器。使用时的基本原则是：不能对玻璃仪器的任何部位施加过度的压力。造成割伤的一般有下列几种情况：

（1）装配仪器时用力过猛或装配不当。

（2）装配仪器用力处远离连接部位。

（3）仪器口径不合而勉强连接。

（4）玻璃折断面未烧圆滑，有棱角。

预防玻璃割伤，要注意以下几点：

（1）玻璃管（棒）切割后，断面应在火上烧熔以消除棱角。

（2）注意仪器的配套。

（3）操作技术正确。

如果不慎发生割伤事故，要及时处理，先将伤口处的玻璃碎片取出。若伤口不大，用蒸馏水洗净伤口，再涂上红药水，撒上止血粉用纱布包扎好。伤口较大或割破了主血管，则应用力按住主血管，防止大出血，及时送医院治疗。

1.2.6 水电安全

(1) 进入实验室后，首先应了解水、电、气的开关位置在何处，而且要掌握它们的使用方法。

(2) 使用电器前，应检查线路连接是否正确，电器内外要保持干燥，不能有水或其他溶剂。

(3) 使用电器时，应防止人体与金属导电部分直接接触，不能用湿的手或手握湿的物体接触电插头。

(4) 使用电炉时，要注意使电炉电线远离电阻丝，以免烧焦电线。

(5) 装置或设备的金属外壳都应连接地线。

(6) 实验后应先切断电源，再将电器连接总电源的插头拔下。

1.2.7 实验室的空气室内污染和废物处理

实验室中所用的有机化学药品除葡萄糖等极少数之外都是有毒的。药品的化学毒性有急性毒性、亚急性毒性、慢性毒性和特殊毒性之分，本书只介绍急性毒性和慢性毒性的粗浅常识，慢性毒性即实验室的空气室内污染应引起我们的高度重视。

(1) 急性毒性。急性毒性指以饲喂、注射、涂皮等方式对试验动物施药一次所造成的伤害情况。最常见的标度方法是 LD_{50}［Lethal Dose，半（数）致死量］，单位是 mg/kg。其物理意义是施药一次造成半数（50%）试验动物死亡时，平均每千克体重的试验动物所用药品的质量（单位：毫克），一般都同时注明动物种类和施毒方式。例如，三乙胺的 LD_{50} 为 460 mg/kg（Orally in mice）。不同种动物、不同的施药方式，有一些近似的折算方法，可参考相关专著。根据半致死量的大小将急性毒性分为五个等级（见表 1.4）。一些常见有机化合物的半致死量数据可从相关手册中查取，据此可知实验中所操作的试剂的急性毒性大小。

表 1.4 外源化学物急性毒性分级（WHO）

毒性级别名称	大鼠一次经口 LD_{50}/（mg/kg）	6 只大鼠吸入 4 h 死亡 2～4 只的浓度/10^{-6}	兔涂皮时 LD_{50}/（mg/kg）	对人的可能致死量	
				g/kg	g/60 kg
剧　毒	＜1	＜10	＜5	0.05	0.1
高　毒	1～	10～	5～	0.05～	3
中等毒	50～	100～	44～	0.5～	30
低　毒	500～	1 000～	350～	5～	250
微　毒	5 000～	10 000	2 180～	＞15	＜1 000

(2) 慢性毒性。慢性毒性指长期反复接触的化学药品对人体所造成的伤害情况，用 TLV 来标度。这是 Threshold Limit Value 的缩写，一般译为极限安全值或阈限值，通俗点说就是室内空气允许浓度，即在工作环境的空气中含此毒物的蒸气或粉尘所能允许的最大浓度。在此浓度以下，操作者长期反复接触（以每天 8 h，每周 5 d 计）不造成危害。其单位是 mg/m^3，即每立方米空气中含此毒物的质量（单位：mg）。其数值越小，毒物的慢性毒性越大。在较早的文献中，也有以 ppm 为单位的。在美国实验室，有毒物质的使用量要控制在美国政府工业卫生专家会议（简称 ACGIH）推荐的阈限值（简称 TLV's）之下。这是一个保守的规定，因为这些阈限值被认为能保证一周 40 h 连续置身于含有毒物质的工作场合而不会受到危害。常见有毒物的极限安全值列于表 1.5 中。

表 1.5　常见有毒危害性有机化学物质的极限安全值

名　称	TLV（1.0×10^{-6} kg/m^3）	名　称	TLV（1.0×10^{-6} kg/m^3）
甲　醇	200	对苯二胺（及其异构体）	0.1
乙　醇	1 000	苯胺	5.0
甲　醛	5	邻甲苯胺	10
乙　醚	400	二甲胺	10
二氯甲烷	200	乙胺	10
丙　酮	1 000	三乙胺	25
乙酸酐	21（美国 TLV-TWA）	*N*-甲基苯胺	2
氯　仿	50	*N*, *N*-二甲基苯胺	5
四氯化碳	10	溴甲烷	15
苯　酚	5	1, 2-二溴乙烷	20
苯	10	1, 2-二氯乙烷	50
甲　苯	100	碘甲烷	5.0
二甲苯	100	溴乙烷	200
呋喃甲醛	8（美国 TLV-TWA）		

对于长期处于实验室有毒环境中的人来说，慢性毒性更应引起我们的重视，因为它更隐蔽，容易被我们忽略。一般情况下，化学实验室的空气室内污染主要来源于实验台、试验柜产生的甲醛及有机化学试剂的挥发。因此，应该保持一个安全的实验环境，尽可能减少暴露到有机化合物蒸气中的机会，并且加强实验室的通风循环。

劳动卫生部门已经制定了工业生产环境允许的化学物质极限安全值（TLV）。有些公共安全和健康管理机构（OSHA）还制定了实验室环境的安全、健康标准。做实验前必须阅读这些资料。

在有机化学实验中和实验结束后往往会产生各种固体、液体废物，实验室废化学品的排放目前也没有引起人们足够的重视。为提倡环境保护，遵守国家的环保法规，减少对环境的危害，可采用如下处理方法：

(1) 所有实验废物应按固体、液体，有害、无害等分类收集于不同的容器中，对一些难处理的有害废物可送环保部门专门处理。

(2) 少量的酸（如盐酸、硫酸、硝酸等）或碱（如氢氧化钠、氢氧化钾等）在倒入下水道之前必须被中和，并用水稀释。

(3) 有机溶剂必须倒入带有标签的废物回收容器中，并存放在通风处。

(4) 对无害的固体废物，如滤纸、碎玻璃、软木塞、氧化铝、硅胶、硫酸镁、氯化钙等可直接倒入普通的废物箱中，不应与其他有害固体废物相混；对有害固体废物应放入带有标签的广口瓶中。

(5) 对能与水发生剧烈反应的化学品，处置之前要用适当的方法在通风橱内进行分解。

(6) 对可能致癌的物质，处理的时候应格外小心，避免与手接触。

1.3 有机化学实验常用玻璃仪器和设备

进行有机化学实验时，所用的器具有玻璃仪器、金属用具、电学仪器及一些其他设备。在使用时，有的公用，有的由个人保管使用，现分别在本节介绍。

1.3.1 常用玻璃仪器介绍

实验常用的玻璃仪器每人一套，通常由个人保管使用。使用玻璃仪器应轻拿轻放，除试管等少数仪器外都不能直接用火加热。有机反应较为复杂，所用玻璃仪器的品种和规格较多，因此在实验前应注意仪器的选择与安装。玻璃仪器通常分为标准口玻璃仪器和普通玻璃仪器两类。

1. 标准口玻璃仪器

有机实验中通常使用标准磨口玻璃仪器，也称磨口仪器。它与相应的普通玻璃仪器的区别在于各接头处加工成通用的磨口，即标准磨口。使用起来有以下优点：

(1) 可以快速地安装仪器，不用做选配塞子以及钻孔等工作，同时完成实验后拆卸也非常方便。

(2) 密封性好，对于减压蒸馏特别有利；另外，接口和接口之间不是通过塞子连接的，避免了相互之间的污染。

(3) 编号相同的标准磨口玻璃仪器可以互换和连接，装配时可以灵活多变，用不多的部件就可以组装出多种不同的实验装置。

图 1.2 为常用的标准磨口玻璃仪器。通常标准口有 10、14、19、24、29 和 34 等多种编号，这些数字指磨口最大端直径（单位：mm），它与实际磨口锥体大端直径略有差别，表 1.6 列出了磨口的编号与大端直径的对照值。

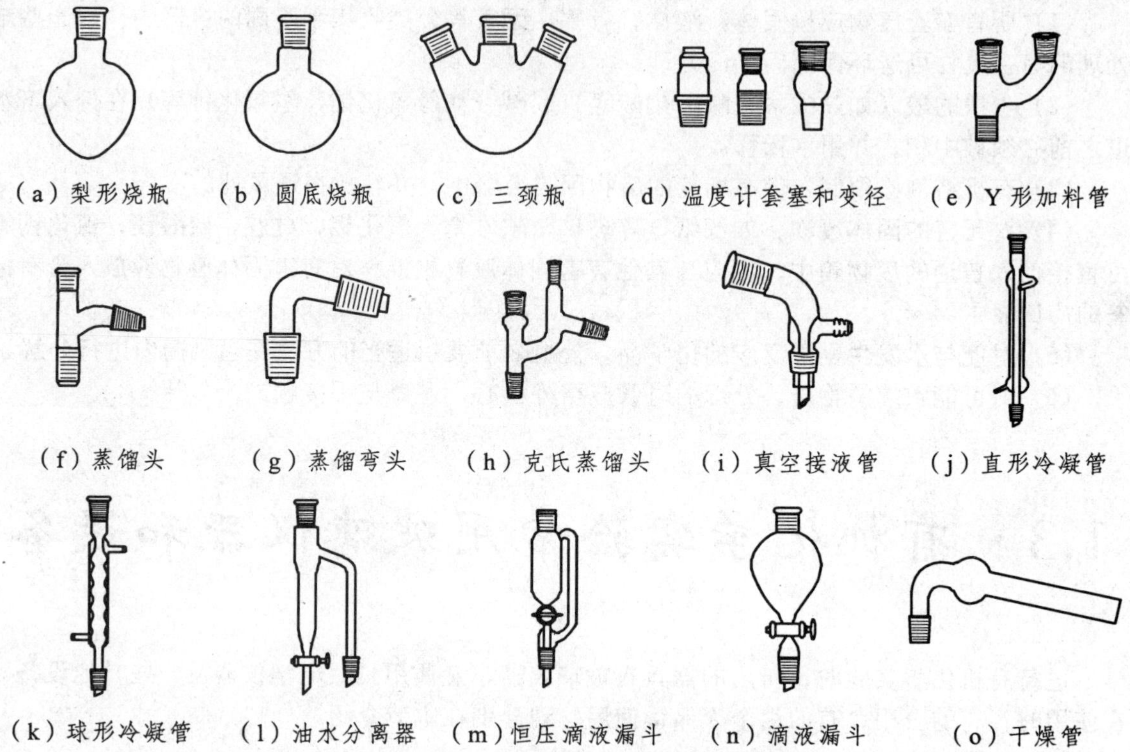

图 1.2　常用标准口玻璃仪器

表 1.6　磨口玻璃仪器的磨口编号与大端直径对照值

编　　号	10	14	19	24	29	34	40
大端直径/mm	10.0	14.5	18.8	24.0	29.2	34.5	40.0

编号不同的磨口不可以直接相连，但可借助两端不同编号的磨口接头（变径）使之连接，通常用两个数字表示变径的大小，如接头 14×19，表示该接头的一端为 14 号磨口，另一端为 19 号磨口。半微量仪器一般为 10 号和 14 号磨口，常量仪器磨口为 19 号以上。

使用标准磨口玻璃仪器时须注意：

（1）磨口处必须洁净，若粘有固体杂物，会使磨口对接不严密，导致漏气（往磨口瓶内加固体药品时应如何操作）。若有硬质杂物，更会损坏磨口。

（2）用后应拆卸洗净。否则若长期放置，磨口的连接处常会粘牢，难以拆开。特别是蒸馏沸点较高时液体（如呋喃甲醇、苯胺等）后，蒸馏头与蒸馏瓶经常粘在一起。

（3）分液漏斗等带磨口玻璃塞的玻璃仪器，用后拆卸洗净，并用纸片塞在磨口处，以免长期放置磨口连接处粘牢而无法拆开。

（4）一般用途的磨口无需涂润滑剂，以免污染反应物或产物。若反应中有强碱，则应涂润滑剂，以免磨口连接处因碱腐蚀粘牢而无法拆开。减压蒸馏时，磨口应涂真空脂，以免漏气。

（5）安装标准磨口玻璃仪器装置时，应注意安放正确、整齐、稳妥，使磨口连接处不受歪斜的应力，否则易将仪器折断，特别是在加热时，仪器受热，应力更大。

下面介绍几种常用的磨口玻璃仪器。

（1）烧瓶：有机反应一般在烧瓶内进行，在烧瓶外部往往需要加热或冷却，反应时间也较长。为了满足实验的需要，实验室有多种烧瓶以备使用，例如，圆底烧瓶［图 1.2（b）］的瓶口比较结实耐压，在回流、蒸馏及有机反应实验中经常使用；梨形烧瓶［图 1.2（a）］适用于半微量操作。实验涉及搅拌和回流等较复杂操作时，应选用多口烧瓶，如两颈瓶、三颈瓶和四颈瓶。三颈瓶［图 1.2（c）］，又称三口瓶，中间瓶口可安装电动搅拌器，两个侧口装球形冷凝管、滴液漏斗或温度计等。若三颈瓶上再装一个 Y 形加料管［图 1.2（e）］就可以代替四颈瓶。以前常压蒸馏时常用蒸馏烧瓶，现在可用圆底烧瓶与蒸馏头 ［图 1.2（f）］或蒸馏弯头［图 1.2（g）］组合来代替。同样，克莱森（Claisen）蒸馏烧瓶（简称克氏烧瓶），可由圆底烧瓶与克氏蒸馏头［图 1.2（h）］组合来代替，克氏蒸馏头常用于减压蒸馏和容易产生泡沫或暴沸液体的蒸馏。

(2) 冷凝管：直形冷凝管主要用于蒸馏物的冷凝，也可用于沸点较高的液体（超过 100 °C）的回流。当馏出物的沸点在 140 °C 以下时，要在套管内通水冷却；若超过 140 °C，由于内管和套管熔接处局部骤冷易引起炸裂，所以需用空气冷凝管代替，如果温度不是很高，也可用未通水的直型冷凝管代替；球形冷凝管内管的冷却面积大，对蒸气的冷凝有较好的效果，适用于回流操作。

（3）漏斗：分液漏斗按其形状划分，有筒形、圆形和梨形等，常用于液体的萃取、洗涤和分离，也可用于滴加试剂。当反应体系内具有压力时，最好采用恒压滴液漏斗滴加液体，它不仅能使滴加顺利进行（恒压滴液漏斗出液口处有一支管连通到加液口处，这样滴加液的液面压力始终等于反应瓶内的压力，不至于因反应瓶内压力增大而加不进滴加液），而且可以避免易挥发或有毒蒸气从漏斗上口逸出。

（4）其他：接液管，在蒸馏时用于接收蒸馏液。常压蒸馏一般用单尾接液管；减压蒸馏时为了接收多种馏分，常常选用双尾或三尾接液管。在处理无水溶剂或在无水反应装置中，为了避免潮气侵入，常用干燥管，内装无水氯化钙做干燥剂；温度计套管，用于温度计与接口的密封。

2. 普通玻璃仪器

尽管标准磨口仪器已普及使用，但不可能完全取代普通玻璃仪器，如量筒、烧杯、表面皿等，图 1.3 仅列举了几种常用的玻璃仪器。

（1）锥形瓶：也称三角烧瓶，常用于储存溶液、少量溶液加热、常压蒸馏的接收器以及重结晶操作。因锥形瓶的瓶底较薄、不耐压，注意切勿用于减压蒸馏，以免炸裂。

（2）玻璃漏斗：经常用于添加液体或普通过滤。若需要保温过滤，则用短颈漏斗或热水浴漏斗，热水浴漏斗是在普通玻璃漏斗的外围装上一个铜质的外壳，外壳与漏斗之间装水，用燃气灯加热侧面的支管，以保持所需要的温度。

（3）布氏（Büchner）漏斗：一般由陶瓷制成，与吸滤瓶组合可用于减压过滤。

（4）提勒（Thiele）管：又称 b 形管，通常用于测定熔点。

瓶壁较厚的玻璃器皿（如吸滤瓶）一般不能用来加热溶液。带活塞的玻璃仪器用完洗净后，应在活塞与磨口之间垫上纸片，以防粘住。温度计的水银球壁较薄，不能用于搅拌，且不能测量超过刻度范围的温度，使用后要慢慢冷却，不可立即用冷水冲洗，以免炸裂。

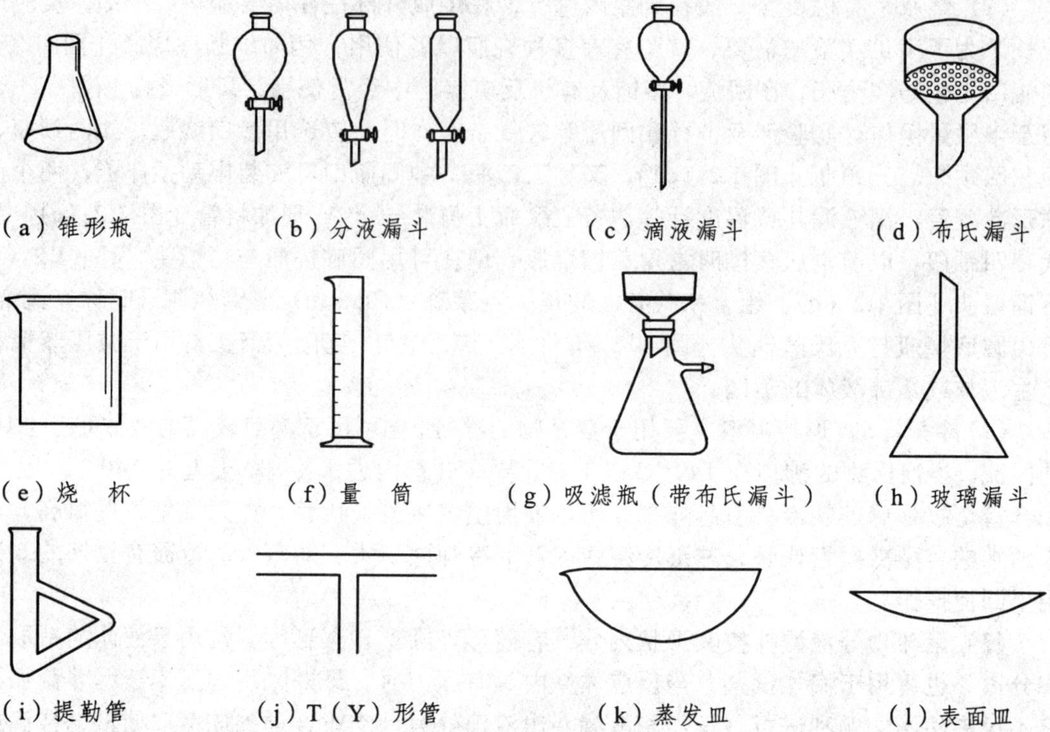

图 1.3　常用非标准口仪器

1.3.2　常用玻璃仪器的清洗和保养

1.3.2.1　玻璃仪器的清洗

在进行实验时，所用玻璃仪器必须干净。因此用完的仪器应及时清洗，否则就会给洗涤工作带来很多困难。这是因为污物的性质在当时是清楚的，容易用合适的方法除去；另外有些留在烧瓶里的残渣随着时间的推延会侵蚀玻璃表面，洗涤工作拖延越久，残渣和玻璃的这种相互作用就越深入。因此，用完的仪器应及时清洗，养成“用后即洗”的好习惯。洗涤的基本要求是：

(1) 首先，用毛刷和去污粉洗刷仪器，然后依次用清水和蒸馏水洗涤。

(2) 对于不易洗刷的仪器，可以针对污物的性质用强酸、强碱、铬酸洗液洗涤；或者用回收的有机溶剂进行冲洗，然后再依次用清水和蒸馏水洗涤。

(3) 洗净仪器的标准：当倒置玻璃仪器时，器壁不挂水珠。

仪器一般自然晾干，也可以用烘箱烘干，或者用热空气吹干。

必须反对盲目使用各种化学试剂和有机溶剂来清洗仪器，这样不仅造成浪费，而且还可能带来危险。有机实验室中常用超声波清洗器来洗涤玻璃仪器，既省时又方便。只要把用过的仪器放在配有洗涤剂的溶液中，接通电源，利用声波的振动和能量，即可达到清洗仪器的目的。清洗过的仪器，再用自来水漂洗干净即可。

1.3.2.2 玻璃仪器的干燥

进行有机化学实验的玻璃仪器除需要洗净外，还常常需要干燥。一般将洗净的仪器倒置一段时间后，若没有水迹，即可使用。有些严格要求无水的实验，仪器的干燥与否甚至成为实验成败的关键。因此在每次实验后应立即把玻璃仪器洗涤干净并倒置使之干燥，以备下次实验使用。干燥玻璃仪器常用的方法有：

1. 自然风干

自然风干是指把洗净的玻璃仪器放在干燥架上自然晾干，是一种常用而简单的干燥方法，但干燥速度较慢。

2. 烘　干

烘干是指把已洗净的玻璃仪器由上层到下层放入烘箱中烘干。放入烘箱中干燥的玻璃仪器一般要求不带水珠，器皿口侧放。带有磨砂口玻璃塞的仪器，必须取出活塞才能烘干，玻璃仪器上附带的橡胶制品在放入烘箱前也应取下。烘箱内的温度保持在 105 °C 左右，约 0.5 h，待烘箱内的温度降至室温时才能取出。切不可把很热的玻璃仪器取出，以免骤冷使之破裂。当烘箱已工作时，不能往上层放入湿的器皿，以免水滴下落，使热的器皿骤冷而破裂。

3. 吹　干

若需急用的玻璃仪器，可采用气流烘干器或电吹风快速吹干的方法。将水尽量沥干，用少量丙酮或乙醇荡洗并倾出。先通入冷风 1～2 min，当大部分溶剂挥发后，再吹入热风使干燥完全（有机溶剂蒸气易燃烧和爆炸，故不宜先用热风吹）。吹干后，再吹冷风使仪器逐渐冷却。否则，被吹热的仪器在自然冷却过程中会在瓶壁上凝结一层水汽。

1.3.2.3 玻璃仪器的保养

玻璃仪器的种类很多，用途各不相同，必须掌握它们的性能、保养和洗涤方法，才能正确使用，提高实验效果，避免不必要的损失。下面介绍几种常用的玻璃仪器的保养方法。

1. 温度计

温度计水银球部位的玻璃很薄，容易破损，使用时要特别小心，① 不能把温度计当做搅拌棒使用；② 不能测定超过刻度范围的温度；③ 不能把温度计长时间放在高温的溶剂中，否则，会使水银球变形，读数不准。

温度计用后要让它慢慢冷却，特别是在测量高温之后，切不可立即用水冲洗，否则会使水银球破裂或水银柱断裂。应悬挂在铁架上，待冷却后把它洗净抹干，放回温度计盒内，盒底要垫上一小块棉花。如果是纸盒，放回温度计时要检查盒底是否完好。

2. 冷凝管

冷凝管通水后很重，所以安装冷凝管时应将夹子夹在冷凝管的重心处，以免翻倒。洗刷冷凝管时要用特制的长毛刷，若用洗涤液或有机溶剂洗涤，则用软木塞塞住一端。冷凝管不用时，应直立放置，使之易干。冷凝管分为直形冷凝管、空气冷凝管、球形冷凝管和蛇形冷凝管。

3. 蒸馏烧瓶

蒸馏烧瓶的支管容易碰断，故无论在使用时或放置时都要特别注意保护蒸馏烧瓶的支管，支管的熔接处不能直接加热。

4. 滴液漏斗和分液漏斗

使用滴液漏斗和分液漏斗前必须检查：① 玻璃塞和活塞有没有棉线绑住；② 玻璃塞和活塞是否紧密。若有漏水，应及时处理：脱下活塞，用纸擦净活塞及活塞孔道的内壁，然后，用玻璃棒蘸取少量凡士林，在活塞两边抹上一圈，注意不要抹在活塞的孔中，插上活塞，反时针旋转至透明，即可使用。不能把活塞上带有凡士林的滴液漏斗和分液漏斗放在烘箱内烘干。滴液漏斗和分液漏斗用过后应刷洗干净，玻璃塞和活塞上垫上纸片，以防粘住。

1.3.3 电器设备

1. 电热套

有机实验中常用的加热仪器，如图 1.4 所示，它是由玻璃纤维包裹着电热丝织成帽状的加热器，加热和蒸馏易燃有机物时，由于它不是明火，因此具有不易引起着火的优点，热效率也高。加热温度用调压变压器控制，最高可达 400 °C 左右，是有机实验中一种简便、安全的加热装置。电热套主要用做回流加热的热源。用它进行蒸馏或减压蒸馏时，随着蒸馏的进行，瓶内物质逐渐减少，这时使用电热套加热，就会使瓶壁过热，蒸馏物被烤焦。若选用稍大一号的电热套，在蒸馏过程中，不断降低垫电热套的升降台的高度，会减少烤焦现象。

2. 恒温磁力搅拌器

它是一种新型磁力搅拌器，用不锈钢冲压而成，与特制加热管和耐高温密封组合，可加水（水浴）、加油（油浴），在有机化学实验中常用做水浴装置。磁钢选用目前磁力最强的“钕铁硼”永磁做转子，确保足够的吸力和扭矩。正面板上红灯、绿灯分别交替指示出加热和加热停止两种状态。若不需要恒温控制，可通过手工加热开关控制加热与非加热。如图 1.5 所示。

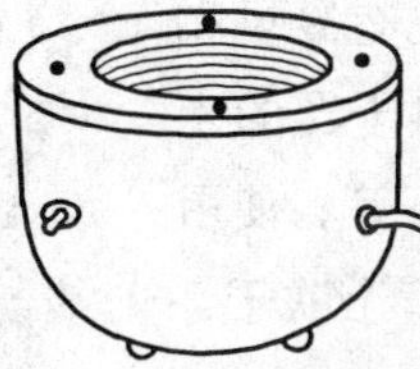

图 1.4 电热套

图 1.5 恒温磁力搅拌器

3. 真空泵

根据使用范围和抽气效能可将真空泵分为三类：

(1) 一般水泵，压强可达到 1.333～100 kPa（10～760 mmHg），为“粗”真空。

(2) 油泵，压强可达 0.133～133.3 Pa（0.001～1 mmHg），为“次高”真空。

(3) 扩散泵，压强可达 0.133 Pa 以下（10^{-3} mmHg），为“高”真空。

在有机化学实验室里，常用的减压泵主要是水循环真空泵，利用射流产生负压的原理而设计，常用于对真空度要求不高的体系中，例如，减压蒸馏、减压抽滤等实验操作中。如果水泵的构造好且水压又高，抽空效率可达 1 067～3 333 Pa（8～25 mmHg）。水泵所能抽到的最低压力理论上相当于当时水温下的水蒸气压力。例如，水温 25 °C、20 °C、10 °C 时，水蒸气的压力分别为 3 192、2 394、1 197 Pa（8～25 mmHg）。用水泵抽气时，应在水泵前装上安全瓶，以防水压下降，水流倒吸；停止抽气前，应先放气，然后关水泵。两种常用的水真空泵如图 1.6、图 1.7 所示。

图 1.6 台式循环水真空泵

图 1.7 立式循环水真空泵

若需要较低的压力，就要用到油泵，好的油泵能抽到 133.3 Pa（1 mmHg）以下。油泵的好坏取决于其机械结构和油的质量，使用油泵时必须把它保护好。如果蒸馏挥发性较大的有机溶剂，有机溶剂会被油吸收，增加了蒸气压，从而降低了抽空效能；如果是酸性气体，会腐蚀油泵；如果是水蒸气，会使油成乳浊液而抽坏真空泵。

4. 玻璃气流干燥器

它与吹风机的用途相同，是吹风机的改进产品，也有冷风和热风两挡，用来吹干玻璃仪器。如图 1.8 所示，气流烘干器的上表壳有多根带有许多小孔的吹气管，这些吹气管粗细不等，使用时将沥干的玻璃仪器按口径大小套在粗细不同的吹气管上吹干。气流烘干器可同时吹干多个玻璃仪器，比使用吹风机省时方便，是比较理想的烘干设备。使用时注意不要长时间运转，用完后及时关闭，定期为风扇加油。特别要注意不要把移液管、温度计和玻璃棒等细物插入吹风管内，以免卡住风扇或损坏仪器；也不要将残留有酸、碱、有机溶剂的仪器插在吹风管上，以防设备中的金属部件受损。

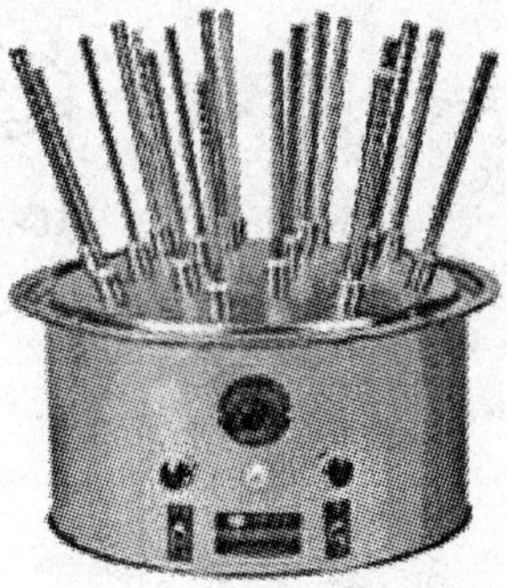

图 1.8　玻璃气流干燥器

5. 烘　箱

烘箱常用于干燥玻璃仪器或无腐蚀性、热稳定性好的药品。挥发性易燃物或刚用酒精、丙酮淋洗过的玻璃仪器切勿放入烘箱内，以免发生爆炸。

一般干燥玻璃仪器时应先沥干，无水滴下时才放入烘箱，使用时可以打开加热开关，设定加热温度，升温加热，当烘干玻璃仪器时，将温度控制在 100～120 °C。实验室中的烘箱是公用仪器，往烘箱里放玻璃仪器时应自上而下依次放入，以免残留的水滴流下使下层已烘热的玻璃仪器炸裂。取出烘干后的仪器时，应用干布衬手，防止烫伤。取出后不能碰水，以防炸裂。取出后的热玻璃器皿，若任其自然冷却，则器壁常会凝结一层水汽，可用电吹风吹入冷风助其冷却，以减少壁上凝聚的水汽。

6. 旋转蒸发仪

有机实验中常常需要除去溶剂，旋转蒸发仪可以非常快速地对有机物进行浓缩。此仪器可以在常压或减压下使用，可以一次进样，也可以多次进样。仪器工作时蒸馏瓶浸在热浴的浅表层，蒸馏瓶不断旋转，液体附于壁上并形成一层薄膜，不需要加沸石而不会瀑沸。由于蒸发面积大，蒸发速度也非常快，除去溶剂后的产物会均匀地聚集在瓶的底部。如图 1.9 所示。

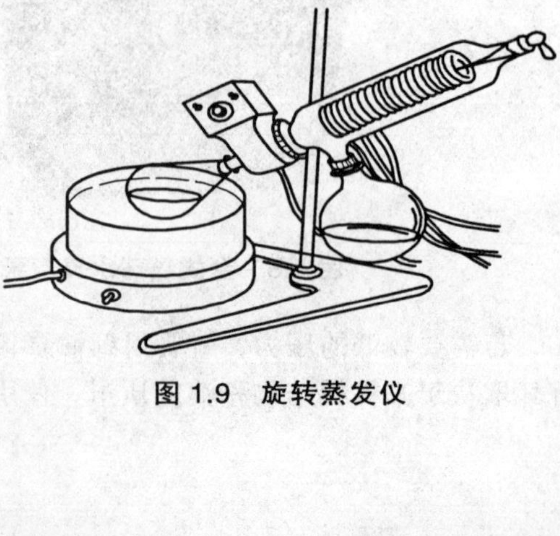

图 1.9　旋转蒸发仪

1.3.4 仪器的装配与拆卸

有机化学实验常用的玻璃仪器装置，一般皆用铁夹将仪器依次固定于铁架上。铁夹的双钳应贴有橡皮、绒布等软性物质，或缠上石棉绳、布条等。若用铁钳直接夹住玻璃仪器，则容易将仪器夹坏。

用铁夹夹玻璃器皿时，先用左手手指将双钳夹紧，再拧紧铁夹螺丝，待夹钳手指感到螺丝触到双钳时，即可停止旋动，做到夹物不松不紧。

安装实验装置应注意以下几点：

（1）所用玻璃仪器和配件要干净，大小合适。

（2）搭建实验装置时应按照从下向上、从左到右的原则，逐个装配。

（3）拆卸时，则按从右到左，从上到下的原则，逐个拆除。

（4）常压下进行的反应装置，应与大气相通，不能密闭。

（5）实验装置要求做到严密、正确、整齐、稳妥，磨口连接处要呈一直线。

以回流装置为例，装置仪器时先根据热源高低用铁夹夹住圆底烧瓶瓶颈，垂直固定于铁架上。铁架应正对实验台外面，不要歪斜。若铁架歪斜，重心不一致，装置不稳。然后将球形冷凝管下端正对烧瓶口用铁夹垂直固定于烧瓶上方，再放松铁夹，将冷凝管放下，使磨口、磨塞塞紧后，再将铁夹稍旋紧，固定好冷凝管，使铁夹位于冷凝管中部偏上。用合适的橡皮管连接冷凝水，进水口在下方，出水口在上方。最后在冷凝管顶端装置干燥管。

1.4 有机实验常用装置

一个复杂的有机化学实验通常是由几个单元反应组合而成的，所用的仪器装置也相对比较固定，有机化学实验常用的单元反应装置有回流、蒸馏、气体吸收、滴加、搅拌等，使用时可根据具体的反应要求做适当的调整。

1.4.1 回流装置

很多有机反应的速度很慢，或者在室温下难以进行，需要对反应物进行加热，并且较长时间保持沸腾，在这种情况下，需要使用回流冷凝装置，使蒸气不断地在冷凝管内冷凝成液体而返回到反应器中;重结晶热饱和溶液的配置需要在有机溶剂的沸点附近溶解固体化合物，这时也要用到回流装置。如图 1.10 所示。

图 1.10（a）是可以隔绝潮气的回流装置。若不需要防潮，可去掉球形冷凝管顶端的干燥管。若回流中无不易冷却的物质逸出，还可把气球套在冷凝管上口，来隔绝潮气的渗入。

图 1.10（b）为带有吸收反应中生成气体的回流装置，适用于回流时有水溶性气体（如氯化氢、溴化氢、二氧化硫等）产生的实验。

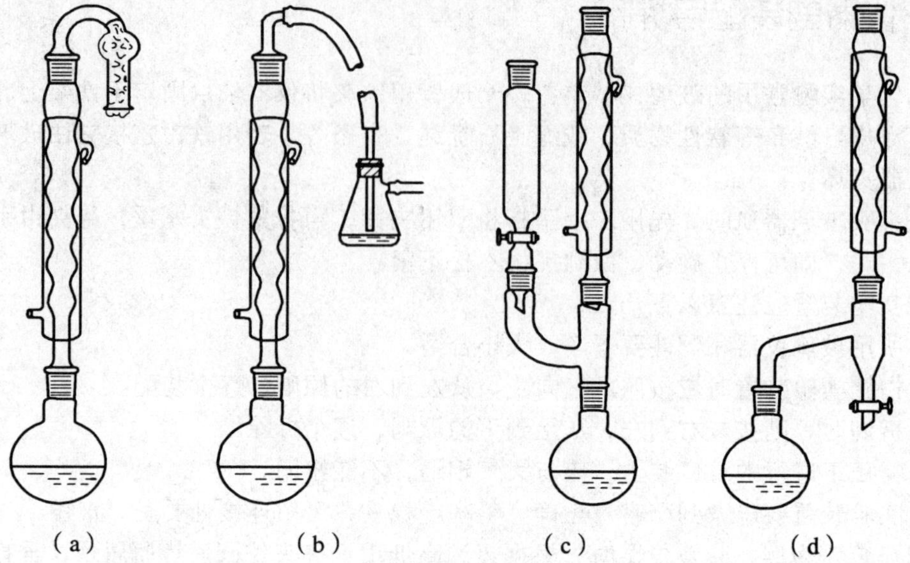

图 1.10　回流装置

有些放热反应进行时很剧烈，如果将反应物一次加入量太大，会使反应失去控制，在这种情况下，可以采用带滴液漏斗的回流冷凝装置，如图 1.10（c）所示。回流加热前应先放入沸石，根据瓶内液体的沸腾温度，可选用水浴、油浴或石棉网直接加热等方式。在条件允许的情况下，一般不采用隔石棉网直接用明火加热的方式。回流的速率应控制在液体蒸气浸润不超过两个球为宜。

在某些有可逆平衡的反应中，为了使反应能较多地向生成物的方向进行，可以将反应产物之一不断从反应混合物体系中除去。图 1.10（d）所示的是回流分水装置，回流下来的冷凝液进入分水器，分层后，有机层自动被送回烧瓶，生成的水可以从分水器中放出，例如，在生成酯的反应中就可以采用这种装置。

1.4.2　蒸馏装置

蒸馏是分离两种及以上沸点相差较大的液体和除去有机溶剂的常用方法。图 1.11 是几种

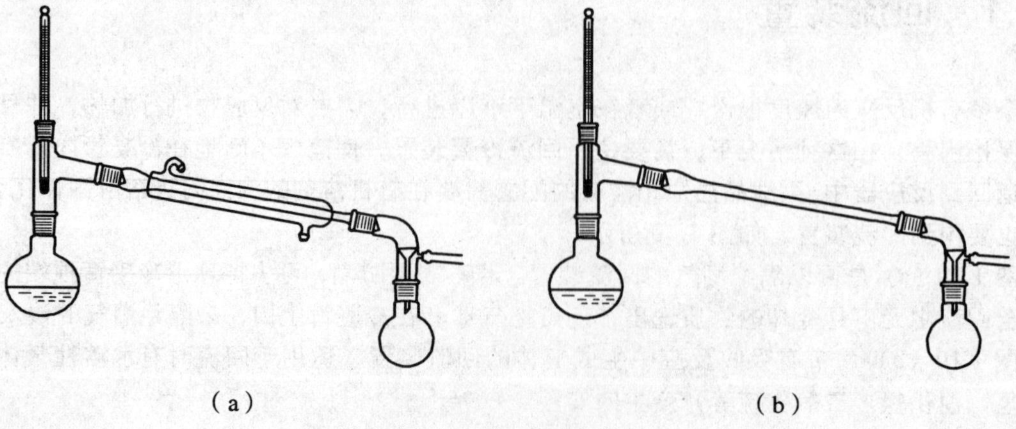

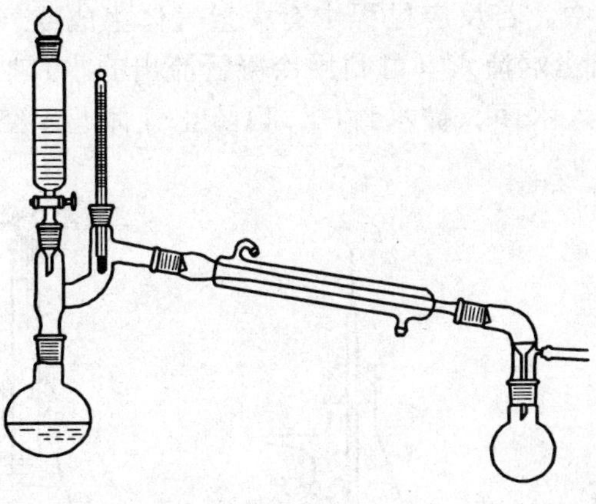

（c）

图 1.11　蒸馏装置

常用的蒸馏装置，可用于不同要求的场合。图 1.11（a）是最常用的蒸馏装置。由于这种装置出口处与大气相通，可能逸出馏液蒸气，若蒸馏易挥发的低沸点液体，需将接液管的支管连上橡皮管，通向水槽或室外。支管口接上干燥管，可用于防潮的蒸馏。图 1.11（b）是应用空气冷凝管的蒸馏装置，常用于蒸馏沸点在 140 °C 以上的液体。若使用直形水冷凝管，由于液体蒸气温度较高而会使冷凝管炸裂。图 1.11（c）为蒸除较大量溶剂的装置，由于液体可从滴液漏斗中不断地加入，既可调节滴入和蒸出的速度，又可避免使用较大的蒸馏瓶。

比较蒸馏和回流时冷凝管的不同，如图 1.12 所示：

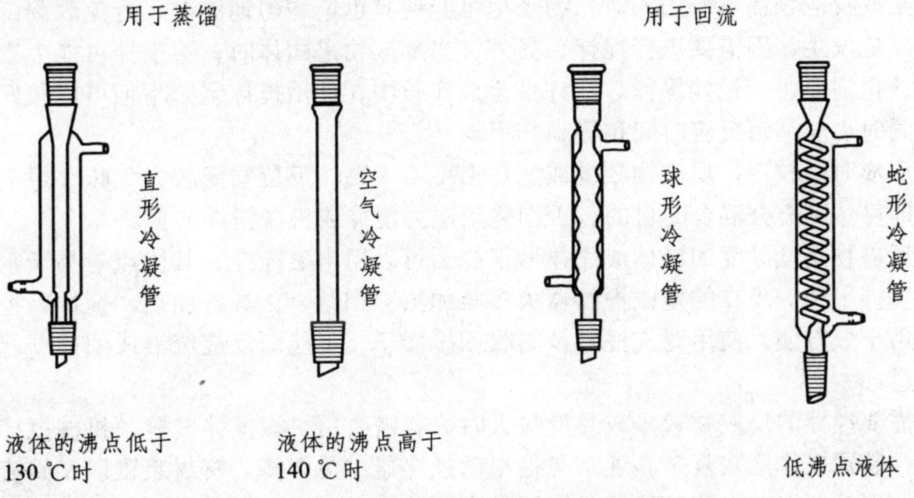

图 1.12　蒸馏与回流装置的区别

1.4.3　气体吸收装置

图 1.13 为气体吸收装置，用于吸收反应过程中生成的有刺激性和水溶性的气体（如氯化氢、二氧化硫等）。其中图 1.13（a）和（b）可做少量气体的吸收装置。图（a）中的玻璃漏斗应略微倾斜，使漏斗口一半在水中，一半在水面上。这样，既能防止气体逸出，又

能防止水被倒吸至反应瓶中。若反应过程中有大量气体生成或气体逸出速度很快，可使用图 1.13（c）的装置，水自上端流入（可利用冷凝管流出的水）抽滤瓶中，在恒定的平面上溢出。粗的玻璃管恰好伸入水面，被水封住，以防止气体逸入空气中。图中的粗玻璃管也可用 Y 形管代替。

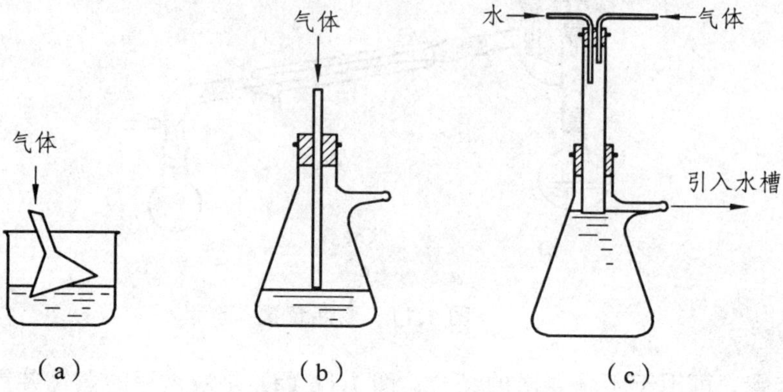

图 1.13　气体吸收装置

1.4.4　搅拌装置

搅拌是有机制备实验中常见的基本操作之一。反应在均相溶液中进行时，一般可以不用搅拌，因为加热时溶液存在一定程度的对流，从而保持液体各部分均匀地受热；如果是非均相反应或某些反应物需不断加入时，为了尽可能使其迅速均匀地混合，避免因局部过热而导致其他副反应发生，则需要进行搅拌；另外，当反应物是固体时，不搅拌可能会影响反应的顺利进行，也需要进行搅拌操作。在许多合成实验中，使用搅拌装置不但可以较好地控制反应温度，同时也能缩短反应时间和提高产率。

如果反应时间较短，反应物较少或加热温度不太高，反应物无较大气味，用人工搅拌或振摇容器即可达到充分混合的目的；否则需用磁力搅拌或机械搅拌装置。

如果反应物是低黏度的液体或固体量很少，可以用电磁搅拌，其优点是易于密封、不占用瓶口、搅拌平稳。现在的电磁搅拌器大多与加热套相结合，具备加热、搅拌、控温等多种功能，使用十分方便。使用时应注意及时收回搅拌子，不能随反应废液或固体一起倒入废料桶或下水道。

如果需要搅拌的反应物较多或黏度较大时，就需要用机械搅拌装置，机械搅拌装置相对于电磁搅拌装置操作比较复杂，通常包括电动搅拌器、搅拌棒、密封装置以及回流或蒸馏装置等部分。电动搅拌器主要部件是具有活动夹头的小电动机和调速器，它们一般固定在铁架台上，电动机带动搅拌棒起搅拌作用，用变速器调节搅拌速度。

为保证搅拌的平稳，机械搅拌一般都安装在三口瓶的中间口上，回流或滴加装置安装在边口上，必要时也可用多口瓶。

常用的搅拌装置见图 1.14。

图 1.14（a）是可同时进行搅拌、回流和自滴液漏斗加入液体的实验装置。图 1.14（b）的装置还可同时测量反应的温度。

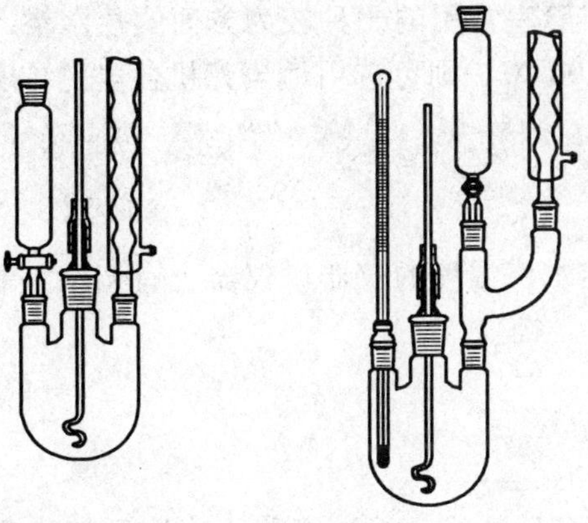

（a）　　　　（b）

图 1.14 搅拌装置

1.5 有机化学实验实施方法

1.5.1 加热方法

在室温下，某些反应难以进行或反应速率很慢，为了增加反应速率，需要在加热下进行。此外，有机化学实验的许多基本操作如回流、蒸馏和升华等都要用到加热。

化学实验室中常用的热源有煤气灯、酒精灯、电热卷、电热套和封闭电炉等。必须注意，玻璃仪器一般不能用火焰直接加热。因为剧烈的温度变化和加热不均匀会使玻璃仪器损坏。同时，由于局部过热，还可能引起有机化合物的部分分解。为了避免直接加热可能带来的弊端，实验室中常常根据具体情况选用不同的间接加热方式。

1. 电　炉

最简便的是通过电炉进行加热，在电炉上放置石棉网。但这种加热仍很不均匀，故在减压蒸馏或回流低沸点易燃物等操作中不能应用。

2. 水　浴

当需要加热的温度在 80 ℃ 以下时，可将容器浸入水浴中，使用水浴加热。但是，必须指出，当用到金属钾或钠的操作时，决不能在水浴上加热。使用水浴时，热浴液面应略高于容器中的液面，勿使容器底触及水浴锅底。控制温度稳定在所需的范围内。若长时间加热，水浴中的水会气化蒸发，要及时添加热水，或在水面上加几片石蜡，石蜡受热熔化铺在水面上，可减少水的蒸发。

电热多孔恒温水浴是实验室常用的一种较为方便的热水浴。

如果加热温度稍高于 100 °C，则可选用适当无机盐类的饱和溶液作为热浴液

3. 恒温磁力搅拌器

它是可以提供一个恒定水浴温度的仪器。仪器上有调节控制温度的旋钮，可以调节加热温度为 1～100 °C。

4. 油　浴

在 100～250 °C 间加热可用油浴，油浴所能达到的最高温度取决于所用油的种类。

(1) 甘油可以加热到 140～150 °C，温度过高时则会分解。甘油吸水性强，放置过久的甘油，使用前应首先加热蒸去所吸的水分，之后再用于油浴。

(2) 甘油和邻苯二甲酸二丁酯的混合液适用于加热到 140～180 °C，温度过高会分解。

(3) 植物油如菜油、蓖麻油和花生油等，可以加热到 220 °C。若在植物油中加入 1%的对苯二酚，可增加油在受热时的稳定性。

(4) 液体石蜡可加热到 220 °C，温度稍高虽不易分解，但易燃烧。

(5) 固体石蜡也可加热到 220 °C 以上，其优点是室温下为固体，便于保存。

(6) 硅油在 250℃时仍较稳定，透明度好，安全，是目前实验室中较常用的油浴之一。

用油浴加热时，要在油浴中装置温度计（温度计感温头如水银球等不应放到油浴锅底），以便随时观察和调节温度。加热完毕取出反应容器时，仍用铁夹夹住反应容器离开液面悬置片刻，待容器壁上附着的油滴完后，用纸或干布拭干。

油浴所用的油中不能溅入水，否则加热时会产生泡珠或爆溅。使用油浴时，要特别注油蒸气污染环境和引起火灾。为此，可用一块中间有圆孔的石棉板覆盖油锅。

在有机实验中，为保证实验室的安全，要避免直接用明火加热，尤其是用明火加热油浴时，稍有不慎即引起油燃烧。为此，采用电热卷在热浴内加热更为安全。若与继电器和接触式温度计相连，就能自动控制热浴的温度。

5. 砂　浴

沙浴使用方便，可加热到 350 °C。将清洁而又干燥的细砂平铺在铁盘上，盛有液体的容器埋入砂中，在铁盘下加热，液体就间接受热。使用沙浴时，桌面要铺石棉板，以防辐射热烤焦桌面。

由于砂对热的传导能力较差而散热却快，所以容器底部与砂浴接触处的砂层要薄些，使易受热；容器周围与砂接触的部分，可用较厚的砂层，使其不易散热。但砂浴由于散热太快，温度上升较慢，且不易控制而使用不广。

6. 空气浴

空气浴就是让热源把局部空气加热，空气再把热能传导给反应容器。

电热套加热就是简易的空气浴，能从室温加热到 200 °C 左右。安装电热套时，要使反应瓶外壁与电热套内壁保持 2 cm 左右的距离，以便利用热空气传热和防止局部过热等。

7. 电热套

电热套是用玻璃纤维包裹着电热丝组成帽状的加热器，由于不是使用明火，因此不易着火，并且热效率高，加温温度用调压变压器控制，最高温度可达 400 °C 左右，是有机实验室中常用的一种简便、安全的加热装置。需要强调的是，当一些易燃液体（如酒精、乙醚等）洒在电热套上，仍有引起火灾的危险。

此外，当物质在高温下加热时，也可以使用熔融的盐，例如，等质量的硝酸钠和硝酸钾混合物在 218 °C 熔化，在 700 °C 以下是稳定的。含有 40%亚硝酸钠、7%硝酸钠和 53%硝酸钾的混合物在 142 °C 熔化，使用范围 150～500 °C。必须注意，若熔融的盐触及皮肤，会引起严重的烧伤。所以在使用时，应当倍加小心，并尽可能防止溢出或飞溅。

以上介绍了一些热浴的性能和使用范围。使用者还可以根据具体情况选用其他的热源。例如，蒸馏易燃的低沸点液体（如乙醚等）时，也可以用 250 W 的红外灯加热；蒸馏大量的有机溶剂时，往往采用封闭式电炉加热水浴，或使用电热恒温水浴。

1.5.2 冷却方法

有些化学反应，其中间体在室温下不够稳定，必须在低温下进行，如重氮化反应等；有的放热反应常产生大量的热，使反应难以控制，并引起易挥发化合物的损失，或导致有机物的分解或增加副反应，为了除去过剩的热量，也需要冷却；此外，为了降低固体化合物在溶剂中的溶解度，使其易于析出结晶，也常需要冷却。

一般来说，冷却降温可以采取以下几种方法：

(1) 冷却到室温，可以用自来水进行冷却。

(2) 冷却到 0 °C，可以用冰水混合液进行冷却。冰水混合液可以与容器充分地接触，一般比单独用冰的冷却效果好。

(3) 冷却到 0 °C 以下，可以采用冰和无机盐的混合物进行冷却。使用时可以把研细的盐和碎冰按一定比例混合。在实验室最常用的是食盐和碎冰混合，可以冷却到－21～－5 °C。

应当注意，温度若低于－38 °C 时，则不能使用水银温度计。因为低于－38 °C 时，水银就会凝固。对于较低的温度，常使用内装有机液体（如甲苯可达－90 °C，正戊烷，－130 °C）的低温温度计。为了便于读数，往往向液体内加入少许颜料。但由于有机液体传热较差和黏度较大，这种温度计达到平衡的时间较长。

1.5.3 干燥方法

干燥是常用的除去固体、液体或气体中少量水分或少量有机溶剂的方法。例如，在进行有机物波谱分析、定性或定量分析以及测物理常数（如熔点测定）时，往往要求预先干燥，否则测定结果不准确。液体有机物在蒸馏前通常要先干燥以除去水分，否则沸点前馏分较多，产物损失，甚至沸点也不准；有时也为了破坏某些液体有机物与水生成共沸混合物。此外，许多有机反应需要在无水条件下进行，因此，溶剂、原料和仪器等均要干燥。可见，在有机化学实验中，试剂和产品的干燥具有重要的意义。

1.5.3.1 基本原理

有机物干燥的方法从原理上可分为物理方法和化学方法两类。

1. 物理方法

物理方法中有烘干、晾干、吸附、分馏、共沸蒸馏和冷冻等。近年来，还常用离子交换树脂和分子筛等方法来进行干燥。

离子交换树脂是一种不溶于水、酸、碱和有机物的高分子聚合物，内有很多空隙，可以吸附水分子；如果将其加热至 150 °C 以上，被吸附的水分子又将释出。分子筛是多水硅铝酸盐的晶体，晶体内部有许多孔径大小均一的孔道和占本身体积一半左右的许多孔穴，它允许小的分子“躲”进去；吸附水分子后的分子筛加热至 350 °C 以上进行解吸后可重新使用。离子交换树脂和分子筛都可逆地吸附水分，加热解吸除水活化后都可重复使用。

2. 化学方法

化学方法根据除水作用原理又可分为两种。

（1）能与水可逆地结合，生成水合物，例如：

$$CaCl_2 + nH_2O \rightleftharpoons CaCl_2 \cdot nH_2O$$

（2）与水发生不可逆的化学反应，生成新的化合物，例如：

$$2Na + 2H_2O = 2NaOH + H_2\uparrow$$

1.5.3.2 液体有机化合物的干燥

1. 干燥剂的选择

液体有机化合物的干燥，通常是用干燥剂直接与其接触，因而干燥剂应与被干燥的液体有机化合物不发生化学反应，包括溶解、配合、缔合和催化等作用。例如，酸性物质不能用碱性干燥剂，而碱性物质则不能用酸性干燥剂。有的干燥剂能与某些被干燥的物质生成配合物，如氯化钙易与醇类、胺类形成配合物，因而不能用来干燥这些液体。强碱性干燥剂如氧化钙、氢氧化钠能催化某些醛类或酮类发生缩合、自动氧化等反应，也能使酯类或酰胺类发生水解反应；氢氧化钾（钠）还能显著地溶解于低级醇中。

使用干燥剂时要注意以下几点:

(1) 干燥剂与水的反应为可逆反应时，反应达到平衡需要一定时间。因此，加入干燥剂后，一般最少要 2 h 或更长的时间后才能达到较好的干燥效果。因反应可逆，不能将水完全除尽，故干燥剂的加入量要适当，一般为溶液体积的 5%左右。

(2) 当干燥剂与水的反应为可逆反应时，在蒸馏前必须将干燥剂滤除，否则被除去的水将返回液体中；另外，若把盐留在蒸馏瓶底，受热时会发生迸溅现象。当干燥剂与水的反应为不可逆反应时，蒸馏前可不必滤除。

(3) 干燥剂只适用于干燥少量水分。若水分含量高，干燥效果不好。为此，萃取操作时应尽量将水层分净，这样干燥效果好，且产物损失少。

2. 干燥剂的吸水容量和干燥效能

在使用干燥剂时，还要考虑干燥剂的吸水容量和干燥效能。干燥剂的吸水容量是指单位质量干燥剂所吸收水的量。干燥效能是指达到平衡时液体被干燥的程度。对于形成水合物的无机盐干燥剂常用吸水后结晶水的蒸气压来表示。例如，硫酸钠形成 10 个结晶水的水合物，其吸水容量达 1.25；氯化钙最多能形成 6 个结晶水的水合物，其吸水容量为 0.97。两者在 25 °C 时水蒸气压分别为 0.26 kPa 及 0.04 kPa。因此，硫酸钠的吸水量较大，但干燥效能弱；而氯化钙的吸水量较小但干燥效能强。所以在干燥含水量较多而又不易干燥的（含有亲水性基团）化合物时，常先用吸水量较大的干燥剂，除去大部分水分，然后再用干燥性能强的干燥剂干燥。通常第二类干燥剂的干燥效能比第一类高，但吸水量较小，所以一般用第一类干燥剂干燥后，再用第二类干燥剂除去残留的微量水分，而且只有在需要彻底干燥的情况下才使用第二类干燥剂。

此外选择干燥剂还要考虑干燥速度和价格，常用干燥剂的性能见表 1.7，各类有机物常用的干燥剂列于表 1.8 中。

表 1.7 常用干燥剂的性能与应用范围

干燥剂	吸水作用	吸水容量	干燥效能	干燥速度	应用范围
氯化钙	$CaCl_2 \cdot nH_2O$（n=1，2，4，6）	0.971（按 $CaCl_2 \cdot 6H_2O$ 计）	中等	较快，但吸水后表面为薄层液体所覆盖，故放置时间长一些为宜	能与醇、酚、胺、酰胺及某些醛、酮形成配合物，因而不能用来干燥这些化合物。工业品中可能含氢氧化钙和碱或氧化钙，故不能用来干燥酸类
硫酸镁	$MgSO_4 \cdot nH_2O$（n=1，2，4）	1.05（按 $MgSO_4 \cdot 7H_2O$ 计）	较弱	较快	中性，应用范围广，可代替 $CaCl_2$，并可用于干燥酯、醛、酮、腈、酰胺等不能用 $CaCl_2$ 干燥的化合物
硫酸钠	$Na_2SO_4 \cdot 10H_2O$	1.25	弱	缓慢	中性，一般用于有机液体的初步干燥
硫酸钙	$2CaSO_4 \cdot H_2O$	0.06	弱	快	中性，常与硫酸镁（钠）配合，作最后干燥之用
碳酸钾	$K_2CO_3 \cdot \frac{1}{2}H_2O$	0.2	较弱	慢	弱碱性，用于干燥醇、酮、酯、胺及杂环等碱性化合物，不适用于酸、酚及其他酸性化合物

续表 1.7

干燥剂	吸水作用	吸水容量	干燥效能	干燥速度	应用范围
氢氧化钾（钠）	溶于水	—	中等	快	强碱性，用于干燥胺、杂环等碱性化合物，不能用于干燥醇、酯、醛、酮、酸、酚等
金属钠	$Na + H_2O \longrightarrow NaOH + \frac{1}{2}H_2$	—	强	快	限于干燥醚、烃类中痕量水分。用时切成小粒或压成钠丝
氧化钙	$CaO + H_2O \longrightarrow Ca(OH)_2$	—	强	较快	适于干燥低级醇类
五氧化二磷	$P_2O_5 + 3H_2O \longrightarrow 2H_3PO_4$	—	强	快，但吸水后表面为黏浆液覆盖，操作不便	适于干燥醚、烃、卤代烃、腈等中的痕量水分。不适用于醇、酸、胺、酮等
分子筛	物理吸附	约 0.25	强	快	适用于各类有机化合物的干燥

表 1.8　各类有机物常用的干燥剂

化合物类型	干燥剂
烃	$CaCl_2$、Na、P_2O_5
卤代烃	$CaCl_2$、$MgSO_4$、Na_2SO_4
醇	K_2CO_3、$MgSO_4$、CaO、Na_2SO_4
醚	$CaCl_2$、Na、P_2O_5
醛	$MgSO_4$、Na_2SO_4
酮	K_2CO_3、$CaCl_2$、$MgSO_4$、Na_2SO_4
酸、酚	$MgSO_4$、Na_2SO_4
酯	$MgSO_4$、Na_2SO_4、K_2CO_3
胺	KOH、NaOH、K_2CO_3、CaO
硝基化合物	$CaCl_2$、$MgSO_4$、Na_2SO_4

3. 干燥剂的用量

以最常用的乙醚和苯两种溶液为例。水在乙醚中的溶解度室温时约为 1%～1.5%，如用无水氯化钙来干燥 100 mL 含水的乙醚，假定无水氯化钙全部转变成为六水合物，这时的吸水容量是 0.97，即 1 g 无水氯化钙大约可吸去 0.97 g 水，因此无水氯化钙的理论用量至少要 1 g。但实际上则远比 1 g 多。这是因为萃取时，在乙醚层中的水分不可能完全分净，其中还有悬浮的微细水滴。另外达到高水合物需要的时间很长，往往不能达到干燥剂应有的吸水容量。因而干燥剂的实际用量是大大过量的。例如，100 mL 含水乙醚常需用 7～10 g 无水氯化钙。水在苯中的溶解度极小（约 0.05%），理论上讲只需要很小量的干燥剂。由于上面的一些原因，实际用量还是比较多的。

根据水在液体中的溶解度和干燥剂的吸水量，可算出干燥剂的最低用量。但是，干燥剂的实际用量是大大超过计算量的。实际操作中，主要通过实验现场观察判断。

(1) 观察被干燥液体：不溶于水的有机溶液在含水时通常处于浑浊状态，加入适量的干燥剂进行干燥，当干燥剂吸水之后，浑浊液会呈清澈透明状，这时即表明干燥合格；否则，应补加适量干燥剂继续干燥。

(2) 观察干燥剂：有些有机溶剂溶于水，因此含水的溶液也呈清澈透明状（如乙醚），这种情况下要判断干燥剂用量是否合适，则应看干燥剂的状态。加入干燥剂后，因其吸水变黏粘在器壁上，摇动不能旋转，表明干燥剂用量不够，应适量补加，直到新的干燥剂不结块、不粘壁，干燥剂棱角分明，摇动时旋转并悬浮（尤其是 $MgSO_4$ 等小晶粒干燥剂），表示所加干燥剂用量合适。

由于干燥剂还能吸收一部分有机液体，影响产品收率，故其用量要适中。应先加入少量干燥剂后静置一段时间，观察用量不足时再补加。一般每 10 mL 样品约需 0.5～1.0 g 干燥剂。

4. 干燥时的温度

对于生成水合物的干燥剂，加热虽可加快干燥速率，但远远不如水合物放出水的速率快，因此，干燥通常在室温下进行。

5. 操作步骤与要点

(1) 在干燥前应将被干燥液体中的水分尽可能分离干净。宁可损失一些有机物，不应有任何可见的水层。

(2) 将被干燥的有机液体置于一个小锥形瓶中，取颗粒大小合适的干燥剂放入液体中（干燥剂颗粒大小要适宜，太大时因表面积小吸水很慢，且干燥剂内部不起作用；太小时则因表面积太大不易过滤，吸附有机物多），用塞子盖住瓶口，轻轻摇动，当干燥剂吸水后，浑浊液会变成澄清液，表明干燥合格。

如果发现干燥剂附着瓶壁，互相黏结，通常表示干燥剂不够，应继续添加；如果有机液体中存在较多的水分，常可能出现少量的水层（如用氧化钙干燥时），必须将此水层分去或用吸管将水层吸去，再加入一些新的干燥剂，放置一段时间（至少 0.5 h，最好放置过夜），并时时振摇。有时在干燥前，液体呈浑浊状，经干燥后变为澄清，这并不一定说明它已不含水分，澄清与否和水在该化合物中的溶解度有关。

(3) 将已干燥的液体通过置有脱脂棉的漏斗直接滤入烧瓶中进行蒸馏。对于某些干燥剂，如金属钠、石灰、五氧化二磷等，由于它们和水反应后生成比较稳定的产物，有时可不必过滤直接进行蒸馏。

1.5.3.3 固体有机化合物的干燥

干燥固体有机化合物，主要是为了除去残留在固体中的少量低沸点溶剂，如水、乙醚、乙醇、丙酮、苯等。由于固体有机物的挥发性比溶剂小，所以可采用蒸发和吸附的方法来达到干燥的目的。常用干燥法如下：

1. 晾　干

将待干燥的固体放在表面皿上或培养皿中，尽量平铺成一薄层，再用滤纸或培养皿覆盖上，以免灰尘沾污，然后在室温下放置直到干燥为止，这对于低沸点溶剂的除去是既经济又方便的方法。

2. 烘　干

（1）烘箱烘干。实验室内常用带有自动温度控制系统的电热鼓风干燥箱，其使用温度一般为 50～300 °C，通常控制在 100～200 °C 范围内。烘箱用来干燥无腐蚀、无挥发性、加热不分解的物质。切忌将挥发、易燃、易爆物放在烘箱内烘烤，以免发生危险。

（2）红外灯干燥。固体中若含有不易挥发的溶剂，为了加速干燥，常使用红外灯。干燥的温度应低于晶体的熔点，干燥时旁边可放一支温度计，以便控制温度。要随时翻动固体，防止结块。但对于常压下易升华或热稳定性差的晶体不能用红外灯干燥。红外灯可用可调变压器来调节温度，使用时温度不要调得过高，严防水滴溅在灯泡上而发生炸裂。

3. 冷冻干燥

使有机物的水溶液或混悬液在高真空的容器中，先冷冻成固体状态，然后利用冰的蒸气压较高的性质，使水分从冰冻的体系中升华，有机物即成固体或粉末。对于受热时不稳定物质的干燥，该方法特别适用。

4. 干燥器干燥

普通干燥器（图 1.15）：盖与缸身之间的平面经过磨砂，在磨砂处涂以润滑脂，使之密闭缸中有多孔瓷板，瓷板下面放置干燥剂，上面放置盛有待干燥样品的表面皿等。普通干燥器一般适用于保存易潮解或升华的样品；但干燥效率不高，所费时间较长。

真空干燥器（图 1.16）：它的干燥效率比普通干燥器好。真空干燥器上有玻璃活塞，用以抽真空，活塞下端呈弯钩状，口向上，防止在通向大气时，因空气流入太快将固体冲散。最好另用一表面皿覆盖盛有样品的表面皿。在水泵抽气过程中，干燥器外围最好能以金属丝（或用布）围住，以保证安全。

真空恒温干燥器（图 1.17）：此设备适用于少量物质的干燥（若所需干燥物质的数量较大，可用真空恒温干燥箱），在 2 中放置五氧化二磷。将待干燥的样品置于 3 中，烧瓶 A 中放置有机液体，其沸点须与欲干燥温度接近，通过活塞 1 将仪器抽真空，加热回流烧瓶 A 中的液体，利用蒸气加热外套 4，从而使样品在恒定温度下得到干燥。

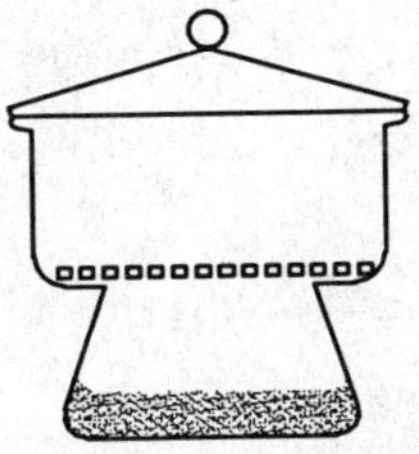

图 1.15　普通干燥器

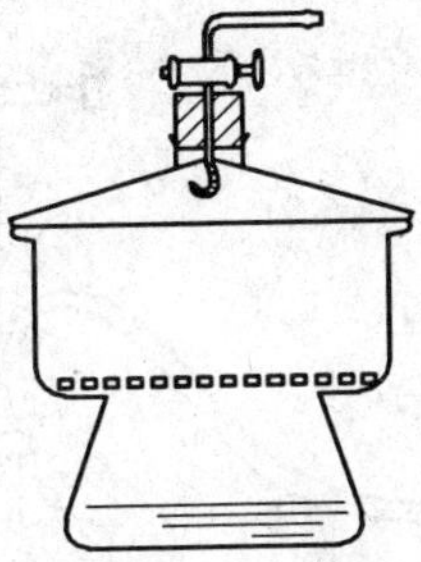

图 1.16　真空干燥器

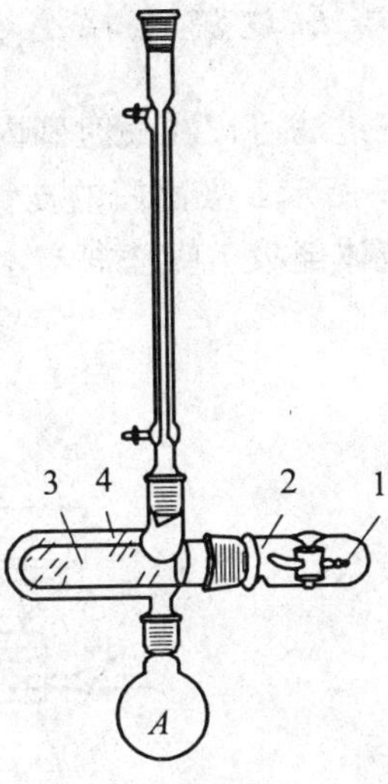

图 1.17　真空恒温干燥器

1.5.4　过滤方法

过滤是把不溶于液体的固体物质跟液体相分离的一种方法。根据混合物中各成分的性质可采用常压过滤、减压过滤或热过滤等不同方法。

1. 常压过滤（普通过滤）

通常用 60° 角的圆锥形玻璃漏斗，把剪好的滤纸放入漏斗中，其边缘应该比漏斗的边缘略低。若固体物质颗粒细小，可将溶液静置，使沉淀沉降，再小心地将上层清液引入漏斗，最后将沉淀部分倒入漏斗。这样可以使过滤速度加快。有机实验中经常需要过滤颗粒比较大的干燥剂，这时可在漏斗颈部的上口轻轻地放少量疏松的脱脂棉或玻璃棉，以代替滤纸，如图 1.18 所示。

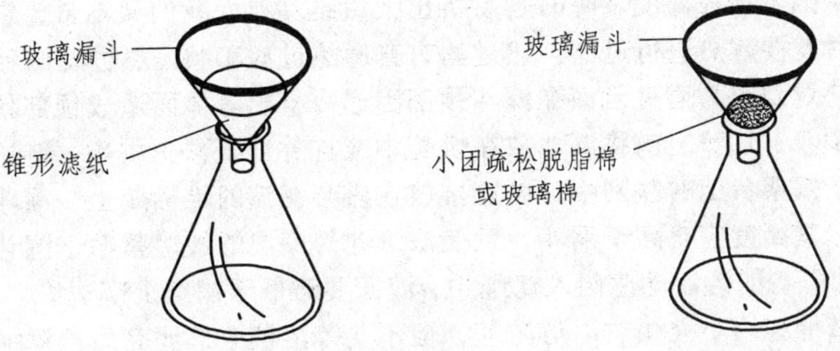

（a）　　（b）

图 1.18　普通过滤

2. 减压过滤（抽滤）

减压过滤可以在短时间内进行过滤。减压过滤一般使用瓷质的布氏漏斗和玻璃吸滤瓶，如图 1.19 所示。吸滤瓶的支管用橡皮管和抽滤装置连接起来。通常用水泵进行减压过滤，为了防止液体倒吸，吸滤瓶与水泵之间应该连接一个缓冲瓶。

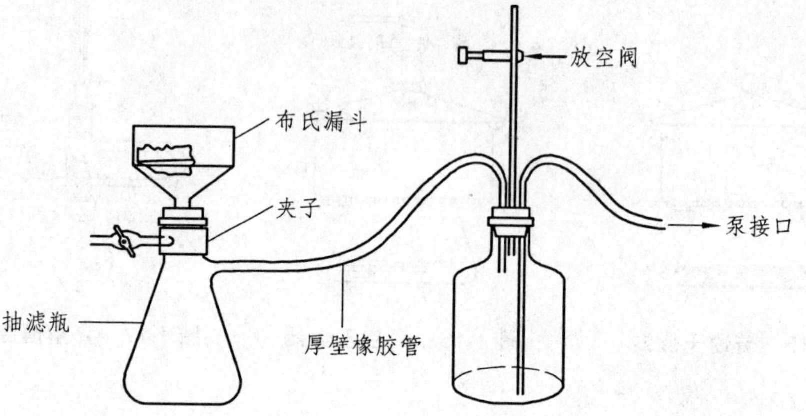

图 1.19 减压过滤装置

减压过滤的优点是：过滤速度快，溶剂和固体能够得到很好的分离，滤出物也容易干燥。在进行减压操作时要注意以下几点：

(1) 布氏漏斗中铺的圆形滤纸要剪得比漏斗内径略小，使之紧贴于漏斗底壁。

(2) 在抽滤前先用少量溶剂把滤纸润湿，然后打开水泵将滤纸吸紧，这样可以防止固体在抽滤时从滤纸的边沿吸入瓶中。

(3) 在过滤强酸性或者强碱性溶液进行时，应该在布氏漏斗上铺玻璃纤维或者用砂芯漏斗过滤。

(4) 停止抽滤时，应该先将缓冲瓶上的放空阀打开（如果没有连接缓冲瓶，应首先拔掉抽气的橡皮管），然后关闭抽气泵。

3. 热过滤

如果溶液中的溶质在温度下降时容易析出大量结晶，而我们又不希望它在过滤过程中留在滤纸上，这时就要趁热进行过滤。热过滤有普通热过滤和减压热过滤两种。

(1) 普通热过滤时为避免溶液在漏斗颈部因遇冷析出晶体而造成颈部堵塞，需选用短颈或无颈的玻璃漏斗，过滤之前将漏斗放在烘箱中或红外灯下预先烘热，待过滤时再将漏斗取出并放在固定于铁架台上的铁圈中，或直接放在盛装滤液的锥形瓶上。漏斗的上面放一折叠好的扇形滤纸，其高度应略高于漏斗，且使滤纸向外突出的棱边紧贴于漏斗壁上。上述工作准备好后，将沸腾着的溶液迅速倒入滤纸中，液面要略低于滤纸上部边缘。若一次倾倒不完，需将未过滤溶液继续用小火加热以防冷却，但不要等溶液全部滤完后再添加。为减少溶剂挥发，可在漏斗上方盖一表面皿。如果是用水做溶剂，可将盛滤液的锥形瓶用小火加热，避免过滤时因温度下降而在滤纸上析出结晶。但过滤挥发性易燃溶剂的溶液时，必须关闭附近的火源，不能加热过滤。

对于极易结晶析出的物质，或过滤的溶液量较大时，可采用保温漏斗过滤，如图 1.20 将普通漏斗放在铜质的热漏斗内，铜质热漏斗内装有热水，以维持必要的温度。操作时从注水孔处向热过滤漏斗夹层中注水，水不可盛得过满，以防水沸腾时溢出。将过滤器准备好后，开始加热漏斗侧管，使漏斗内的水温达到要求。过滤前还应把玻璃漏斗在水浴上用蒸汽加热一下。过滤过程中若有结晶析出，应待过滤结束，将滤纸上的晶体再用溶剂溶解，然后用新滤纸重新过滤。在热过滤时，要经常向保温漏斗中添加热水。

减压热过滤是先将滤纸放在布氏漏斗内并润湿，再将布氏漏斗放在水浴上以热水或蒸汽加热（图 1.21），然后快速完成过滤操作。

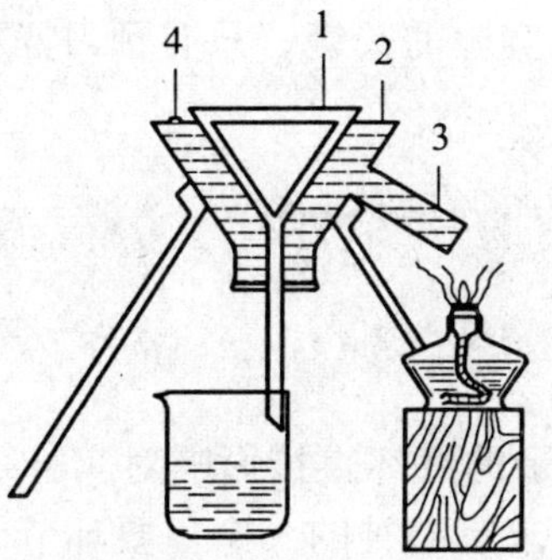

图 1.20 热过滤装置

1—玻璃漏斗；2—铜制外套；3—铜支管；4—注水孔

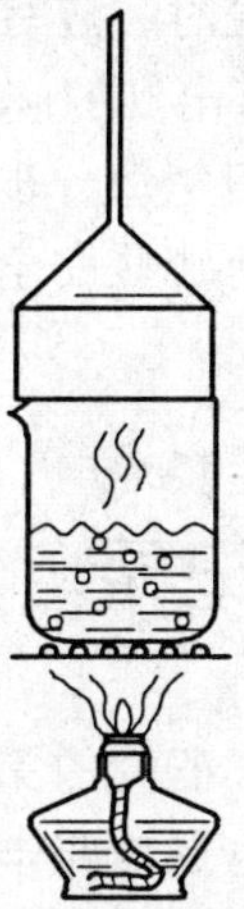

图 1.21 加热布氏漏斗

1.6 有机化学实验预习、记录和实验报告

有机化学实验课是一门综合性较强的理论联系实际的课程。它是培养学生独立工作能力的重要环节。完成一份正确、完整的实验报告，也是一个很好的训练过程。实验报告分三部分：实验前预习、现场记录及课后实验总结。

1.6.1 实验预习

实验预习是有机化学实验的重要环节，对实验成功与否、收获大小起着关键的作用。为了避免照方抓药，依葫芦画瓢，而积极、主动、准确地完成实验，学生必须认真做好实验预习。教师有义务拒绝那些未进行预习的学生进行实验。学生应准备一个练习本专门写预习报告、记录实验现象和结果。

预习的具体要求如下：

(1) 实验目的、要求。

(2) 实验原理（对基本操作）或反应式（正反应，主要副反应）及反应原理、分离纯化原理等。

(3) 查阅并列出主要试剂和产物的物化常数及性质。

(4) 画出主要反应装置图，用框图形式描述实验步骤。

(5) 做合成实验时，应写出粗产物纯化的流程。

(6) 实验中可能出现的问题或不懂之处，特别是安全问题，要写出防范措施和解决办法。

预习时，应想清楚每一步操作的目的是什么，为什么这么做，弄清楚本次实验的关键步骤和难点，实验中有哪些安全问题。预习是做好实验的关键，只有预习好了，实验时才能做到又快又好。

1.6.2 实验记录

实验记录是科学研究的第一手资料，实验记录的好坏直接影响对实验结果的分析。因此，学会做好实验记录也是培养学生科学作风及实事求是精神的一个重要环节。

作为一名科学工作者，必须对实验的全过程进行仔细观察，如反应液颜色的变化，有无沉淀及气体出现，固体的溶解情况，加热温度和加热后反应的变化等，都应认真记录。同时还应记录加入原料的颜色和加入的量、产品的颜色和产品的量、产品的熔点或沸点等物化数据。记录时，要与操作步骤一一对应，内容要简明扼要，条理清楚。记录直接写在报告上，不要随便记在一张纸上，课后抄在报告上。

1.6.3 实验报告

内容包括：

一、实验目的

写实验目的通常包括以下三个方面：

(1) 了解本实验的基本原理。

(2) 掌握哪些基本操作。

(3) 进一步熟悉和巩固已学过的某些操作。

二、反应原理及反应方程式

包括以下两部分内容：

(1) 文字叙述——要求简单明了、准确无误、切中要害。

(2) 主、副反应的反应方程式。

三、原料及主、副产物的物化常数

物化常数主要是与实验操作有关的一些数据，包括：化合物的相对分子质量、熔点、沸点、相对密度、折光率、溶解度等。

查物化常数不仅是为了学会物理化常数手册的查阅方法，更重要的是知道物理化常数在某种程度上可以指导实验操作。

例如：相对密度——通常可以告诉我们在洗涤操作中哪个组分在上层，哪个组分在下层。

溶解度——可以帮助我们正确地选择溶剂。

四、实验装置图

画实验装置图的目的是：进一步了解本实验所需仪器的名称、各部件之间的连接顺序——即在纸面上进行一次仪器安装。

画实验装置图的基本要求——横平竖直、比例适当。

五、实验步骤及现象记录

实验操作示意流程是实验操作的指南，通常用框图形式来表示，其基本要求是：简单明了、操作顺序准确、突出操作要点。

六、对实验进行总结与讨论

实验结果讨论主要是针对产品的产量、质量进行讨论，找出实验成功或失败的原因。主要包含以下内容：

（1）对实验结果和产品进行分析（产率计算）。

在实验前，应根据主反应的反应方程式计算出理论产量。计算方法是以相对用量最少的原料为基准，按其全部转化为产物来计算。

例如，用 12.2 g 苯甲酸、35 mL 乙醇和 4 mL 浓硫酸一起回流，得到 12 g 苯甲酸乙酯，试计算其产率。

按加料量可知乙醇是过量的，故应以苯甲酸为基准计算。

（2）分析实验中出现的问题和解决的办法。

对于同一个实验，由于每位同学对理论知识及实验操作掌握程度的不同，同时每人对实验的理解也存在差异，因此每位同学的实验现象都是不完全相同的，都会出现一些独有的现象，这需要在实验报告中进行总结。

讨论的重要性在于：通过对自己实验过程的回顾，可以发现自己在实验中的不足之处，防止以后出现相同的错误；同时可以加深对实验相关理论知识及实践操作的认识，巩固学习成果。

（3）对实验提出建设性的建议。

【例 1】 溴乙烷的制备

本次实验产品的产量（产率 72.8%）、质量（无色透明液体）基本合格。

最初得到的几滴粗产品略带黄色，可能是因为加热太快溴化氢被硫酸氧化而产生溴所致。经调节加热速度后，粗产品呈乳白色。

浓硫酸洗涤时发热，说明粗产物中尚含有未反应的乙醇、副产物乙醚和水。副产物乙醚可能是由于加热过猛产生的，而水则可能是从水中分离粗产品时带入的。

由于溴乙烷的沸点较低，因此在用硫酸洗涤时会因放热而损失部分产品。

一份完整的实验报告可以充分体现学生对实验理解的深度、综合解决问题的能力及文字表达能力。

在实验报告中还应完成指定的思考题或提出改进本实验的意见等。实验报告的内容大致可分八项，下面列举的是正溴丁烷的制备实验报告。

实验×× 正溴丁烷的制备

一、实验目的和要求

（1）了解由醇制备溴代烷的原理及方法。

（2）练习带有吸收有害气体装置的回流加热操作。

（3）进一步熟悉和巩固分液漏斗的使用和常压蒸馏操作。

二、实验原理及反应式

本实验采用正丁醇与溴化氢发生亲核取代反应来制取正溴丁烷，反应式如下：

主反应：

$$NaBr + H_2SO_4 \xlongequal{\quad} HBr + NaHSO_4$$

$$n\text{-}C_4H_9OH + HBr \xrightarrow{H_2SO_4} n\text{-}C_4H_9Br + H_2O$$

副反应：

$$CH_3CH_2CH_2CH_2OH \xrightarrow{H_2SO_4} CH_3CH_2CH{=}CH_2 + H_2O$$

$$2n\text{-}C_4H_9OH \xrightarrow{H_2SO_4} (n\text{-}C_4H_9)_2O + H_2O$$

$$2NaBr + 3H_2SO_4 \xlongequal{\quad} Br_2 + 2H_2O + 2NaHSO_4 + SO_2\uparrow$$

本实验主反应为可逆反应，为提高产率，反应时加入过量的溴化氢。由于氢溴酸是一种极易挥发的无机酸，因此在制备时用溴化钠和浓硫酸代替溴化氢，边生成溴化氢边参与反应，可提高溴化氢的利用率；浓硫酸还起到催化脱水作用。反应时硫酸应缓慢加入，温度也不宜过高，否则易发生副反应。

反应中，为防止反应物正丁醇被蒸出，采用了回流装置。由于溴化氢有毒，为防止溴化氢逸出，安装了气体吸收装置。生成的1-溴丁烷中混有过量的溴化氢、硫酸、未完全转化的正丁醇及副产物烯烃、醚类等，经过洗涤、干燥和蒸馏予以除去。

三、主要物料及产物的物化常数

表1 主要物料用主物的物化常数

名称	相对分子质量	性状	折光率	相对密度	熔点/°C	沸点/°C	溶解度/（g/100 mL溶剂）		
							水	醇	醚
正丁醇	74.12	无色透明液体	1.399 31	$0.809\ 78_4^{30}$	−89.9～−89.2	117.71	7.920	∞	∞
正溴丁烷	137.03	无色透明液体	1.439 8	1.299_4^{30}	−112.4	101.6	不溶	∞	∞

四、实验装置图

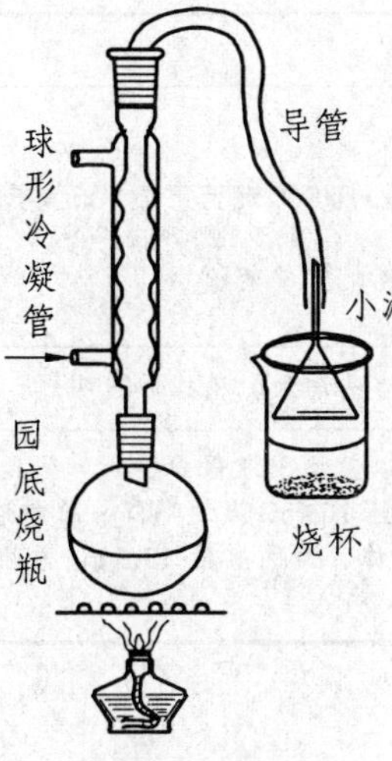

图1 反应装置

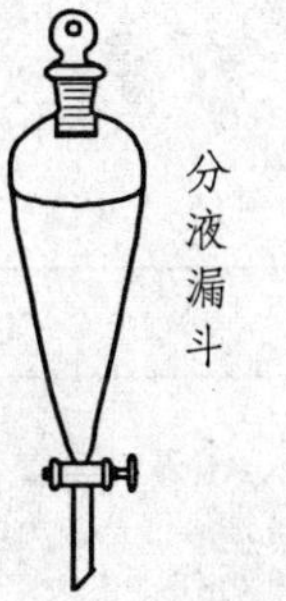

图2 洗涤装置

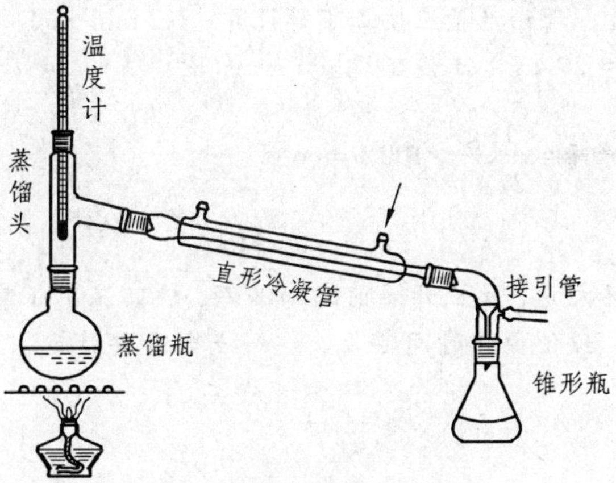

图3 产物蒸馏提纯装置

五、实验步骤及现象记录

表2 实验步骤及现象记录

步　　骤	现　　象
1. 于 150 mL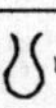中放置 20 mL 水，+29 mL 浓 H_2SO_4，振摇冷却	放热，烧瓶烫手
2. +18.5 mL n-C_4H_9OH 及 25 g NaBr，振摇，+沸石	不分层，有许多 NaBr 未溶。瓶中已出现白雾状 HBr
3. 装冷凝管、HBr 吸收装置，石棉网小火△1 h	沸腾，瓶中白雾状 HBr 增多，并从冷凝管上升，为气体吸收装置吸收。瓶中液体由一层变成三层，上层开始时极薄，中层为橙黄色，上层越来越厚，中层越来越薄，最后消失。上层颜色由淡黄→橙黄色
4. 稍冷，改成蒸馏装置，+沸石，蒸出 n-C_4H_9Br	馏出液浑浊，分层，瓶中上层越来越少，最后消失，消失后过片刻停止蒸馏。蒸馏瓶冷却析出无色透明结晶（$NaHSO_4$）

续表 2

步　　骤	现　　象
5. 粗产物用 15 mL 水洗 10 mL H_2SO_4 洗 15 mL 水洗 15 mL 饱和 $NaHCO_3$ 洗 15 mL 水洗	产物在下层 加一滴浓 H_2SO_4 沉至下层，证明产物在上层 两层交界处有些絮状物
6. 粗产物置于 50 mL  中，+ 2 g $CaCl_2$ 干燥	粗产物有些浑浊，稍摇后透明
7. 产物滤入 30 mL 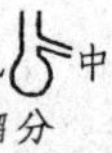 中，+ 沸石蒸馏 收集 99 ~ 103 °C 馏分 产物外观，质量	99 °C 以前馏出液很少，长时间稳定于 101 ~ 102 °C 左右。后升至 103 °C 温度下降，瓶中液体很少，停止蒸馏 无色液体，瓶的质量 15.5 g，总质量 33.5 g，产物的质量 18 g

六、实验结果

产物为无色液体，质量 18 g。

因其他试剂过量，理论产量应按正丁醇计算。0.2 mol 正丁醇能产生 0.2 mol（即 0.2 mol × 137 g/mol = 27.4 g）正溴丁烷。

$$产率 = \frac{18\ g}{27.4\ g} \times 100\% = 66\%$$

七、实验讨论

由于操作时疏忽大意，反应开始前忘加沸石，使回流不正常。停止加热稍冷后，再加沸水继续回流，致使操作时间延长。这一点今后要引起注意。

八、思考题

1.7　实验产率的计算

1.7.1　产率的计算

制备实验结束后，要根据理论产量和实际产量计算产率。产率是指实验得到的纯粹产物的质量和计算所得理论产量的比值，即

$$产率\ (\%) = \frac{实际产量}{理论产量} \times 100\%$$

式中：实际产量——实验中实际得到纯品的质量；

理论产量——根据反应方程式计算得到的产物的质量，即原料全部转化成产物，同时在分离和纯化过程中没有损失的产物的质量。

【例 2】 用 12.2 g 苯甲酸、35 mL 乙醇和 4 mL 浓硫酸一起回流，制得苯甲酸乙酯 12 g。这里，浓硫酸用做这个酯化反应的催化剂。

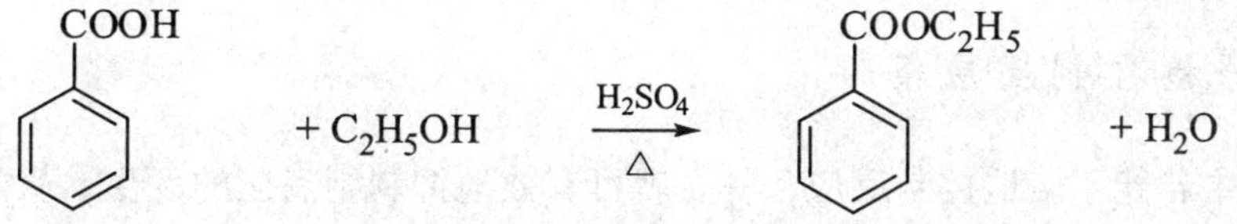

相对分子质量　122　46　150

12.2 g（0.1 mol）　26.6 g（0.58 mol）

从反应方程式中各物料物质的量之比很容易看出乙醇是过量的，故理论产量应根据苯甲酸的量来计算。0.1 mol 苯甲酸理论上应产生 0.1 mol 即 0.1 mol×150 g/mol＝15 g 苯甲酸乙酯。产率为

$$\frac{12\ \text{g}}{15\ \text{g}}\times 100\% = 80\%$$

1.7.2 影响产率的因素

物质制备实验的实际产量往往达不到理论值，这是因为有下列因素的影响：

(1) 反应可逆：在一定条件下，化学反应建立了平衡，反应物不可能全部转化成产物。

(2) 有副反应发生：有机反应比较复杂，在发生主反应的同时，一部分原料消耗在副反应中。

(3) 反应条件不利：在制备反应中，反应时间不足、温度控制不好或搅拌不够充分等都会引起实验产率降低。

(4) 分离和纯化过程中造成的损失：有时制备反应所得粗产物的量较多，但由于精制过程中操作失误，使产率大大降低。

1.7.3 提高产率的措施

1. 破坏平衡

对于可逆反应，可采取增加一种反应物的用量或除去产物之一（如分去反应生成的水）的方法，以破坏平衡，使反应向正方向进行。究竟选择哪一种反应物过量，要根据反应的实际情况、反应的特点、各种原料的相对价格、在反应后是否容易除去以及对减少副反应是否有利等因素来决定。例如，乙酸异戊酯的制备中，主要原料是冰乙酸和异戊醇，相对来说，冰乙酸价格较低，不易发生副反应，在后处理时容易分离，所以选择冰乙酸过量。

2. 加催化剂

在许多制备反应中，如能选用适当的催化剂，就可加快反应速率，缩短反应时间，提高

实验产率，增加经济效益。例如，乙酰水杨酸的制备中，加入少量浓硫酸，可破坏水杨酸分子内氢键，促使酰化反应在较低温度下顺利进行。

3. 严格控制反应条件

实验中若能严格地控制反应条件，就可有效地抑制副反应的发生，从而提高实验产率。例如，正溴丁烷的制备中，加料顺序是先加硫酸，再加正丁醇，最后加溴化钠。如果加完硫酸后即加溴化钠，就会立即产生大量溴化氢气体逸出，不仅影响实验产率，而且严重污染空气。

在某些制备反应中，充分的搅拌或振摇可促使多相体系中物质间的接触充分，也可使均相体系中分次加入的物质迅速而均匀地分散在溶液中，从而避免局部浓度过高或过热，以减少副反应的发生。

4. 细心精制粗产物

为避免和减少精制过程中不应有的损失，应在操作前认真检查仪器，如分液漏斗必须经过涂油试漏后方可使用，以免萃取时产品从旋塞处漏失。有些产品微溶于水，如果用饱和食盐水进行洗涤便可减少损失。分离过程中的各层液体在实验结束前暂时不要弃去，以备出现失误时进行补救。重结晶时，所用溶剂不能过量，可分批加入，以固体恰好溶解为宜。需要低温冷却时，最好使用冰水浴，并保证充分的冷却时间，以避免由于结晶析出不完全而导致收率降低。过量的干燥剂会吸附产品造成损失，所以干燥剂的用量应适当，要在振摇下分批加入至液体澄清透明为止。一般加入干燥剂后需要放置 30 min 左右，以确保干燥效果。有些实验所需时间较长，可将干燥静置这一步作为实验的暂停阶段。抽滤前，应将吸滤瓶洗涤干净，一旦透滤，可将滤液倒出，重新抽滤。热过滤时，要使漏斗夹套中的水保持沸腾，以避免结晶在滤纸上析出而影响收率。

总之，在实验的整个过程中，对每个环节都要考虑周全，细心操作。只有这样才能保证实验最终有较高的产率。

2 有机化学实验基本操作

在化工生产中，某一产品的生产过程总是由若干个单元操作组成的。常见的化工单元操作有：搅拌、过滤、沉降、加热、冷却、蒸发、气体吸收、液体精馏、萃取、干燥、吸附、流体输送等。在有机化学实验中，特别是有机化合物的制备实验，同样是由若干项基本操作组成的，如过滤、萃取、重结晶、升华、蒸馏、分馏、干燥、回流、水蒸气蒸馏、减压蒸馏、色谱分离等。为此，学习有机化学实验，必须首先从掌握有机化学实验的基本操作技能着手，练好扎实的基本功底，才能全面掌握有机化学实验技能。

2.1 有机化合物物理常数的测定

有机化合物的物理性质，通常是指物态（即气态、液态、固态）、熔点、沸点、溶解度、折射率（折光率）、比旋光度和相对密度等。纯净物的物理性质在一定条件下都有固定的数值，通常把这些相对固定的物理数值称为物理常数。可能会有不止一种化合物在 1～2 种物理性质上具有相同的常数，然而要在每一种物理性质上都具有相同的常数，就极为罕见了，由此可见，物理常数对有机物质的鉴定是极为有用的。因而，人们常用物质的熔点、沸点、折光率及比旋光度来验证有机化合物的纯度，还可以依据物理常数如熔点、沸点、溶解度等的差异，采取不同的方法分离、提纯有机化合物。

本节我们将介绍熔点、沸点、折射率和比旋光度等四个物理常数的测定，其中熔点是鉴定固体有机化合物的非常重要的物理常数，而沸点和折射率是鉴定液体有机化合物很有用的物理常数。

实验 1 熔点的测定及温度计校正

一、实验目的

（1）了解物质熔点的测定原理和熔点测定的意义。

(2) 理解化合物纯度与熔点的关系，掌握混合熔点法鉴定有机化合物。

(3) 掌握数字熔点仪的使用方法。

二、实验原理

1. 纯物质的熔点

通常当结晶物质加热到一定温度时，即从固态转变为液态，此时的温度可视为该物质的熔点。然而熔点的严格定义，应为固液两态在标准大气压力下成平衡时的温度。纯净的固体有机化合物一般都有固定的熔点，即在一定压力下，固液两态之间的变化是非常敏锐的，自初熔至全熔（熔点范围称为熔程），温度变化不超过 0.5～1 °C，若该物质含有杂质则其熔点往往比纯净物低，且熔程也较长。这对于鉴定纯净的固体有机化合物具有很大价值，同时根据熔程长短又可定性地看出该化合物的纯度。

如果在一定温度和压力下，将某物质的固液两相置于同一容器中，这时可能发生三种情况：固相迅速转化为液相（固体熔化）、液相迅速转化为固相（液体凝固）、固液两相同时并存。为了决定在某一温度时哪一种情况占优势，我们可以从物质的蒸气压与温度的关系曲线来理解。图 2.1（a）表示固体的蒸气压随温度升高而增大的曲线。图 2.1（b）表示该液态物质的蒸气压-温度曲线。如将图（a）和图（b）的曲线加合，即得到图 2.1（c）所示的曲线。由于固相的蒸气压随温度变化的速率较相应的液相大，最后两曲线相交，在交点 M 处（只能在此温度时）固液两相可同时并存，此时的温度 T_M 即为该物质的熔点。当温度高于 T_M 时，固相的蒸气压已比液相的蒸气压大，因而可使所有的固相全部转变为液相；当温度低于 T_M 时，则由液相转变为固相；只有当温度为 T_M 时，固液两相的蒸气压才是一致的，此时固液两相方可同时并存。这就是纯粹晶体物质之所以有固定和敏锐熔点的道理。一旦温度超过 T_M，甚至只有几分之一摄氏度时，若有足够的时间，固体就可全部转变为液体。所以要精确测定熔点，在接近熔点时加热速度一定要慢，温度的升高每分钟不能超过 1～2 °C。只有这样，才能使整个熔化过程尽可能接近于两相平衡的条件。

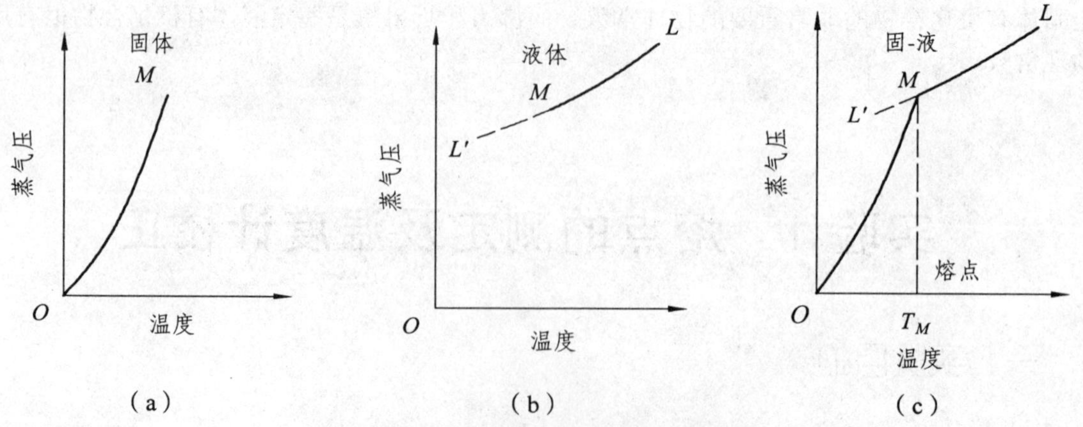

图 2.1　物质的蒸气压与温度关系曲线

2. 混合物的熔点

当有杂质存在时（假定两者不成固溶体），根据拉乌耳（Raoult）定律可知，在一定的压力和温度下，在溶剂中增加溶质的物质的量，导致溶剂蒸气分压降低（图 2.2 中 M_1L_1），因此该化合物的熔点必定比纯净物低。举例来说，纯粹的α-萘酚熔点为 95.5 °C，在此温度时加入少量萘（熔点 80 °C），萘溶解在熔化成液体的α-萘酚中，导致液相中α-萘酚的蒸气压下降，α-萘酚固液两相的平衡点破坏，固相迅速转变为液相。只有温度下降才能使固液两相重新达到平衡，从图 2.2 中可以看出，固体α-萘酚的蒸气压和萘-α-萘酚溶液中α-萘酚的蒸气压沿它们各自的曲线下降，在 M_1 处相交，此时液相中α-萘酚的蒸气压才能与纯粹固相的蒸气压一致，一旦温度超过 T_{M_1}（全熔点）时，即全部转变为液相，因此它比纯粹的α-萘酚的熔点低。若将α-萘酚与萘以不同比例混合，测其熔点，可得一曲线（见图 2.3，曲线上的点为全熔点）。曲线 AC 表示在α-萘酚中逐渐加入萘，直至萘的物质的量分数为 0.605 时α-萘酚熔点的降低情况；曲线 BC 表示在萘中逐渐加入α-萘酚，直至α-萘酚的物质的量分数为 0.395 时萘熔点的降低情况。曲线的交点 C 为最低共熔点，这时的混合物能像纯粹物质一样在一定的温度时熔化，但要注意它不是一种化合物，因为析出固体析出时可以从显微镜下观察到两个组分不同的晶体，所以它是一种均匀的机械混合物。

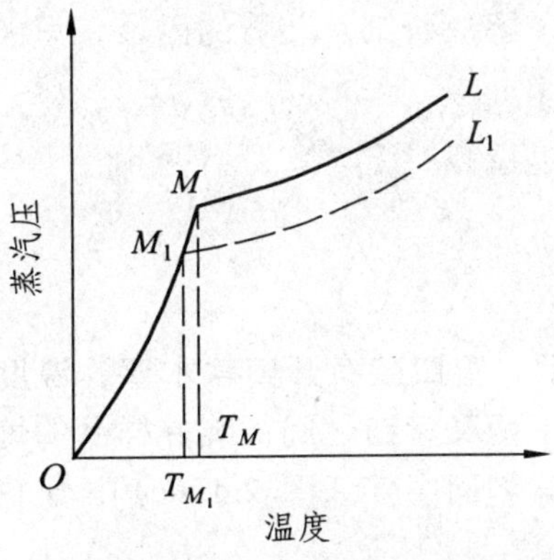

图 2.2 α-萘酚混有少量萘时的蒸气压降低图

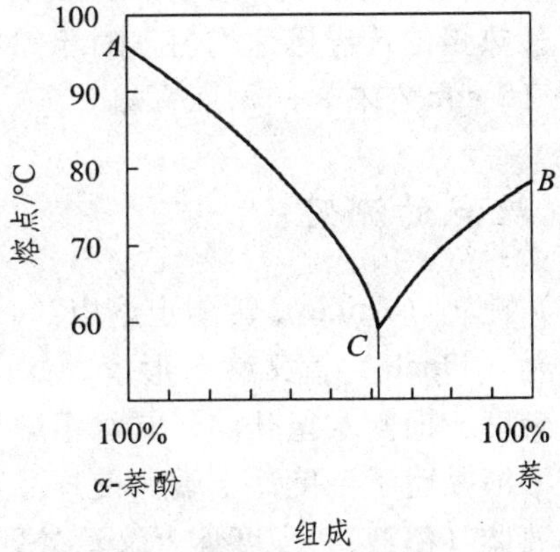

图 2.3 α-萘酚与萘的摩尔组成与熔点的关系

现在来讨论一下在α-萘酚中含有少量萘（设其全熔温度为 T_{M_1}）的熔化情况。当此混合物加热到 61 °C 时即开始熔化，固相中剩下纯粹的α-萘酚，在继续加热熔化的过程中，因为纯粹α-萘酚的不断熔入，液相的组分不断改变使液相中杂质（萘）的浓度相对地不断降低，故固液平衡所需的温度也随之上升，当温度超过 T_{M_1} 时即全部熔化。由此可知若有杂质存在，固液平衡时不是一个温度点，而是由 61 °C—T_{M_1} 一段，其间固相和液相平衡时的相对量在改变。这说明杂质的存在不但使初熔温度降低，还会使熔程变长。所以在测熔点时一定要记录初熔和全熔的温度。但是在实际测定熔点的过程中，杂质的含量很少时会看不到真正的初熔过程，可能观察到的熔程并不一定很长。

若物质不纯，初熔点就会下降，且熔程会增长。我们可以利用这一性质来判断物质的纯度和鉴别未知化合物。例如，在有机化合物的分析和研究工作中，鉴定任何一种新制备的化合物是否为一已知化合物，常用的鉴定方法就是这种方法——混合熔点法。假设化合物甲根据反应及测定推断可能为已知化合物乙，测定甲的熔点与乙的熔点相同或相差甚微，此时可将甲与纯净的乙混合后再测熔点（进行混合熔点测定时，至少测定三种比例 1∶9，1∶1，9∶1），若甲、乙并非同一化合物，则乙的作用就相当于杂质，其结果是所测的混合熔点必低于甲或乙各自的熔点，且熔程扩大；反之，若混合熔点并无降低现象，除少数例外，我们几乎可以断定甲、乙为同一物质。

三、操作要点及说明

1. 样品的装填

放少许待测熔点的干燥样品（约 0.1 g）于干净的表面皿上，用玻璃棒或不锈钢刮刀将它研成粉末并集成一堆。将熔点管开口端向下插入粉末中，然后把熔点管开口端向上，轻轻地在桌面上敲击，以使粉末落入和填紧管底。取一支长约 30～40 cm 的玻管，垂直于一干净的表面皿上，将熔点管从玻璃管上端自由落下，可更好地达到上述目的。为了要使管内装入高约 2～3 mm 紧密结实的样品，一般需如此重复数次。一次不宜装入太多，否则不易夯实。沾于管外的粉末须拭去，以免玷污加热浴液。要测得准确的熔点，样品一定要研得极细，装得结实，使热量的传导迅速均匀。对于蜡状的样品，为了解决研细及装管的困难，只能选用较大口径（2 mm 左右）的熔点管。

2. 熔点的测定

(1) 提勒（Thiele）管测定熔点。

提勒（Thiele）管又称 b 形管，如图 2.4（a）所示。管口装有开口软木塞，温度计插入其中，刻度应面向木塞开口，其水银球位于 b 形管上下两叉管口之间，装好样品的熔点管，借少许浴液黏附于温度计下端，使样品部分置于水银球侧面中部［图 2.4（c）］。b 形管中装入加热液体（浴液），高度达上叉管处即可。

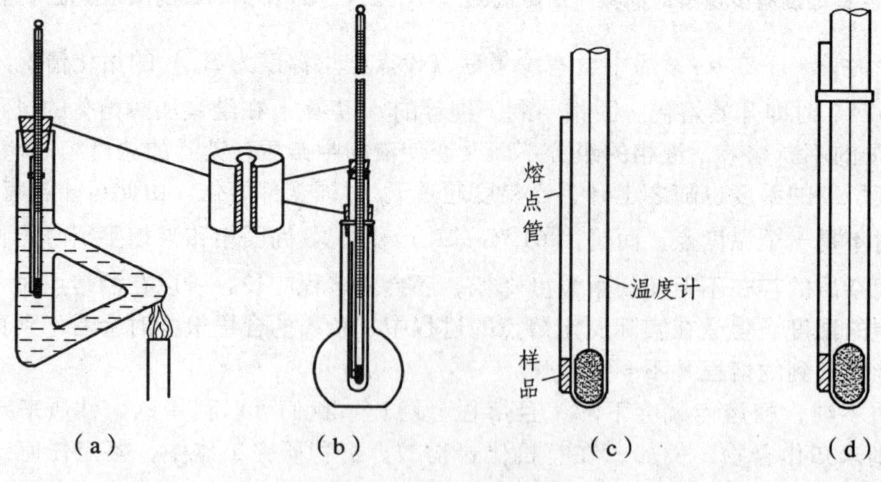

图 2.4 测熔点的装置

在图 2.4（a）所示的部位加热，受热的浴液沿管上升运动，从而使整个 b 形管内浴液呈对流循环，温度较为均匀。

将提勒管垂直夹于铁架上，按前述方法装配完备，以浓硫酸为加热液体，用温度计水银球蘸取少许硫酸滴于熔点管上端外壁上，即可使之粘着。或剪取一小段橡皮管，将此橡皮圈套在温度计和熔点管的上部［图 2.4（d）］。将粘附有熔点管的温度计小心地伸入浴液中。以小火在图示部位缓缓加热，开始时升温速度可以较快，到距离熔点 10～15 °C 时，调整火焰使每分钟上升 1～2 °C。越接近熔点，升温速度应越慢（掌握升温速度是准确测定熔点的关键）。这一方面是为了保证有充分的时间让热量由管外传至管内，以使固体熔化；另一方面因观察者不能同时观察温度计所示度数和样品的变化情况，只有缓慢加热，才能使此项误差减小。记下样品开始塌落并有液相（俗称出汗）产生时（初熔）和固体完全消失时（全熔）的温度计读数，即为该化合物的熔程。要注意，在初熔前是否有萎缩或软化、放出气体以及其他分解现象。例如，一物质在 120 °C 时开始萎缩，在 121 °C 时有液滴出现，在 122 °C 时全部液化，应记录如下：熔点 121～122 °C，120 °C 时萎缩。

熔点的测定，至少要有两次重复的数据。每一次测定都必须用新的熔点管另装样品，不能将已测过熔点的熔点管冷却，使其中的样品固化后再进行第二次测定。因为加热时某些物质会产生部分分解，有些会转变成具有不同熔点的其他结晶形式。测定易升华物质的熔点，应将熔点管的开口端烧熔封闭，以免升华。

测定未知物的熔点，应先对样品粗测一次。加热速度可以稍快，知道大致的熔点范围后，待浴温冷却至熔点以下约 30 °C 左右，再取另一根装样的熔点管进行精密测定。

熔点测好后，温度计的读数须对照温度计校正曲线进行校正。

一定要待浴液冷却后，方可将浓硫酸倒回瓶中。温度计冷却后，用废纸擦去硫酸，方可用水冲洗，否则极易使温度计炸裂。

温度计校正：

用毛细管熔点测定法测定熔点时，温度计读数与真实熔点之间常有一定的偏差，这可能是温度计的质量所引起的。例如，一般温度计中的毛细孔径不一定是很均匀的，有时刻度也不是很精确。其次，温度计有全浸式和半浸式两种。全浸式温度计的刻度是在温度计的汞线全部均匀受热的情况下刻出来的，而在测熔点时仅有部分汞线受热，因而露出的汞线温度当然比全部受热时低。另外经长期使用的温度计，玻璃也可能发生体积变形而使刻度不准。因此，若要精确测定物质的熔点，必须校正温度计。为了校正温度计，可选用一标准温度计，上述误差可一并除去。校正时只要选择数种已知熔点的纯粹化合物作为标准，测定它们的熔点，以观察到的熔点为纵坐标，测得熔点与应有熔点的差数为横坐标，画成曲线。在任一温度时的校正值可直接从曲线中读出。

用熔点方法校正温度计的标准样品列于表 2.1 中，校正时可以具体选择。

（2）用熔点测定仪测定熔点。

WRS-1A 数字熔点仪正面视图如图 2.5 所示，后视图如图 2.6 所示。

表 2.1 校正温度计常用标准样品及其熔点

物　质	熔点/°C
水-冰[①]	0
α-萘胺	50
二苯胺	54 ~ 55
对二氯苯	53.1
萘	80.55
间二硝基苯	90.02
乙酰苯胺	114.3
苯甲酸	122.4
尿素	132.7
水杨酸	159
对苯二酚	173 ~ 174
酚酞	262 ~ 263

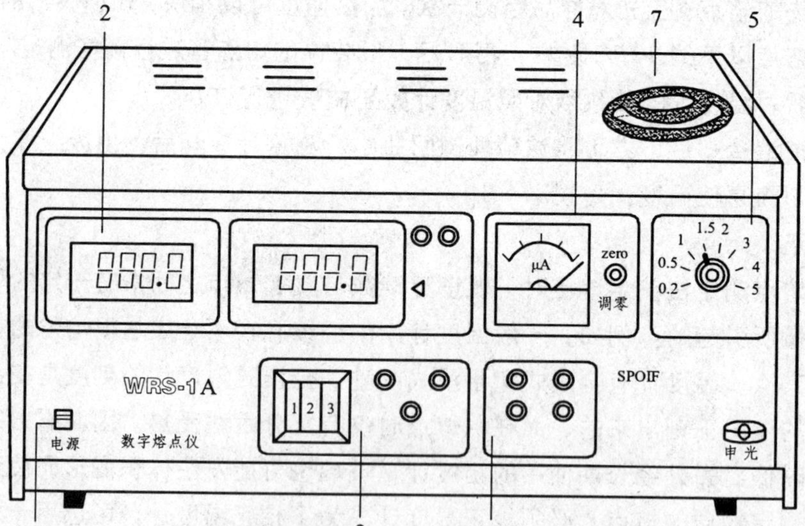

图 2.5 WRS-1A 数字熔点仪前视图

1—电源开关；2—温度显示单元；3—起始温度设定单元；4—调零单元；5—速率选择单元；6—线性升温控制单元；7—毛细管插口

① 零点的测定最好用蒸馏水和纯冰的混合物。在一个 2.5 cm 的试管中旋转蒸馏水 20 mL，将试管浸在冰盐浴中至蒸馏水部分结冰，用玻璃棒搅拌使之成冰水混合物。将试管自冰盐浴中移出，然后将温度计插入冰水中，轻轻搅动混合物到温度恒定后（2 ~ 3 min）读数。

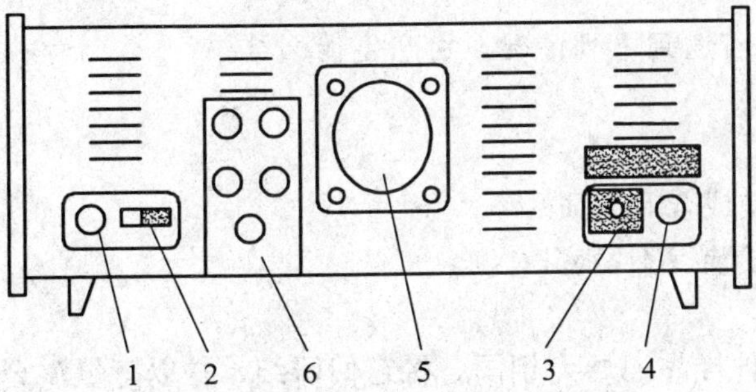

图 2.6 WRS-1A 数字熔点仪后视图

1—记录仪电缆；2—控制开关；3—电源插座；4—保险丝（1A）；
5—通风马达；6—校正窗口

本仪器采用光电方式自动检测熔化的变化。自白炽灯源发出的光，经聚光镜穿过电热炉和毛细管座的透光孔会聚在毛细管中，透过熔融样品的光，由硅光电池接收。所得的光电信号经零点补偿及电压放大，经熔化检测显示结果及指示灯，将初熔、终熔温度值储存并直接显示出来。

WRS-1A 数字熔点仪操作步骤：

① 开启电源开关，升温控制开关置于外侧，稳定 20 min，此时，保温灯、初熔灯亮，电表偏向右方。

② 通过拨盘设定起始温度、通过起始温度按钮，输入此温度，此时预置灯亮。

③ 选择升温速率——将波段开关扳至所需位置。

④ 当预置灯熄灭时，起始温度设定完毕，可插入样品毛细管。此时电表基本指零，初熔灯熄灭。

⑤ 调零，使电表完全指零。

⑥ 按动升温钮，升温指示灯亮。

⑦ 数分钟后，初熔灯先闪亮，然后出现终熔计数显示，欲知初熔计数按初熔钮即得。

⑧ 重复操作步骤 2，进行下一次测定。

四、实验步骤

(1) 测定尿素的熔点（m.p. 132.7 °C）。

(2) 测定肉桂酸的熔点（m.p. 133 °C）。

(3) 测定 50%尿素和 50%肉桂酸混合样品的熔点。

(4) 由指导老师提供未知物 1～2 种，测定熔点并鉴定之。

五、思考题

(1) 熔点测定有何意义？

(2) 第一次测定熔点时已经熔化后经冷却又固化的有机物是否可以再用于第二次熔点测定？

（3）测定熔点时，若遇到下列情况，将产生什么结果？

① 熔点管壁太厚。

② 熔点管不洁净。

③ 样品未完全干燥或含有杂质。

④ 样品研得不细或装得不紧密。

⑤ 加热太快。

（4）测得 A、B 两种样品的熔点相同，将它们研细，并以等量混合。① 测得混合物的熔点有下降现象且熔程增宽；② 测得混合物的熔点与纯 A、纯 B 的熔点均相同。试分析以上两种情况各说明什么。

实验 2　沸点及其测定

一、实验目的

（1）了解测定沸点的意义。

（2）掌握微量法测定沸点的原理和方法。

二、实验原理

液体化合物的沸点，是它的重要物理常数之一。在有机物的使用、分离和纯化过程中，具有重要的意义。

当一种液体化合物受热时其蒸气压升高，达到与外界大气压相等时，液体开始沸腾，这时液体的温度就是该化合物的沸点。根据液体的蒸气压-温度关系曲线（图 2.7）可知，一种

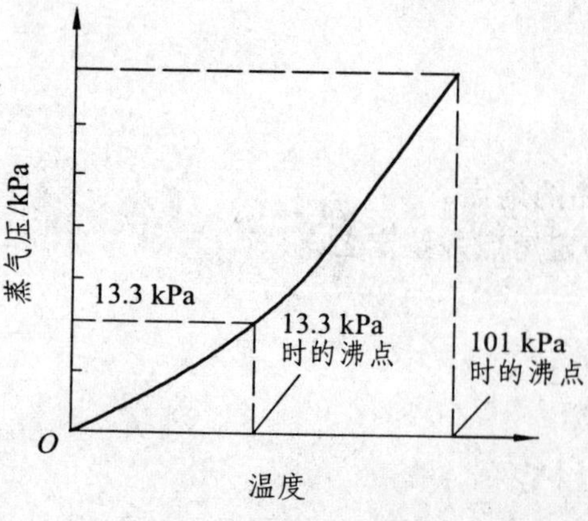

图 2.7　液体的蒸气压-温度关系曲线

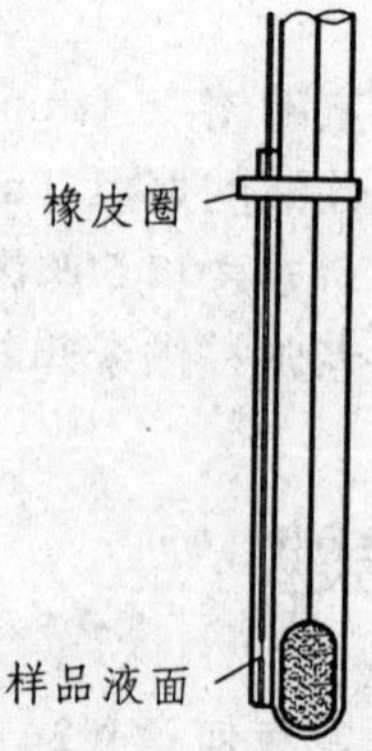

图 2.8　微量法测定沸点装置

物质的沸点与该物质所受的外界压力（大气压）有关。外界压力增大，液体沸腾时的蒸气压加大，沸点升高；相反，若外界压力减小，则沸腾时的蒸气压也下降，沸点降低。

作为一条经验规律，在 0.1 MPa（760 mmHg）附近，多数液体当压力下降 1.33 kPa（10 mmHg），沸点约下降 0.5 °C。在较低压力时，压力每降低一半，沸点约下降 10 °C。

由于物质的沸点随外界大气压的改变而变化，因此，讨论或报道一个化合物的沸点时，一定要注明测定沸点时外界的大气压，以便与文献值相比较。

三、实验步骤

沸点测定有常量法与微量法两种。常量法的装置与蒸馏操作相同。液体不纯时沸程很长（常超过 3 °C），在这种情况下无法测定液体沸点，应先把液体用其他方法提纯后，再进行沸点测定。下面介绍微量法测定沸点的实验步骤。

（1）微量法测定沸点可用图 2.8 所示的装置。置 1～2 滴液体样品于沸点管的外管中，液柱高约 1 cm。再放入内管，然后将沸点管用小橡皮圈附于温度计旁，放入浴液中进行加热。

（2）加热时，由于气体膨胀，内管中会有小气泡缓缓逸出，在到达该液体的沸点时，将有一连串的小气泡快速地逸出。此时可停止加热使浴温自行下降，气泡逸出的速度即渐渐减慢。

(3)在气泡不再冒出而液体刚要进入内管的瞬间(即最后一个气泡刚欲缩回至内管中时)，表示毛细管内的蒸气压与外界压力相等，此时的温度即为该液体的沸点。为了校正，待温度下降几摄氏度后再非常缓慢地加热，记下刚出现大量气泡时的温度。两次温度计读数相差应该不超过 1 °C。

实验 3　液体化合物折光率的测定

一、实验目的

（1）了解影响折光率的因素、物质纯度与折光率的关系。

（2）学会使用阿贝折光仪，学习有机化合物折光率的测定。

二、实验原理

一般地说，光在两种不同介质中的传播速度是不相同的。所以光线从一种介质进入另一种介质，当它的传播方向与两种介质的界面不垂直时，则在界面处的传播方向发生改变。这种现象称为光的折射现象。根据折射定律，波长一定的单色光，在确定的外界条件（如温度、压力等）下，从一种介质 A 进入另一种介质 B 时，入射角 α 和折射角 β（图 2.9）的正弦之比和这两种介质的折光率 N（介质 A 的）与 n（介质 B 的）成反比，即

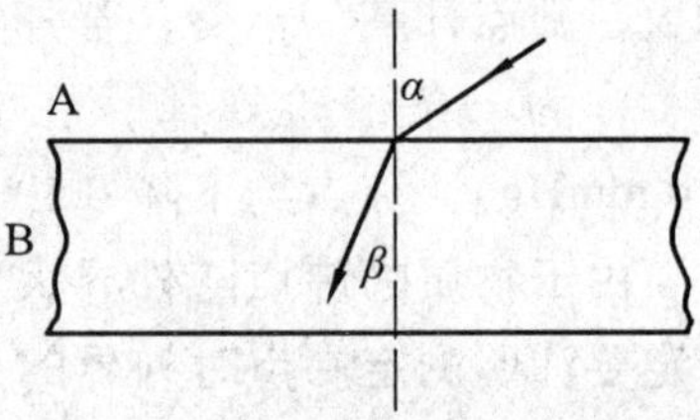

图 2.9　光通过界面时的折射

$$\frac{\sin\alpha}{\sin\beta}=\frac{n}{N}$$

若介质 A 是真空，则设定 $N=1$，于是

$$n=\frac{\sin\alpha}{\sin\beta}$$

所以一种介质的折光率，就是光线从真空进入这种介质时的入射角和折射角的正弦之比。这种折光率称为该介质的绝对折光率。通常测定的折光率，是以空气作为比较标准的。

折光率是有机化合物最重要的物理常数之一，它能精确而方便地测定出来。作为液体物质纯度的标准，它比沸点更为可靠。利用折光率，可鉴定未知化合物。如果一种化合物是纯净的，那么就可以根据所测得的折光率排除考虑中的其他化合物，而鉴别出这个未知物来。

折光率也用于确定液体混合物的组成。在蒸馏两种或两种以上的液体混合物且当各组分的沸点彼此接近时，就可利用折光率来确定馏分的组成。因为当组分的结构相似和极性小时，混合物折光率和物质的量组成之间常呈线性关系。例如，由 1 mol 四氯化碳和 1 mol 甲苯组成的混合物，n_D^{20} 为 1.482 2，而纯甲苯和纯四氯化碳在同一温度下 n_D^{20} 分别为 1.499 4 和 1.465 1。所以，要分馏此混合物，就可利用这一线性关系求得馏分的组成。

物质的折光率不但与它的结构和光线波长有关，而且也受温度、压力等因素的影响。所以折光率的表示须注明所用的光线和测定时的温度，常用 n_D^t 表示。D 是以钠灯的 D 线（589.3 nm）做光源，t 是与折光率相对应的温度。例如，n_D^{20} 表示 20 °C 时，该介质对钠灯的 D 线的折光率。由于通常大气压的变化对折光率的影响不显著，所以只在很精密的工作中，才考虑压力的影响。

一般地说，当温度增高 1 °C 时，液体有机化合物的折光率就减小 $3.5\times10^{-4}\sim5.5\times10^{-4}$。某些液体，特别是测定折光率的温度与其沸点相近时，其温度系数可达 7×10^{-4}。在实际工作中，往往把某一温度下测定的折光率换算成另一温度下的折光率。为了便于计算，一般采用 4×10^{-4} 为温度变化常数。这种粗略计算所得的数值可能略有误差，但却有参考价值。

测定液体折光率的仪器原理见图 2.10。当光由介质 A 进入介质 B，如果介质 A 对于介质 B 是光疏介质，即 $n_A<n_B$ 时，则折射角 β 必小于入射角 α，当入射角 α 为 90°时，$\sin\alpha=1$，这时折射角达到最大值，称为临界角，用 β_0 表示。很明显，在一定波长与一定条件下，β_0 也是一个常数，它与折光率的关系是：$n=1/\sin\beta_0$。

可见通过测定临界角 β_0，就可以得到折光率，这就是通常所用阿贝（Abbe）折光仪的基本光学原理。

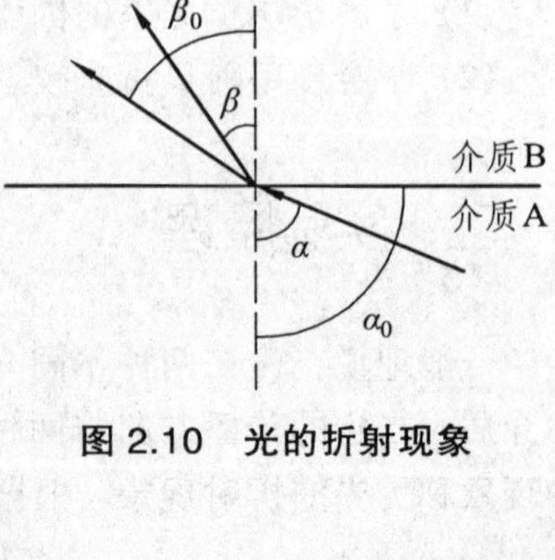

图 2.10　光的折射现象

为了测定 β_0 值，阿贝折光仪采用了“半明半暗”的方法，就是让单色光由 0～90°的所有角度从介质 A 射入介质 B，这时介质 B 中临界角以内的整个区域均有光线通过，

因而是明亮的；而临界角以外的全部区域没有光线通过，因而是暗的，明暗两区域的界线十分清楚。如果在介质 B 的上方用一目镜观测，就可看见一个界线十分清晰的半明半暗的像。

介质不同，临界角也就不同，目镜中明暗两区域的界线位置也不一样。如果在目镜中刻上一“十”字交叉线，改变介质 B 与目镜的相对位置，使每次明暗两区域的界线总是与“十”字交点重合，通过测定其相对位置（角度），并经换算，即可得到折光率。而阿贝折光仪的标尺上所刻的读数即换算后的折光率，故可直接读出。同时阿贝折光仪有消色散装置，故可直接使用日光，测得的数值与钠光所测得的数值相等。这些都是阿贝折光仪的优点所在。

三、操作要点及说明

1. 阿贝折光仪的使用方法

先使折光仪与恒温槽相连接，恒温后，分开直角棱镜，用丝绢或擦镜纸沾少量乙醇或丙酮轻轻擦洗上下镜面。待乙醇或丙酮挥发后，加一滴蒸馏水于下镜面上，关闭棱镜，调节反光镜使镜内视场明亮，转动棱镜直到镜内观察到有界线或出现彩色光带；若出现彩色光带，则调节色散调节手轮，使明暗界线清晰，再转动折射率刻度调节手轮使界线恰巧通过“十”字的交点；还需调节望远镜的目镜进行聚焦，使视场清晰，如图 2.11 所示。记录读数与温度，重复两次测得纯水的平均折光率与纯水的标准值（n_D^{20}：1.332 99）比较可求得折光仪的校正值，然后以同样方法测待测液体样品的折光率。校正值一般很小，若数值太大，整个仪器必须重新校正。不同温度下纯水与乙醇的折光率列于表 2.2 中。

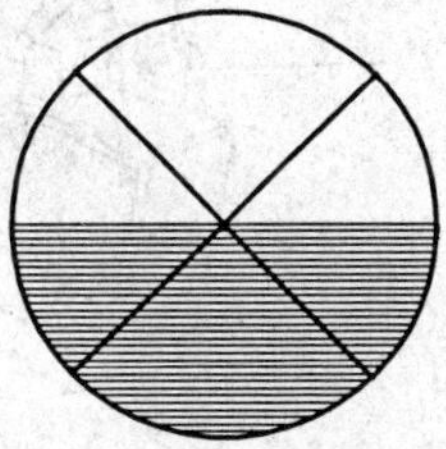

图 2.11　临界角时（读数点）目镜视野图

表 2.2　不同温度下纯水与乙醇的折光率

温度/°C	水的折光率	乙醇（99.8%）的折光率
14	1.333 48	
16	1.333 33	1.362 10
18	1.333 17	1.361 29
20	1.332 99	1.360 48
22	1.332 81	1.359 67
24	1.332 62	1.358 85
26	1.332 41	1.358 03
28	1.332 19	1.357 21
30	1.331 92	1.356 39
32	1.331 64	1.355 57
34	1.331 36	1.354 74

2. 阿贝折光仪结构

如图 2.12 所示，底座（14）为仪器的支承座，壳体（17）固定在其上。除棱镜和目镜以外全部光学组件及主要结构封闭于壳体内部。内部棱镜组固定于壳体上，由进光棱镜、折射棱镜以及棱镜座等结构组成，两只棱镜分别用黏合剂固定在棱镜镜座内。(5) 为进光棱镜座，(11) 为折射标棱镜座，两棱镜座由转轴（2）连接。进光棱镜能打开和关闭，当两棱镜座密合并用手轮（10）锁紧时，二棱镜面之间保持一均匀的间隙，被测液体应充满此间隙。(3) 为遮光板，(18) 为四只恒温器接头，(4) 为温度计，(13) 为温度计座，可用乳胶管与恒温器连接使用。(1) 为反射镜，(8) 为目镜，(9) 为盖板，(15) 为折射率刻度调节手轮，(6) 为色散调节手轮，(7) 为色散值刻度圈，(12) 为照明刻度盘聚光镜。

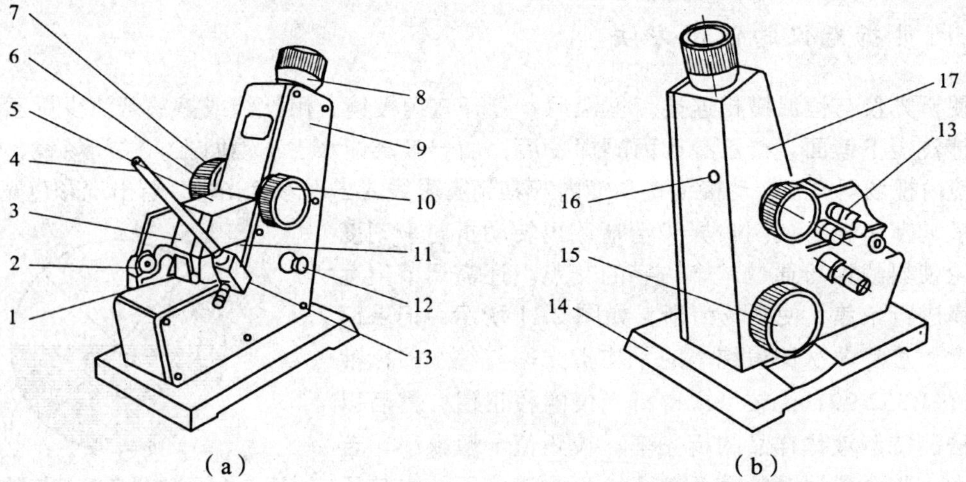

图 2.12　阿贝折光仪

3. 注意事项

(1) 阿贝折光仪的量程为 1.300 0～1.700 0，精密度为±0.000 1；测量时应注意保温套温度是否正确，如欲测准至±0.000 1，则温度应控制在±0.1 °C 范围内。

(2) 仪器在使用或保存时，均不应曝于日光中，不用时应用黑布罩住。

(3) 折光仪的棱镜必须注意保护，不能在镜面上造成划痕。滴加液体时，滴管的末端切不可触及棱镜。

(4) 在每次滴加样品前应洗净镜面；在使用完毕后，也应用丙酮或 95%乙醇洗净镜面，待晾干后再闭上棱镜。

四、实验步骤

(1) 加样：用擦镜纸蘸少量丙酮擦洗棱镜磨砂面，待干燥后滴加数滴待测液于镜面上，迅速锁紧棱镜。如果待测液挥发性太大，可以从棱镜的加液槽滴入。

(2) 对光：转动手轮 2 使刻度盘标尺上的示值最小，调节反射镜，使光线进入棱镜组。

同时调节目镜，使“十”字线清晰明亮。

(3) 粗调：转动手轮，使刻度盘上的示值逐渐增大，直至观察到视场中出现彩色光带或黑白分界线为止。

(4) 消色散：转动消色散手轮，使视场内出现一清晰的明暗分界线（参考图 2.11）。

(5) 精调：再仔细转动手轮，使分界线正好处于十字交叉点上。

(6) 读数：从读数望远镜中记录折光率数值。为了使读数准确，一般应将试样重复测量 3 次，每次相差不大于 0.000 2，然后取平均值。

(7) 测量完毕，打开棱镜并用擦镜纸擦净镜面。

实验 4　旋光度的测定

一、实验目的

(1) 了解旋光仪的构造。

(2) 掌握使用旋光仪测定物质旋光度的方法。

(3) 学习比旋光度的计算。

二、实验原理

旋光度是指光学活性物质使偏振光的振动平面旋转的角度。旋光度的测定对于研究具有光学活性分子的构型及确定某些反应机理具有重要的作用。在给定的实验条件下，将测得的旋光度通过换算，即可得知光学活性物质的物理常数——比旋光度，它对鉴定旋光性化合物是不可缺少的，并且可计算出旋光性化合物的光学纯度。

通过有机化学中有关立体化学知识的学习我们已经得知，化合物可以分为两类：一类能使偏光振动平面旋转一定的角度，即有旋光性，称为旋光物质或光学活性物质。另一类则没有旋光性。旋光分子具有实物与其镜像不能重合的特点，即“手征性”（chirality），大多数生物碱和生物体内的大部分有机分子都是光活性的。

定量测定溶液或液体旋光程度的仪器称为旋光仪，其工作原理见图 2.13。

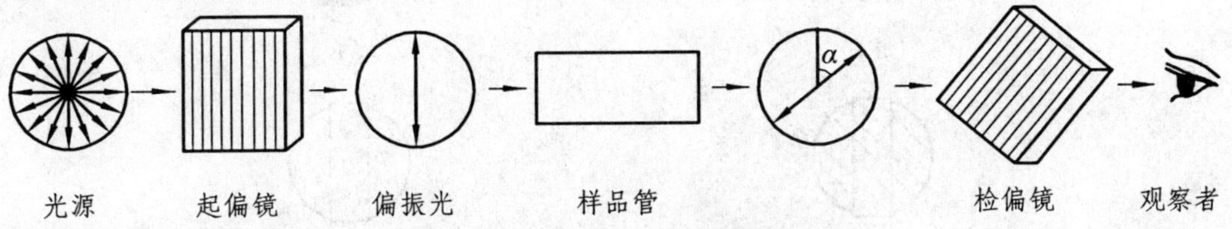

图 2.13　旋光仪工作原理

常用的旋光仪主要由光源、起偏镜、样品管和检偏镜几部分组成。光源为炽热的钠光灯。

起偏镜是由两块光学透明的方解石黏合而成的，也称尼科尔棱镜，其作用是使自然光通过后产生所需要的平面偏振光。尼科尔棱镜的作用就像一个栅栏，普通光是在所有平面振动的电磁波，通过棱镜时只有和棱镜晶轴平行的平面振动的光才能通过。这种只在一个平面振动的光叫做平面偏振光，简称偏光。样品管装待测的旋光性液体或溶液，其长度有 1 dm 和 2 dm 等几种，对旋光度较小或溶液浓度较稀的样品，最好采用 2 dm 长的样品管。当偏光通过盛有旋光性物质的样品管后，因物质的旋光性使偏光不能通过第二个棱镜（检偏镜），必须将检偏镜扭转一定角度后才能通过，因此要调节检偏镜进行配光。由装在检偏镜上的标尺盘移动的角度可指示出检偏镜转动角度，即为该物质在此浓度的旋光度。使偏振光平面向右旋转（顺时针方向）的旋光性物质叫做右旋体，向左旋转（反时针方向）的叫做左旋体。

物质的旋光度与测定时所用溶液的浓度、样品管长度、温度、所用光源的波长及溶剂的性质等因素有关。因此，常用比旋光度$[\alpha]$来表示物质的旋光性。当光源、温度和溶剂固定时，$[\alpha]$等于单位长度、单位浓度物质的旋光度（α）。与沸点、熔点一样，比旋光度是一个只与分子结构有关的表征旋光性物质的特征常数。溶液的比旋光度与旋光度的关系为

$$[\alpha]_\lambda^t = \frac{\alpha}{c \cdot l}$$

式中：$[\alpha]_\lambda^t$——旋光性物质在 t °C、光源波长为 λ 时的比旋光度；

α——标尺盘转动角度的读数，即旋光度；

l——旋光管的长度，分米（dm）；

c——溶液浓度，以 1 mL 溶液所含溶质的质量表示。

如测定的旋光活性物质为纯液体，比旋光度可由下式求出：

$$[\alpha]_\lambda^t = \frac{\alpha}{d \cdot l}$$

式中：d——纯液体的密度，g/cm^3。

旋光仪测定点的确定：当样品槽内充满非旋光性液体（如水）时，从望远镜中观察三分视场的明暗对比度，全部可能的情况有四种，如图 2.14 所示：(a) 中间明亮两边较暗。(b) 中间较暗，两边明亮。(c) 中间与两边的明暗度相等，这种明暗对比度相等的视场，是介于中间亮 (a) 与中间暗 (b) 之间调节到的，而且，微量地顺反方向交替转动刻度盘，则中间

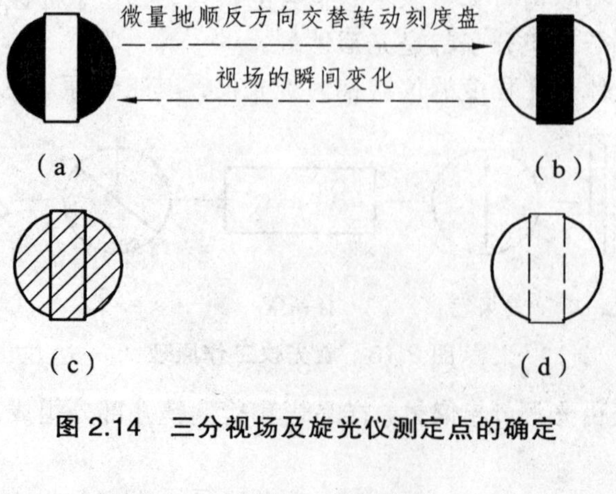

图 2.14　三分视场及旋光仪测定点的确定

亮与中间暗产生交替变化。调节到这种均等亮度的视场（c）即为测定点，这种均等亮度是比较阴暗的。（d）中间与两边的明暗度也相等，但全部视场都十分明亮，而且，微量地顺反方向转动刻度盘，没有中间亮或中间暗的交替变化，这种大亮度的均等视场不是测定点。

对于水，无旋光性，当刻度盘调节到这种均等亮度视场时即为测定点，此时刻度盘上的测定值理论上应为0°。

三、操作要点及说明

（1）接通电源：5 min 后钠光灯发光正常，即可开始测定。

（2）校正仪器零点：

在正常情况下，若样品槽内充满非旋光性液体，在调节到仪器的测定点时，刻度盘的读数应为0°。但是由于各种原因，有时可能影响到仪器零点产生偏移。因此，测定前需进行仪器的零点校正。方法为：在样品管中充满蒸馏水，使水面稍呈凸面。然后将玻璃盖片从侧面插盖在槽口上，使管内无气泡存在，再套上螺帽，适当旋紧，以不漏为限。擦干两头窗口玻璃片上的水迹，放入仪器光路中。按照仪器测定点确定的方法测旋光度，即转动刻度盘转动手柄，在望远镜中观察视场（如果视场模糊不清晰，可调节望远镜的焦距使之清晰为止），转动手柄至视场出现如图 2.14（c）所示情况的均等对比亮度时，利用刻度盘上附设的游标尺精确读数可得测定值，即校正值。一般应调测三次取平均值，对于正常的仪器，校正值为0°。

利用游标尺精确读取量值：刻度盘分为 360 等分，并有固定的游标分为 20 等分。读数时先看游标的“0”刻线落在刻度盘上的位置，记下整数值，再看它的刻度线与刻度盘上等刻度线相平行的点，记下游标上的读数作为小数点以后的数值。若刻度盘读数不为0°，说明零点有误差，应在测量读数中减去或加上这一偏差值。

（3）测试：根据需要选择长度适宜的样品管，充满待测液，旋好螺丝盖帽使不漏水，螺帽不宜过紧，过紧使玻璃盖引起应力，影响读数。将旋光管拭净，放入旋光仪内。旋转粗调和微调旋钮，所得读数与零点之间的差值即为试样的旋光度。一般应测定几次，取其平均值作为测定结果。

测定时要准确称量 0.1～0.5 g 样品，选择适当溶剂在容量瓶中配制溶液；若因样品导致溶液不清亮需用定性滤纸加以过滤。

（4）计算比旋光度：测得旋光度并换算为比旋光度后，按下式求出样品的光学纯度（op）。光学纯度的定义是：旋光性产物的比旋光度除以光学纯试样在相同条件下的比旋光度。

$$\mathrm{op}=\frac{[\alpha]^t_{\mathrm{D观测值}}}{[\alpha]^t_{\mathrm{D理论值}}}\times 100\%$$

四、实验步骤

（1）开机：将仪器电源接入 220 V 交流电源，打开开关，让钠光灯开启，预热 5 min 使之稳定发出黄色钠光。

（2）零点校正：将蒸馏水装入盛液管内并放入旋光仪的镜筒中，盖上箱盖，旋转视度调节螺旋，直至三分视场明暗一致，并达到聚焦为止。通过游标卡尺和刻度盘读出零点数值。重复操作 3 次，取平均值。有时由于仪器本身的因素，零点不一定在刻度盘的 0° 处，而是在 0°左右。如果零点不在 0°处，在测定试样时，要加上或减去这个数据，才是试样的实际旋光度。

（3）测定葡萄糖和果糖溶液的旋光度：将样品管取出，倒掉蒸馏水，用待测溶液润洗 2～3 次，将待测溶液注入盛液管。按照零点校正的方法调节三分视场明暗一致，读数。重复操作 3 次，取平均值，并将该值减去或加上零点校正值，即为该溶液的实际旋光度。用同样的方法测定另外一种待测溶液的旋光度。最后按公式计算比旋光度。

（4）关机：仪器使用完毕后关闭光源并切断电源。

2.2 液体有机化合物的分离

液体有机化合物的分离和提纯方法有蒸馏、萃取和色谱法等。其中萃取和色谱法既适用于液体有机化合物，也适用于可溶性固体有机化合物的分离、提纯。蒸馏是分离、提纯及浓缩液体有机化合物最常用的方法之一。蒸馏又分为简单蒸馏、分馏、减压蒸馏和水蒸气蒸馏等。本节着重介绍利用这些方法（各种蒸馏和萃取）分离、提纯有机物的原理及其应用范围，并通过实验操作使学生熟悉和掌握液体有机化学的分离和提纯技术。

实验 5　简单蒸馏

一、实验目的

（1）了解蒸馏和测定沸点的意义。

（2）掌握圆底烧瓶、直型冷凝管、蒸馏头、锥形瓶等的正确使用方法，初步掌握蒸馏装置的装配和拆卸技能。

（3）掌握正确进行蒸馏操作的要领和方法。

二、蒸馏原理

1. 饱和蒸气压的概念

液体分子由于分子运动有从表面逸出的倾向，这种倾向随着温度的升高而增大。如果把液体置于密闭的真空体系中，液体分子持续不断地逸出而在液面上形成蒸气，最后使分子由液体逸出的速率与分子由蒸气中回到液体中的速率相等，即使蒸气保持一定的压力。此时液面上蒸气达到饱和，称为饱和蒸气，它对液面所施的压力称为饱和蒸气压。实验证明，液体的饱和蒸气压只与温度有关，即液体在一定温度下具有一定的饱和蒸气压。这是指液体与它的蒸气平衡时的压力，与体系中存在的液体和蒸气的绝对量无关。

2. 沸点的概念

将液体加热，它的蒸气压就随着温度升高而增大，从图 2.15 中看出，当液体的蒸气压增大到与外界施于液面的总压力（通常是大气压力）相等时，就有大量气泡从液体内部逸出，即液体沸腾，这时的温度称为液体的沸点。显然沸点与所受外界压力的大小有关。通常所说的沸点是在 0.1 MPa 压力下液体的沸腾温度。例如，水的沸点为 100 °C，即是指在 0.1 MPa 压力下，水在 100 °C 时沸腾。在其他压力下的沸点应注明压力。例如，在 85.3 kPa 时水在 95 °C 沸腾，这时水的沸点可以表示为 95 °C/85.3 kPa。在常压下蒸馏时，大气压往往不是恰好为 0.1 MPa，但由于偏差一般都很小，因此可以忽略不计。

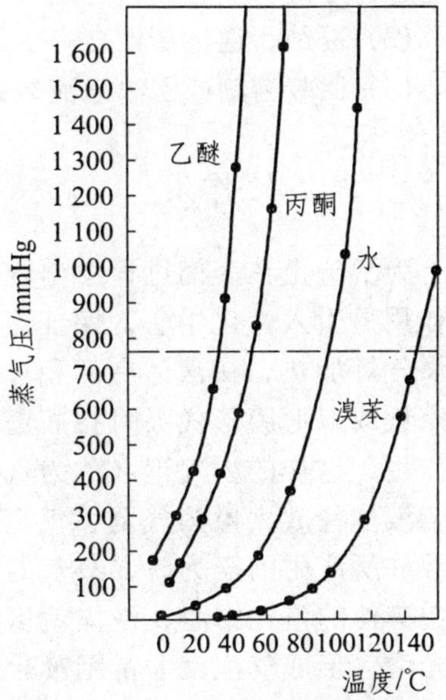

图 2.15　蒸气压-温度关系曲线

3. 蒸馏过程

蒸馏是将液体有机物加热到沸腾状态，使液体变成蒸气，又将蒸气冷凝为液体的过程。

4. 蒸馏操作的依据

液体均具有挥发而成为蒸气的能力，但不同的液体在一定温度下的挥发能力各不相同，因此，将液体混合物部分汽化后，通常其中某组分在气相中的摩尔分数与该组分在液相中的摩尔分数不同。蒸馏操作中，将挥发能力强的组分称为易挥发组分或轻组分，将挥发能力弱的组分称为难挥发组分或重组分。蒸馏操作的原理就是借助液体混合物中各组分挥发性的差异（沸点的不同），进行气化，冷凝分离液相混合物。

5. 沸点与物质纯度的关系

在压力一定时，凡纯净的化合物，必有一个固定的沸点，因此可以用测定沸点来鉴别化合物是否纯净。但具有固定沸点的液体不一定是纯净的化合物，因为某些有机化合物常常和其他组分形成二元或三元共沸混合物，它们也有固定的沸点，例如，68%乙醇和 32%甲苯形成二元共沸化合物，在 76.7 °C 沸腾；乙醇与水形成二元共沸化合物，在共沸混合物中含有 95.5%的乙醇和 4.5%的水。以上两种液体用常压蒸馏是不能分开的。它们虽有固定的沸点，但不是纯净化合物。因此蒸馏手段并不是万能的，有些可以用蒸馏分离，而有些则不能。

6. 蒸馏的应用

(1) 常量法测定沸点及判断液体的纯度。
(2) 分离沸点有显著区别（相差 30 °C 以上）的液体混合物。
(3) 提纯，通过蒸馏含有少量杂质的物质，提高其纯度。
(4) 回收溶剂或因浓缩液体的需要而蒸出部分溶剂。

7. 沸石的作用

为了防止在蒸馏过程中出现“过热”及“暴沸”现象，在蒸馏前必须加入沸石。沸石的作用是引入汽化中心，保证蒸馏的平稳进行。例如，将盛有液体的烧瓶放在石棉网上，用煤气灯加热，在液体底部和玻璃受热的接触面上就有蒸气的气泡形成。溶解在液体内部的空气或以薄膜形式吸附在瓶壁上的空气有助于这种气泡的形成，玻璃的粗糙面也起到促进作用。这样的小气泡（称为汽化中心）即可作为大的蒸气气泡的核心。温度升高到沸点时，液体释放大量蒸气至小气泡中。待气泡中的总压力增加到超过大气压，并足够克服由于液柱所产生的压力时，蒸气的气泡就上升逸出液面。因此，假如在液体中有许多小空气泡或其他的汽化中心，液体就可平稳地沸腾。如果液体中几乎不存在空气，瓶壁又非常洁净光滑，形成气泡就非常困难。这样加热时，液体的温度可能上升到超过沸点很多而不沸腾，这种现象称为“过热”，一旦有一个气泡形成，由于液体在此温度时的蒸气压已远远超过大气压和液柱压力之和，因此上升的气泡增大得非常快，甚至将液体冲溢出瓶外，这种不正常沸腾，称为“暴沸”。因而在加热前应加入助沸物以引入汽化中心，保证沸腾平稳。助沸物一般是表面疏松多孔，吸附有空气的物体如素瓷片、沸石或玻璃沸石等。另外也可用几根一端封闭的毛细管以引入汽化中心（注意：毛细管有足够的长度，使其上端搁在蒸馏瓶颈部、开口的一端朝下）。在任何情况下，切忌将助沸物加至已受热接近沸腾的液体中，否则常因突然放出大量蒸气而将大量液体从蒸馏瓶口喷出造成危险。如果加热前忘记加入助沸物，补加时必须先移去热源，待加热液体冷至沸点以下后方可加入。如果沸腾中途停止过，则在重新加热前应加入新的助沸物。因为起初加入的助沸物在加热时逐出了部分空气，在冷却时吸附了液体，因而可能已经失效。另外，如果采用浴液间接加热，保持浴温不要超过蒸馏液沸点 20 °C，这种加热方式不但可大大减少瓶内蒸馏液中各部分之间的温差，而且可使蒸气的气泡不单从烧瓶的底部上升，也可沿着液体的边沿上升，因而也可大大减小过热的可能。

8. 蒸馏装置及安装

图 2.16 为常用的蒸馏装置，由蒸馏瓶、温度计、冷凝管[①]、接液管和接收瓶组成。

蒸馏瓶与蒸馏头之间有时需借助大小接头连接。磨口温度计可直接插入蒸馏头，普通温

① 蒸馏液体沸点在 140 °C 以下时，用直形冷凝管冷凝，沸点在 140 °C 以上者，用水冷凝管冷凝时，在冷凝管接头处容易爆裂，故应改用空气冷凝管（高沸点化合物用空气冷凝管已可达到冷却目的）。蒸馏低沸点易燃易吸潮的液体时，在接液管的支管处连一干燥管，再从后者出口处接一胶管通入水槽或室外，并将接收瓶在冰水浴中冷却。

度计通常借助于温度计旋塞固定在蒸馏头的上口处。温度计水银球的上沿应和蒸馏头侧管的下沿在同一水平线上。冷凝水应从冷凝管的下口流入，上口流出，以保证冷凝管的套管中始终充满水。用不带支管的接液管时，接液管与接收瓶之间不可用塞子连接，以免造成封闭体系，使体系压力过大而发生爆炸。所用仪器必须清洁干燥，规格合适。

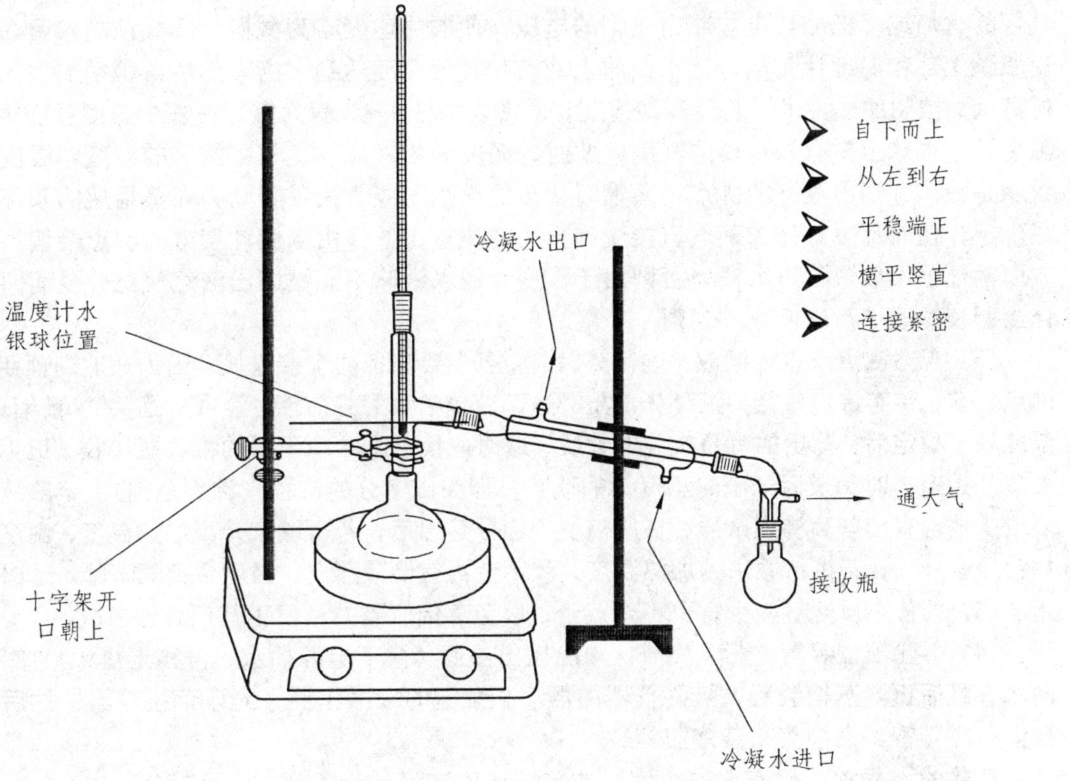

图 2.16　常用蒸馏装置的安装及要求

注意：

（1）蒸馏瓶瓶底应距石棉网适当的距离，不要触及石棉网（为什么？）。

（2）水银球的上沿和蒸馏瓶支管的下沿相平齐。因为在此位置，水银球完全被蒸气所包围，能准确地测定蒸气的温度（即实验所要测定的样品的沸点温度）。

（3）安装仪器顺序一般都是自下而上，从左到右；要准确端正，横平竖直；无论从正面或侧面观察，全套仪器装置的轴线都要在同一平面内。铁架应整齐地置于仪器的背面。也可将安装仪器概括为四个字：稳、妥、端、正。稳，即稳固牢靠；妥，即妥善安装，消除一切不安全因素；端，即端正好看，同时给人以美的享受；正，即正确地使用和选用仪器。

三、操作要点及说明

(1) 加料：根据蒸馏物的量，选择大小合适的蒸馏瓶，蒸馏液体一般不要超过蒸馏瓶容积的 2/3，也不要少于 1/3。将待蒸馏液通过玻璃漏斗小心倒入蒸馏瓶中。注意不使液体从支管流出。加入几粒沸石，塞好带温度计的塞子。再一次检查仪器各部分连接是否紧密和妥善。

（2）加热：用水冷凝管时，先由冷凝管下口缓缓通入冷水，自上口流出引至水槽中，然后开始加热。加热时可以看见蒸馏瓶中液体逐渐沸腾，蒸气逐渐上升，温度计的读数也略有上升。当蒸气的顶端达到温度计水银球部位时，温度计读数就急剧上升。这时应适当调小煤气灯的火焰或降低加热电炉或电热帽的电压，使加热速度略为减慢，蒸气顶端停留在原处，使瓶颈上部和温度计受热，让水银球上液滴和蒸气温度达到平衡。然后再稍稍加大火焰，进行蒸馏。控制加热温度，调节蒸馏速度，通常以每秒 1～2 滴为宜。在整个蒸馏过程中，应使温度计水银球上常有被冷凝的液滴。此时的温度即为液体与蒸气平衡时的温度。温度计的读数就是液体（馏出液）的沸点。蒸馏时加热的火焰不能太大，否则会在蒸馏瓶的颈部造成过热现象，使一部分液体的蒸气直接受到火焰的热量，这样由温度计读得的沸点会偏高；另一方面蒸馏也不能进行得太慢，否则由于温度计的水银球不能被馏出液蒸气充分浸润而使温度计上所读得的沸点偏低或不规则。

（3）观察沸点及收集馏液：进行蒸馏前，至少要准备两个接收瓶。因为在达到预期物质的沸点之前，带有沸点较低的液体先蒸出。这部分馏液称为“前馏分”或“馏头”。前馏分蒸完，温度趋于稳定后，蒸出的就是较纯的物质，这时应换一个洁净干燥的接收瓶接收，记下这部分液体开始馏出时和最后一滴时温度计的读数，即为该馏分的沸程（沸点范围）。一般液体中或多或少地含有一些高沸点杂质，在所需要的馏分蒸出后，若再继续升高加热温度，温度计的读数会显著升高，若维持原来的加热温度，就不会再有馏液蒸出，温度会突然下降。这时就应停止蒸馏。即使杂质含量极少，也不要蒸干，以免蒸馏瓶破裂及发生其他意外事故。

（4）拆除蒸馏装置：蒸馏完毕，先应撤出热源（拔下电源插头，再移走热源），然后停止通水，最后拆除蒸馏装置，拆除仪器的顺序和装配的顺序相反，先取下接收器，然后拆下接液管、冷凝管、蒸馏头和蒸馏瓶等。

液体的沸程常可代表它的纯度。纯粹的液体沸程一般不超过 1～2 °C，对于合成实验的产品，因大部分是从混合物中采用蒸馏法提纯，而蒸馏方法的分离能力有限，故在普通有机化学实验中收集的沸程较宽。

四、实验步骤

1. 工业乙醇的蒸馏

按图 2.16 装置仪器。

在 100 mL 蒸馏瓶中放置 40 mL 浅黄色浑浊的工业乙醇。加料时用玻璃漏斗或沿着面对蒸馏瓶支管口的瓶颈壁将蒸馏液体小心倒入，注意勿使液体从支管流出。加入 2～3 粒沸石，塞好带有温度计的塞子，通入冷凝水[1]，然后用水浴加热。开始时火焰可稍大些，并注意观察蒸馏瓶中的现象和温度计读数的变化。当瓶内液体开始沸腾时，蒸气前沿逐渐上升，待到达温度计时，温度计读数急剧上升。这时应适当调小火焰，使温度略为下降，让水银球上的液滴和蒸气达到平衡，然后再稍微加大火焰进行蒸馏。调节火焰，控制流出的液滴，以每秒 1～2 滴为宜。当温度计读数上升至 77 °C 时，换一个已称量过的干燥的锥形瓶接收[2]，收集 77～79 °C[3] 的馏分。当瓶内只剩下少量（约 0.5～1 mL）液体时，若维持原来的加热速度，温度计的读数会突然下降，即可停止蒸馏。不应将瓶内液体完全蒸干。称量所收集馏分的质量或量其体积，并计算回收率。

2. 微量法测定沸点

按实验 2 中微量法测定沸点的操作步骤，测定 95%乙醇的沸点。记录测得的数据，并与常量法进行比较。

95%乙醇的沸点为 78.2 °C。

本实验约需 4 h。

五、思考题

（1）什么叫沸点？液体的沸点和大气压有什么关系？文献上记载的某物质的沸点温度是否即为当地的沸点温度？

（2）蒸馏时为什么蒸馏瓶所盛液体的量不应超过容积的 2/3 也不应少于 1/3？

（3）蒸馏时加入沸石的作用是什么？如果蒸馏前忘加沸石，能否立即将沸石加至近沸腾的液体中？当重新进行蒸馏时，用过的沸石能否继续使用？

（4）为什么蒸馏时最好控制馏出液的速度为 1～2 滴/s？

（5）如果液体具有恒定的沸点，那么能否认为它是纯净物质？

（6）蒸馏实验中，怎样才能测得有机化合物的准确沸点？

【注释】

[1] 冷却水的流速以能保证蒸气充分冷凝为宜，通常只需保持缓缓的水流即可。

[2] 蒸馏有机溶剂均应用小口接收器，如锥形瓶等。

[3] 乙醇沸点 78.3 °C，能按任意比例与水混合，含量为 95.6%的乙醇-水溶液是一个恒沸混合物，恒沸点为 78.15 °C。利用乙醇与水可形成恒沸物的性质收集 77～79 °C 的馏分，即可得到较高纯度（95%）的乙醇。

实验 6 简单分馏

一、实验目的

（1）了解分馏法分离和提纯液体化合物的原理和意义。

（2）掌握分馏柱的使用方法。

二、实验原理

对于各组分沸点（或者说是挥发度）相差较大的混合物，用普通蒸馏可以将各组分比较好地分离开。然而分离沸点相差不大的混合物时，气相中各组分的物质的量分数相差不大，对于这种混合物，用普通蒸馏的方法很难把各组分分离开。如果用多次反复蒸馏的办法，显然手续烦、费时多、损耗大，实际上很少采用。分馏是通过在分馏柱中进行多次的部分汽化和冷凝，既能克服多次普通蒸馏的缺点，又可有效地分离沸点相近的混合物。分馏已在实验室和化学工业中广泛应用，现在最精密的分馏设备甚至已能将沸点相差 1～2 °C 的混合物分开。

如果将几种具有不同沸点而又可以完全互溶的液体混合物加热，当其总蒸气压等于外界压力时，就开始沸腾汽化，蒸气中易挥发液体的成分比原混合液中多。这可从下面的分析中看出。为了简化，我们仅讨论混合物是二组分理想溶液的情况。理想溶液是指在这种溶液中，相同分子间的相互作用与不同分子间的相互作用是一样的。也就是各组分的蒸气压等于此纯物质的蒸气压和它在溶液中的物质的量分数的乘积，即

$$p_A = p_A^{\ominus} x_A \, , \quad p_B = p_B^{\ominus} x_B$$

式中：p_A、p_B——溶液中 A 和 B 组分的分压；

$p_A^{\ominus}$、$p_B^{\ominus}$——纯 A 和纯 B 的蒸气压；

x_A、x_B——A 和 B 在溶液中的物质的量分数。

溶液的总蒸气压：　　$p = p_A + p_B$

根据道尔顿分压定律，气相中每一组分的蒸气压和它的物质的量分数成正比。因此在气相中各组分蒸气的含量为

$$x_A(g) = \frac{p_A}{p_A + p_B} \, , \quad x_B(g) = \frac{p_B}{p_A + p_B}$$

由上式推知，组分 B 在气相和溶液中的相对浓度为

$$\frac{x_B(g)}{x_B} = \frac{p_B}{p_A + p_B} \cdot \frac{p_B^{\ominus}}{p_B} = \frac{1}{x_B + \dfrac{p_A^{\ominus}}{p_B^{\ominus}} x_A}$$

因为在溶液中 $x_A + x_B = 1$，所以若 $p_A^{\ominus} = p_B^{\ominus}$，则 $x_B(g)/x_B = 1$，表明这时液相成分和气相成分完全相同，这样的 A 和 B 就不能用蒸馏或分馏来分离。如果 $p_A^{\ominus} > p_B^{\ominus}$，则 $x_B(g)/x_B > 1$，表明沸点较低的 B 在气相中的浓度比液相中大（当 $p_A^{\ominus} < p_B^{\ominus}$ 时，也可进行类似的讨论）。在将此蒸气冷凝后得到的液体中，B 的组分比在原来的液体中多（这种气体冷凝的过程就相当于蒸馏的过程）。如果将所得的液体再进行汽化，在它的蒸气经冷凝后的液体中，易挥发的组分又将增加。如此多次重复，最终就能将这两种组分分开（凡形成共沸混合物者不在此例）。分馏就是利用分馏柱来实现这一“多次重复”的蒸馏过程。分馏柱主要是一根长而垂直、柱身

有一定形状的空管，或者在管中填以特制的填料。总的目的是要增大液相和气相接触的面积，提高分离效率。

前面讲过，利用蒸馏或分馏来分离混合物的原理是一样的，实际上分馏就是多次的蒸馏，分馏的原理是：当沸腾的混合物进入分馏柱（工业上称为精馏塔）时，因为沸点较高的组分易被冷凝，所以冷凝液中含有较多的沸点较高的组分，而上升的蒸气中低沸点的成分就相对较多。冷凝液向下流动时又与上升的蒸气接触，二者之间进行热交换，使上升的蒸气中沸点较高的物质又被冷凝下来，低沸点物质的蒸气继续上升，而冷凝液中低沸点物质则受热汽化，高沸点物质仍是液态。如此经过多次的气相和液相的热交换和物质交换，使低沸点物质不断上升，最后被蒸馏出来。高沸点的物质则不断流回受热容器中，从而将沸点不同的物质分离。

了解分馏原理最好是应用恒压下的沸点-组成曲线图（称为相图，表示这两组分体系中相的变化情况）。通常它是用实验测定在各温度时气液平衡状况下的气相的组成，然后以横坐标表示组成，纵坐标表示温度而作出的（如果是理想溶液，则可直接由计算作出）。图 2.17 即是大气压下的苯-甲苯溶液的沸点-组成曲线，从图中可以看出，由 20% 苯和 80% 甲苯组成的液体（L_1）在 102 °C 时沸腾，和此液相平衡的蒸气（V_1）组成约为苯 40%和甲苯 60%。若将此组成的蒸气冷凝成同组成的液体（L_2），则与此溶液成平衡的蒸气（V_2）组成约为苯 60%和甲苯 40%。显然如此反复，即可获得接近纯苯的气相。

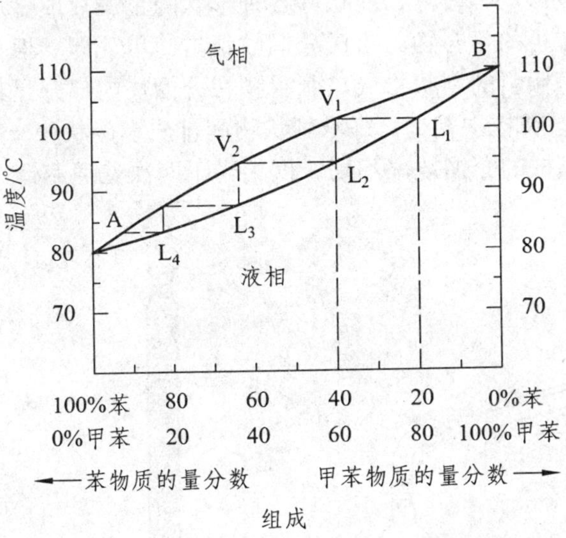

图 2.17　苯-甲苯体系的沸点-组成曲线图

在分馏过程中，有时可能得到与单纯化合物相似的混合物。它也具有固定的沸点和固定的组成，其气相和液相的组成完全相同，因此不能用分馏法进一步分离。这种混合物称共沸混合物（或恒沸混合物）。它的沸点（高于或低于其中的每一组分）称为共沸点（或恒沸点）。图 2.18 和图 2.19 分别为具有最低和最高共沸点混合物的沸点-组成曲线图。共沸混合物虽不能用分馏来进行分离，但它不是化合物，它的组成和沸点要随压力而改变，用其他方法破坏共沸组分后再蒸馏可以得到纯粹的组分。

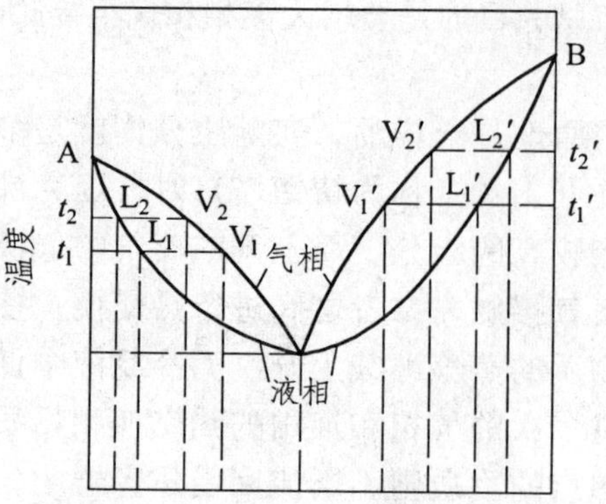

图 2.18 具有最低共沸点混合物的沸点-组成曲线图

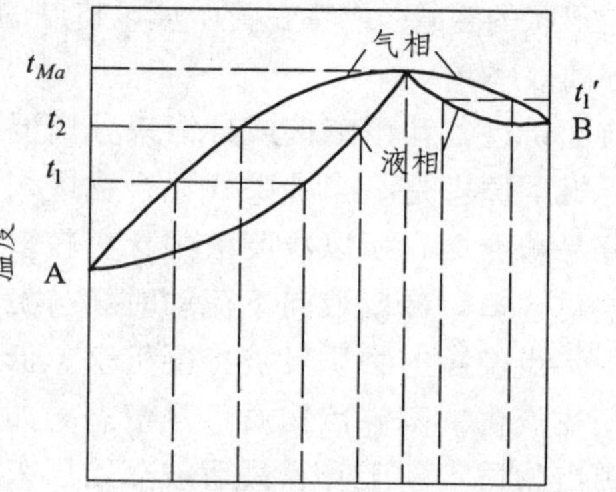

图 2.19 具有最高共沸点混合物的沸点-组成曲线图

分馏装置

实验室中简单的分馏装置由热源、蒸馏器、分馏柱、冷凝管和接收器五部分组成(图 2.20)，其中热源、蒸馏器（或蒸馏瓶）、冷凝管和接收管与普通蒸馏中使用的装置相同。分馏柱的种类较多，普通有机化学实验中常用的有填充式分馏柱和刺形分馏柱［又称韦氏（Vigreux）分馏柱］(图 2.21)。填充式分馏柱是在柱内填上各种惰性材料，以增加表面积。填料包括玻璃珠、玻璃管、陶瓷或螺旋形、马鞍形、网状等各种形状的金属片或金属丝。它效率较高，适合于分离一些沸点差距较小的化合物。韦氏分馏柱结构简单，即一根分馏管中间一段每隔一定距离向内伸入三根向下倾斜的刺状物（该刺状物在分馏柱内部分是封闭的，在分馏柱壁上是开放的，和大气相通），在柱中相交，每堆刺状物间排成螺旋状，一般为六节，管内也可以装入合适的填料。此分馏柱的分馏效率不高，仅相当于两次普通蒸馏。

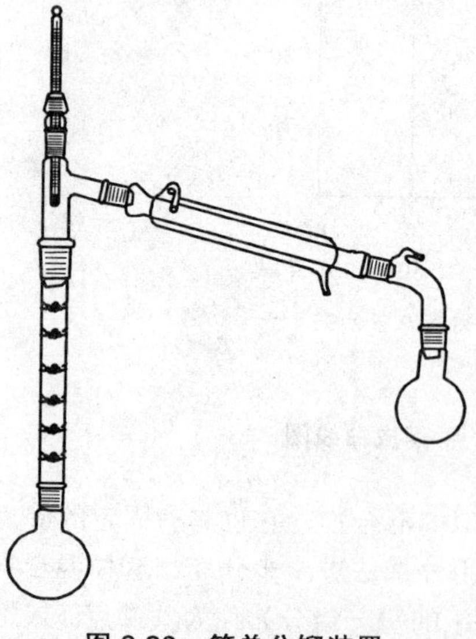

图 2.20 简单分馏装置

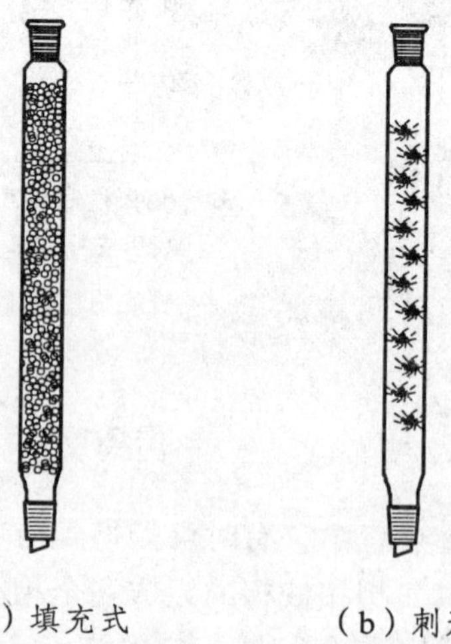

（a）填充式　（b）刺形

图 2.21 简单分馏柱

分馏装置的安装与普通蒸馏相似，不同的是用分馏柱替换蒸馏头。安装时要注意使整个装置的高度适中。

在分馏过程中，无论用哪一种柱，都应防止回流液体在柱内聚集，否则会减少液体和上升蒸气的接触，或者上升蒸气把液体冲入冷凝管中造成“液泛”，达不到分馏的目的。为了避免这种情况，通常在分馏柱外包扎石棉绳、石棉布等绝缘物以保持柱内温度，提高分馏效率。

三、操作要点及说明

简单分馏操作和蒸馏大致相同，仪器装置如图 2.20，将待分馏的混合物放入圆底烧瓶中，加入沸石。柱的外围可用石棉绳包住，这样可减少柱内热量的散发，减少风和室温的影响。选用合适的热浴加热，液体沸腾后要注意调节浴温，使蒸气慢慢升入分馏柱，约 10～15 min 后蒸气到达柱顶（可用手摸柱壁，若烫手表示蒸气已达该处）。在有馏出液滴出后，调节浴温使得蒸出液体的速度控制在每 2～3 s 1 滴，这样可以得到比较好的分馏效果，待低沸点组分蒸完后，再渐渐升高温度。当第二个组分蒸出时会产生沸点的迅速上升。上述情况是假定分馏体系有可能将混合物的组分进行严格分馏。如果不是这种情况，一般则有相当大的中间馏分（除非沸点相差很大）。

要很好地进行分馏必须注意下列几点：① 分馏一定要缓慢进行，要控制好恒定的蒸馏速度；② 要使相当量的液体自分馏柱流回烧瓶中，即要选择合适的回流比；③ 须尽量减少分馏柱的热量散失和波动。

四、实验步骤

1. 丙酮-水混合物的分馏

(1) 丙酮-水混合物的分馏：按简单分馏装置图装置仪器，并准备三只 15 mL 的量筒作为接收器，分别注明 A、B、C。在 50 mL 圆底烧瓶内放置 15 mL 丙酮，15 mL 水，以 1～2 s 1 滴的速度蒸出。

将初馏出液收集于量筒 A 中，注意记录柱顶温度及接收器 A 的馏出液总体积。继续蒸馏，记录每增加 1 mL 馏出液时的温度及总体积。温度达 62 °C 换量筒 B 接收，达 98 °C 换量筒 C 接收，直至蒸馏烧瓶中残液为 1～2 mL 时停止加热（A：56～62 °C，B：62～98 °C，C：98～100 °C）。记录三个馏分的体积，待分馏柱内液体流到烧瓶时测量并记录残留液体积，以柱顶温度为纵坐标，馏出液体积（mL）为横坐标，将实验结果绘成沸腾曲线（图 2.22），讨论分离效率。

(2) 丙酮-水混合物的蒸馏：为了比较蒸馏和分馏的分离效果，可将丙酮和水各 15 mL 的混合液放置于 60 mL 蒸馏烧瓶中，重复步骤（1）的操作，按（1）中规定的温度范围收集 A′、B′、C′各馏分。在（1）中所用的同一张坐标纸上作温度－体积曲线（图 2.22），这样蒸馏和分馏所得到的曲线显示在同一图上，便于对它们所得结果进行比较。a 为普通蒸馏曲线，可看出无论是

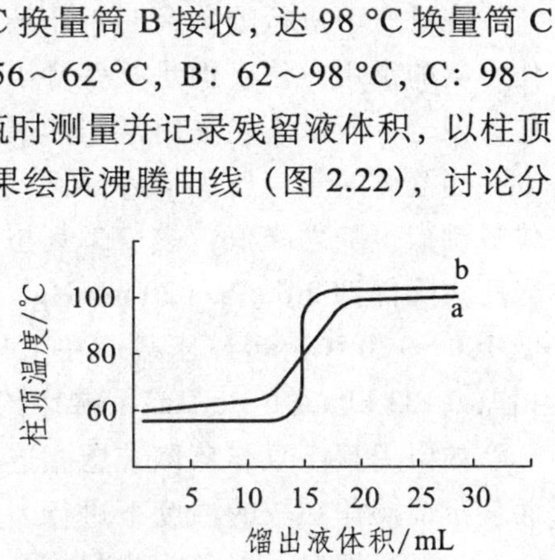

图 2.22　丙酮-水的分馏和蒸馏曲线

丙酮还是水，都不能以纯净状态分离；从曲线 b 可以看出分馏柱的作用，曲线转折点为丙酮和水的分离点，基本可将丙酮分离出。

五、思考题

（1）若加热太快，馏出液每秒的滴数超过要求量，用分馏法分离两种液体的能力会显著下降，为什么?

（2）在分离两种沸点相近的液体时，为什么装有填料的分馏柱比不装填料的效率高?

（3）什么是共沸混合物？为什么不能用分馏法分离共沸混合物?

（4）根据丙酮－水混合物的蒸馏和分馏曲线分析，哪一种方法分离混合物各组分的效率较高?

实验 7　减压蒸馏

一、实验目的

（1）了解减压蒸馏的原理和应用范围。

（2）认识减压蒸馏的主要仪器设备。

（3）掌握减压蒸馏仪器的安装和操作方法。

二、基本原理

在常压下进行的蒸馏叫常压蒸馏，也称普通蒸馏或简单蒸馏，它是分离和提纯液态有机化合物的常用方法。但是某些沸点较高的有机化合物在加热还未达沸点时往往发生分解、氧化或聚合，所以不能采用常压蒸馏，若使用减压蒸馏可避免上述现象的发生。

当液体的蒸气压等于外界大气压时，液体便开始沸腾。如果外界的大气压降低，那么液体的沸点也随之降低。表 2.3 列出一些有机物在常压和不同压力下的沸点。从表中可看出，当压力降低到 2.6 kPa（20 mmHg）时，大多数有机物的沸点比常压 0.1 MPa（760 mmHg）时低 100～120 °C；当减压蒸馏在 1.33～3.33 kPa（10～25 mmHg）之间进行时，基本上压力每相差 0.133 kPa（1 mmHg），沸点约相差 1 °C。

如果用真空泵与蒸馏装置相连接，将体系内部的压力减小，就可以降低液体的沸点，从而使蒸馏操作在较的温度下进行，这便是减压蒸馏操作的理论依据。

记录数据时，对所收集的馏分，都要注明当时的压力。如氯苯在 3 333 Pa 压力下，沸点为 39 °C，应记录为氯苯 39 °C/3 333.0 Pa（25 mmHg）。

表 2.3 压力-沸点关系

压力/Pa（mmHg）	水	氯苯	水杨酸乙酯	苯甲醛	甘油
1013 23.2（760）	100	132	234	179	290
6 666.0（50）	38	54	139	95	204
3 999.6（30）	30	43	127	84	192
3 333.0（25）	26	39	124	79	188
2 666.4（20）	22	34.5	119	75	182
1 999.8（15）	17.5	29	113	69	175
1 333.2（10）	11	22	105	62	167
666.6（5）	1	10	95	50	156

注：1 mmHg = 0.133 kPa

当要进行减压蒸馏时，预先查阅清楚该合物在所选压力下的沸点，对具体操作和选择合适的温度计与热浴都有一定的参考价值。有时在文献中查不到与减压蒸馏选择的压力相应的沸点，则可根据下面的一个经验曲线（图 2.23），找出该物质在此压力下的沸点（近似值）。例如，水杨酸乙酯常压下沸点为 234 °C，若减压至 15 mmHg，沸点为多少摄氏度？可在图 2.23（b）线上找到 234 °C 的点，再在图（c）线上找到 15 mmHg 点，然后两点连一直线与图（a）线相交，交点温度便是水杨酸乙酯在 15 mmHg 压力下的沸点，约为 113 °C。

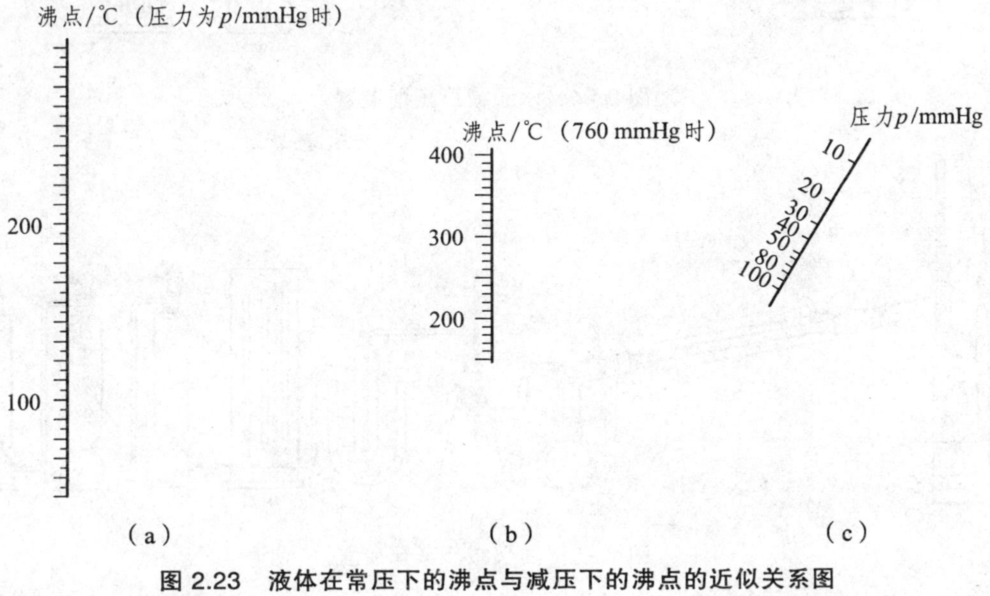

图 2.23 液体在常压下的沸点与减压下的沸点的近似关系图

在给定压力下的沸点还可以近似地从下列公式求出：

$$\lg p = A + \frac{B}{T}$$

式中：p——蒸气压；

T——沸点（绝对温度）；

A、B——常数。

以 $\lg p$ 为纵坐标，$\dfrac{1}{T}$ 为横坐标作图，可以近似地得到一直线。因此可从两组已知的压力和温度算出 A 和 B 的数值，再将所选择的压力值代入上式算出液体的沸点。

1. 减压蒸馏装置

图 2.24、2.25 分别是常用的水泵和油泵的减压蒸馏系统。整个系统由蒸馏、抽气（减压）以及在它们之间的保护和测压装置三部分组成。

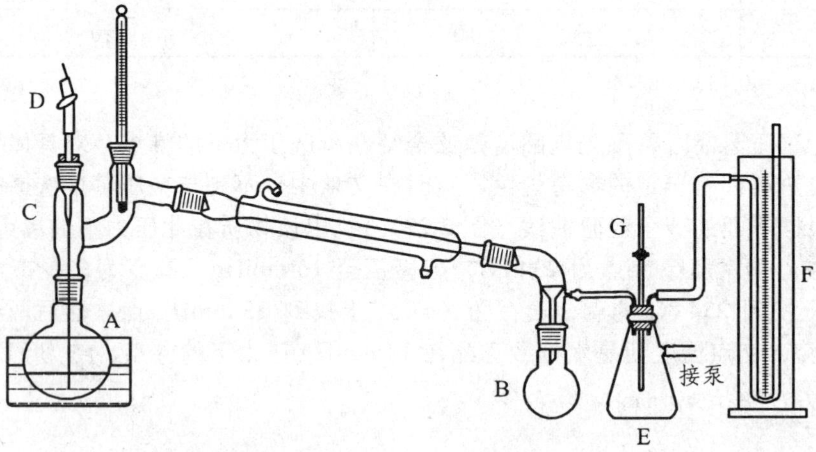

图 2.24　水泵减压蒸馏装置

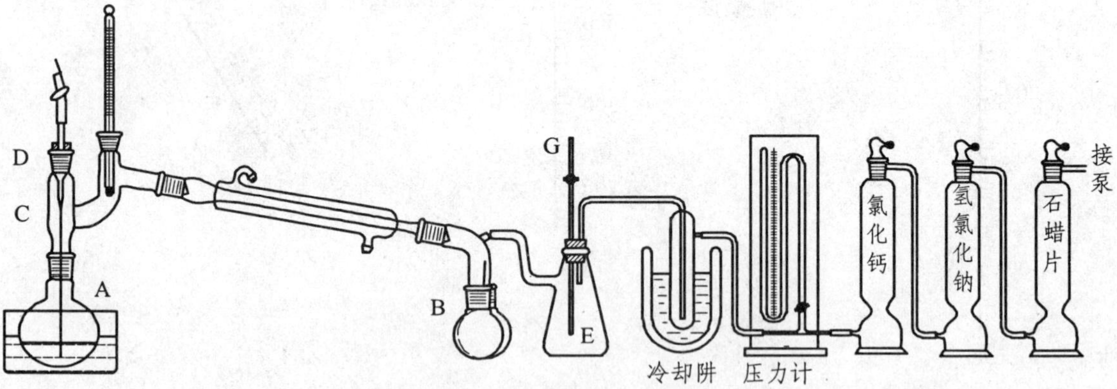

图 2.25　油泵减压蒸馏装置

（1）蒸馏部分。

① A 是减压蒸馏瓶［又称克氏（Claisen）蒸馏瓶，在磨口仪器中用克氏蒸馏头配圆底烧瓶代替］，有两个颈，其目的是为了避免减压蒸馏时瓶内液体由于沸腾而冲入冷凝管中，瓶的一颈中插入温度计，另一颈中插入一根距瓶底约 1～2 mm、末端拉成细丝状毛细管的玻璃管。为了控制毛细管的进气量，可在毛细玻璃管上口套一段软橡皮管，橡皮管中插入一段细铁丝，并用螺旋夹夹住，螺旋夹用以调节进入空气的量，使极少量的空气进入液体，呈微小气泡冒

出，作为液体沸腾的汽化中心，使蒸馏平稳进行，避免液体过热而产生暴沸冲出现象。

② 冷凝管和普通蒸馏相同。

③ 接液管（尾接管）和普通蒸馏不同的是，接液管上具有可供接抽气部分的小支管。蒸馏时，若要收集不同的馏分而又不中断蒸馏，则可用两尾或多尾接液管（图 2.26）。转动多尾接液管，就可使不同的馏分进入指定的接收器中。

④ 接收器可用圆底烧瓶或抽滤瓶，但切不可用平底烧瓶或锥形瓶。

根据蒸出液体的沸点不同，选用合适的热浴和冷凝管。如果蒸馏的液体量不多而且沸点很高，或是低熔点的固体，也可不同冷凝管，而将克氏瓶的支管通过接液管直接插入接收瓶的球形部分中（图 2.27）。蒸馏沸点较高的物质时，最好用石棉绳或石棉布包裹蒸馏瓶的两颈，以减少散热。控制热浴的温度，使它比液体的沸点高 20～30 °C。

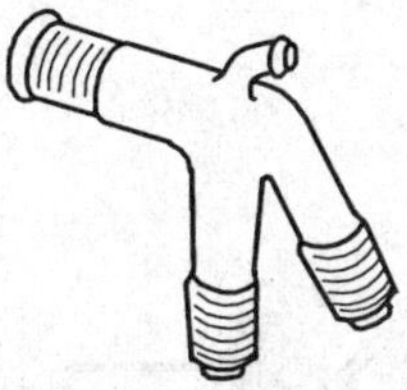

图 2.26　多尾接液管

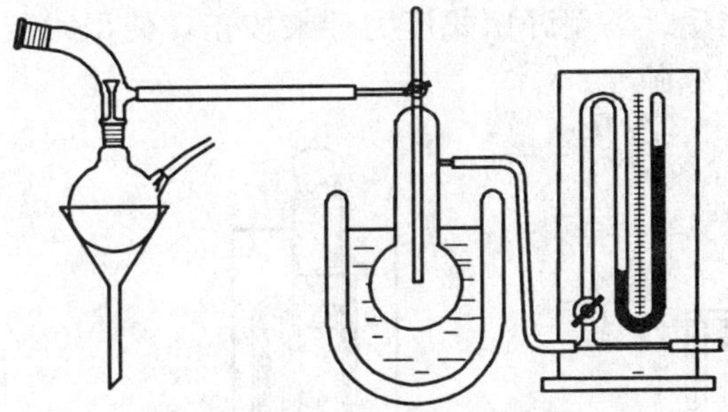

图 2.27　不用冷凝管的减压蒸馏装置

(2) 抽气部分：实验室通常用水泵或油泵进行减压。

① 循环水泵：有机化学实验最常用的抽气装置，尤其是真空度要求不高时。

它以循环水作为工作流体，利用射流产生负压原理而设计的一种新型多用真空泵，为化学实验室提供真空条件。水泵所能达到的最低压力为当时室温下的水蒸气压。例如，在水温为 6～8 °C 时，水蒸气压为 0.93～1.07 kPa；在夏天，若水温为 30 °C，则水蒸气压为 4.2 kPa 左右。

② 油泵：当真空度要求很高时，必须使用油泵。

油泵的效能取决于油泵的机械结构以及真空泵油的好坏（油的蒸气压必须很低）。好的油泵能抽至真空度为 13.3 Pa，油泵结构较精密，工作条件要求较严。蒸馏时，如果有挥发性的有机溶剂、水或酸的蒸气，都会抽坏油泵。因为挥发性的有机溶剂蒸气被油吸收后，就会增加油的蒸气压，影响真空效能；而酸性蒸气会腐蚀油泵的机件；水蒸气凝结后与油形成浓稠的乳浊液，破坏了油泵的正常工作，因此使用时必须十分注意油泵的保护。一般使用油泵时，系统的压力常控制在 0.67～1.33 kPa 之间，因为在沸腾液体表面上要获得 0.67 kPa 以下的压力比较困难。这是由于蒸气从瓶内的蒸发面逸出而经过瓶颈和支管（内径为 4～5 mm）时，需要有 0.13～1.07 kPa 的压力差，如果要获得较低的压力，可选用短颈和支管粗的克氏蒸馏瓶。

当被蒸馏物中含有低沸点的物质时，应先进行普通蒸馏，然后用水泵减压蒸去低沸点物质，最后再用油泵减压蒸馏。

(3) 保护及测压装置部分。

在泵前还应接上一个安全瓶，瓶上的两通活塞 G 供调节系统压力及放气之用。减压蒸馏的整个系统必须保持密封不漏气，所以选用橡皮塞的大小及钻孔都要十分合适，所有橡皮管最好用真空橡皮管，各磨口玻璃塞部位都应仔细涂好真空脂。

当用油泵进行减压时，为了防止易挥发的有机溶剂、酸性物质和水汽进入油泵，必须在馏液接收器与油泵之间顺次安装冷却阱和几种吸收塔，以免污染油泵用油、腐蚀机件而使真空度降低。

实验室通常采用水银压力计来测量减压系统的压力。图 2.28（a）为开口式水银压力计，两臂汞柱高度之差即为大气压力与系统中压力之差因此蒸馏系统内的实际压力（真空度）应是大气压力减去这一压力差。封闭式水银压力计［图 2.28（b）］，两臂液面高度之差即为蒸馏系统中的真空度，测定压力时，可将管后木座上的滑动标尺零点调整到右臂的汞柱顶端线上，这时左臂的汞柱顶端线所指示的刻度即为系统的真空度。开口式压力计较笨重，计数方式也较麻烦，但计数比较正确；封闭式压力计比较轻巧，计数方便，但常常因为有残留空气以致不够准确，需用开口式压力计来校正。使用时应避免水或其他污物进入压力计，否则将严重影响其准确度。

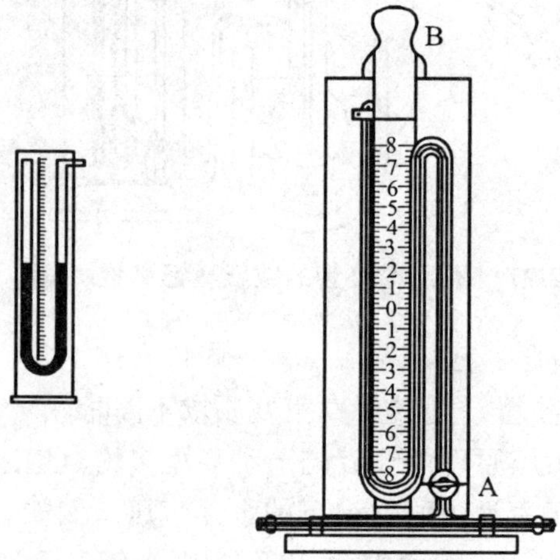

（a）　　（b）

图 2.28　水银压力计

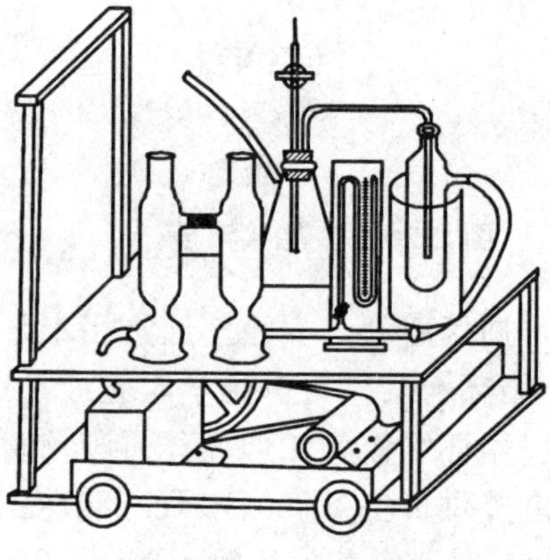

图 2.29　油泵车

在普通有机实验室里，可设计一小推车（图 2.29）来安放油泵、保护及测压设备。车中有两层，底层放置泵和马达，上层放置其他设备。这样既能缩小安装面积又便于移动。

三、操作要点及说明

（1）在克氏蒸馏瓶中放置待蒸馏的液体（不超过容积的 1/2）。按图 2.24 装好仪器，旋紧毛细管上的螺旋夹 D，打开安全瓶上的二通活塞 G，然后开泵抽气。

（2）逐渐关闭 G，从压力计观察系统所能达到的真空度。如果是因为漏气（而不是因水泵、油泵本身效率的限制）而不能达到所需的真空度，可检查各部分塞子和橡皮管的连接是否紧密等。必要时可用熔融的固体石蜡密封（密封应在解除真空后才能进行）。如果超过所需的真空度，可小心地旋转活塞 G，慢慢引进少量空气，以调节至所需的真空度。

（3）开启冷凝水，选用合适的热浴加热蒸馏。加热时，克氏瓶的圆球部位至少应有 2/3

浸入浴液中。在浴中放一温度计，控制浴温比待蒸馏液体的沸点高 20～30 °C，使每秒钟馏出 1～2 滴。在整个蒸馏过程中，都要密切注意瓶颈上的温度计和压力的读数，经常注意蒸馏情况和记录压力、沸点等数据。纯物质的沸点范围一般不超过 1～2 °C，假如起始蒸出的馏液比要收集物质的沸点低，则在蒸到接近预期的温度时需要调换接收器。此时先移去热源，取下热浴，待稍冷后，渐渐打开二通活塞 G，使系统与大气相通（注意：一定要慢慢地旋开活塞，使压力计中的汞柱缓缓地恢复原状。否则汞柱急速上升，有冲破压力计的危险。为此，将 G 的上端拉成毛细管即可避免），然后松开毛细管上的螺旋夹 D（这样可防止液体吸入毛细管），切断油泵电源，卸下接收瓶，装上另一洁净的接收瓶，再重复前述操作：开泵抽气，调节毛细管空气流量，加热蒸馏，收集所需产物。显然，若有多尾接液管（图 2.26），则只要转动其位置即可收集不同馏分，可免去这些繁杂的操作。

(4) 蒸馏完毕和蒸馏过程中需要中断时（如调换毛细管、接收瓶）一样，灭掉火源，撤去热浴，待稍冷后，稍微启松毛细管上的螺旋夹，缓慢打开安全瓶上的二通活塞 G 解除真空，使系统内外压力平衡后，方可关闭水泵。否则，由于系统中的压力较低，水泵中的水就有倒流的可能。

四、实验步骤

1. 乙酰乙酸乙酯的蒸馏

市售的乙酰乙酸乙酯中常含有少量的乙酸乙酯、乙酸和水，由于乙酰乙酸乙酯在常压蒸馏时容易分解产生去水乙酸，故必须通过减压蒸馏进行提纯。

在 50 mL 蒸馏瓶中加入 20 mL 乙酰乙酸乙酯，按减压蒸馏装置（图 2.24）装好仪器，通过减压蒸馏进行纯化。

2. 苯甲醛、呋喃甲醛或苯胺的蒸馏

用蒸馏乙酰乙酸乙酯同样的方法，通过减压蒸馏提纯苯甲醛、呋喃甲醛或苯胺。减压蒸馏苯甲醛时，要避免被空气中的氧所氧化。

在蒸馏之前，应先从手册上查出它们在不同压力下的沸点，供减压蒸馏时参考。

五、思考题

(1) 具有什么性质的化合物需用减压蒸馏进行提纯？

(2) 使用水泵减压蒸馏时，应采取什么预防措施？

(3) 进行减压蒸馏时，为什么必须用油浴加热？为什么必须先抽真空后加热？

(4) 使用油泵减压时，要有哪些吸收和保护装置？其作用是什么？

(5) 当减压蒸完所要的化合物后，应如何停止减压蒸馏？为什么？

实验 8　水蒸气蒸馏

一、实验目的

（1）学习水蒸气蒸馏的原理及其应用。
（2）掌握水蒸气蒸馏的装置和操作方法。

二、实验原理

1. 水蒸气蒸馏应用范围

（1）某些沸点高的有机物，用常压蒸馏虽可与副产品分离，但易将其破坏。
（2）混合物中含有大量树脂状杂质或不挥发杂质，采用蒸馏、萃取等方法都难以分离。
（3）从较多固体反应物中分离出被吸附的液体。

2. 具备的条件（被提纯的物质）

（1）不溶或难溶于水。
（2）共沸腾下与水不发生化学反应。
（3）水蒸气蒸馏常用于蒸馏那些沸点很高且在接近或达到沸点温度时易分解、变色的挥发性液体或固体有机物，除去不挥发性的杂质。但是对于那些与水共沸腾时会发生化学反应的或在 100 °C 左右时蒸气压小于 1.33 kPa 的物质，这一方法不适用。

3. 道尔顿（Dalton）分压定律

当与水不相混溶的物质与水一起存在时，根据道尔顿（Dalton）分压定律，整个体系的蒸气压力应为各组分蒸气压之和，即

$$p = p_A + p_B$$

式中：p——总的蒸气压；
p_A——水的蒸气压；
p_B——与水不相混溶物质的蒸气压。

当混合物各组分蒸气压总和等于外界大气压时的温度即为它们的沸点。此沸点必定比任一组分的沸点都低。因此，在常压下应用水蒸气蒸馏，就能在低于 100 °C 的情况下将高沸点组分与水一起蒸出来。此法特别适用于分离那些在其沸点附近易分解的物质；也适用于从不挥发物质或不需要的树脂状物质中分离出所需的组分。蒸馏时混合物的沸点保持不变。直至其中一组分几乎完全移去（因总的蒸气压与混合物中二者间的相对量无关），温度才上升至留在瓶中液体的沸点。我们知道，混合物蒸气中各气体分压（p_A、p_B）之比等于它们的物质

的量之比（n_A、n_B表示此两物质在一定容积的气相中的物质的量）。即

$$n_A / n_B = p_A / p_B$$
$$n_A = m_A / M_A \text{，} \quad n_B = m_B / M_B$$

式中：m_A、m_B——各物质在一定容积中蒸气的质量；

M_A、M_B——物质 A 和 B 的相对分子质量。

因此：

$$m_A / m_B = \frac{M_A \cdot n_A}{M_B \cdot n_B} = \frac{M_A \cdot p_A}{M_B \cdot p_B}$$

可见，这两种物质在馏液中的相对质量（就是它们在蒸气中的相对质量）与它们的蒸气压和相对分子质量成正比。

水具有较低的相对分子质量和较大的蒸气压，它们的乘积 $M_A \cdot p_A$ 是比较小的。这样就有可能用来分离较高相对分子质量和较低蒸气压的物质。以溴苯为例，它的沸点为 135 °C，且和水不相混溶。当和水一起加热至 95.5 °C 时，水的蒸气压为 86.1 kPa，它们的总压力为 0.1 MPa，于是液体就开始沸腾。水和溴苯的相对分子质量分别为 18 和 157，代入上式：

$$\frac{m_A}{m_B} = \frac{86.1 \times 18}{15.2 \times 157} = \frac{6.5}{10}$$

即蒸出 6.5 g 水能够带出 10 g 溴苯。溴苯在溶液中的组分占 61%。上述关系式只适用于与水不相互溶的物质。而实际上很多化合物在水中或多或少有些溶解。因此这样的计算只是近似的。例如，苯胺和水在 98.5 °C 时，蒸气压分别为 5.73 kPa 和 94.8 kPa，从计算得到，馏液中苯胺的含量应占 23%，但实际上所得到的比例比较低，这主要是苯胺微溶于水，导致水的蒸气压降低引起的。

从以上例子可以看出，溴苯和水的蒸气压之比约等于 1：6，而溴苯的相对分子质量比水大 9 倍。所以馏液中溴苯的含量比水多。那么是否相对分子质量越大越好呢？我们知道相对分子质量越大的物质，一般情况下其蒸气压也越低。虽然某些物质相对分子质量比水大几十倍，但它在 100 °C 左右的蒸气压只有 0.013 kPa 或者更低，因而不能用水蒸气蒸馏。

利用水蒸气蒸馏来分离提纯物质时，要求此物质在 100 °C 左右的蒸气压至少在 1.33 kPa 左右。如果蒸气压在 0.13～0.67 kPa，则其在馏液中的含量仅占 1%，甚至更低。为了使馏液中的含量增高，就要想办法提高此物质的蒸气压，也就是说要提高温度，使蒸气的温度超过 100 °C，即要用过热水蒸气蒸馏。例如，苯甲醛（沸点 178 °C）进行水蒸气蒸馏时，在 97.9 °C 沸腾（这时 $p_A = 93.8\ \text{kPa}$ ，$p_B = 7.8\ \text{kPa}$），馏液中苯甲醛占 32.1%，假如导入 133 °C 过热蒸汽，这时苯甲醛的蒸气压可达 29.3 kPa，因而只要有 72 kPa 的水蒸气压，就可使体系沸腾。因此

$$\frac{m_A}{m_B} = \frac{72 \times 18}{29.3 \times 106} = \frac{41.7}{100}$$

这样馏液中苯甲醛的含量就提高到 70.6%。

应用过热水蒸气还具有使水蒸气冷凝少的优点，这样可以省去在盛蒸馏物的容器下加热等操作。为了防止过热水蒸气冷凝，可在盛物的瓶下以油浴保持和水蒸气相同的温度。

在实验操作中，过热水蒸气可应用于在 100 °C 时具有 0.13～0.67 kPa 蒸气压的物质。例

如，在分离苯酚的硝化产物中，邻硝基苯酚可用一般的水蒸气蒸馏蒸出。在蒸完邻位异构体后，如果提高水蒸气温度，可以蒸馏出对位产物。

4. 水蒸气蒸馏装置

如图 2.30 所示，一套较为系统的水蒸气蒸馏装置包括：

(1) 水蒸气发生器：水蒸气发生器可用专用的铜制水蒸气发生器，如图 2.30 所示，也可用短颈圆底烧瓶代替。例如，1 000 mL 短颈圆底烧瓶作为水蒸气发生器，通常盛水量以其容积的 3/4 为宜，如果太满，沸腾时水将冲至烧瓶。瓶口配一双孔软木塞，一孔插入直径约 5 mm 的玻璃管作为安全管，安全玻璃管 B 几乎插到发生器 A 的底部，当容器内气压太大时，水可沿着玻璃管上升，以调节内压，如果系统发生阻塞，水便会从管的上口喷出，此时应检查导管是否被阻塞。另一孔插入内径约 8 mm 弯成直角的水蒸气导出管。导出管与一个 T 形管相连，T 形管的支管套上一短橡皮管，橡皮管上用螺旋夹夹住，T 形管的另一端与蒸馏部分的导管相连。这段水蒸气导管应尽可能短些，以减少水蒸气的冷凝。T 形管用来除去水蒸气中冷凝下来的水，有时在操作发生不正常情况时，可使水蒸气发生器与大气相通。

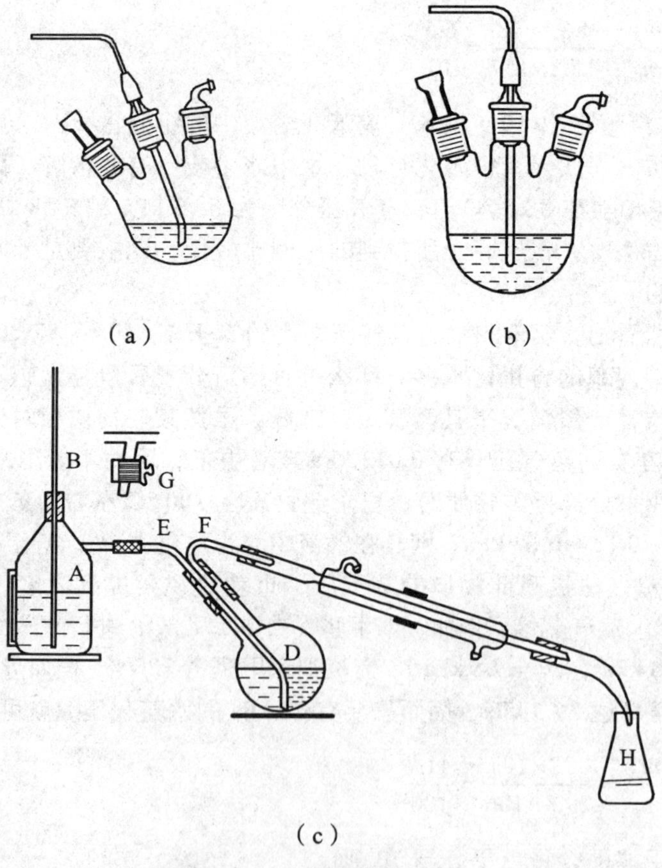

图 2.30 水蒸气蒸馏装置

(2) 蒸馏系统，包括：蒸馏烧瓶、克氏蒸馏头（也可用 Y 形管配以普通蒸馏头代替，直管上安装水蒸气导入管)、直形冷凝管和接液管、接液瓶。为了防止瓶中液体因跳溅而冲入冷凝管内，将烧瓶的位置向发生器方向倾斜 45°。瓶内液体不宜超过其容积的 1/3。蒸气导入管 E 的末端应弯曲，使之垂直地正对瓶底中央并伸到接近瓶底。蒸气导出管 F（弯角约 30°）孔径最好比管 E 大一些，一端插入双孔木塞，露出约 5 mm，另一端和冷凝管连接。馏液通过接液管进入接收器 H。接收器外围可用冷水浴冷却。

在水蒸气发生器和蒸馏系统之间用 T 形管和胶管将水蒸气发生器与蒸馏头连接起来，在 T 形管下端连一个弹簧夹，以便及时除去冷凝下来的水滴。应尽量缩短水蒸气发生器与盛物的圆底烧瓶之间距离，以减少水蒸气的冷凝。

三、操作要点及说明

进行水蒸气蒸馏时，先将溶液（混合液或混有少量水的固体）置于 D 中，加热水蒸气发生器，直至接近沸腾后才将弹簧夹夹紧，使水蒸气均匀地进入圆底烧瓶。为了使水蒸气不致在 D 中冷凝而积聚过多，必要时可在 D 下置一石棉网，用小火加热。必须控制加热速度，使水蒸气能全部在冷凝管中冷凝下来。如果随水蒸气挥发的物质具有较高的熔点，在冷凝后易于析出固体，则应调小冷凝水的流速，使它冷凝后仍然保持液态。假如已有固体析出，并且接近阻塞时，可暂时停止冷凝水的流通，甚至需要将冷凝水暂时放去，以使物质熔融后随水流入接收器中。必须注意当冷凝管夹套中要重新通入冷却水时，要小心而缓慢，以免冷凝管因骤冷而破裂。万一冷凝管已被阻塞，应立即停止蒸馏，并设法疏通（如用玻璃棒将阻塞的晶体捅出或用电吹风的热风吹化结晶，也可在冷凝管夹套中灌以热水使之熔出）。

在蒸馏需要中断或蒸馏完毕后，一定要先打开螺旋夹使通大气，然后方可停止加热，否则 D 中的液体将会倒吸入 A 中。在蒸馏过程中，如发现安全管 B 中的水位迅速上升，则表示系统中发生了堵塞，此时应立即打开螺旋夹，然后移去热源。待排除了堵塞后再继续进行水蒸气蒸馏。

在 100 °C 左右蒸气压较低的化合物可利用过热水蒸气来进行蒸馏。例如，可在 T 形管 G 和烧瓶之间串联一段铜管（最好是螺旋形的）。铜管下用火焰加热，以提高水蒸气的温度。

少量物质的水蒸气蒸馏，可用克氏蒸馏瓶代替圆底烧瓶，装置如图 2.31 所示。有时也可直接利用进行反应的三颈瓶来代替圆底烧瓶更为方便，装置如图 2.30（b）所示。

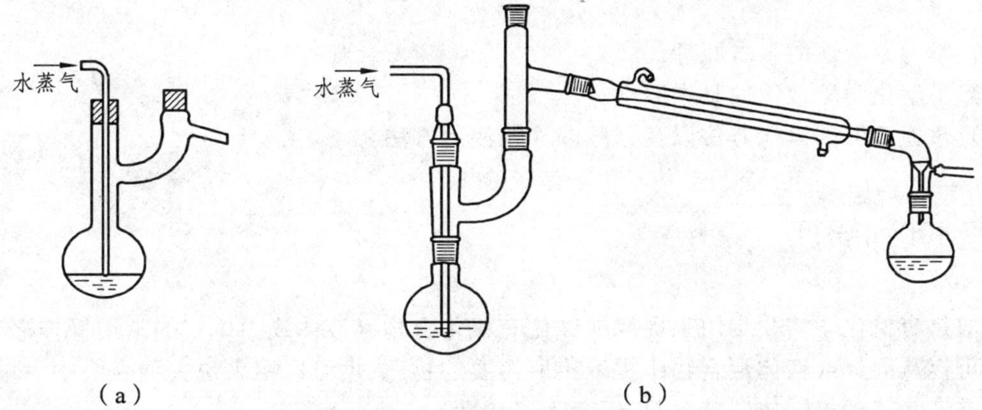

图 2.31 用克氏蒸馏瓶（头）进行少量物质的水蒸气蒸馏

四、实验步骤

从中药徐长卿中提取丹皮酚[1]

(1) 称取中药徐长卿 5 g 于 250 mL 烧瓶中，加水 20 mL。安装好实验装置，打开 T 形管夹子，通冷凝水。

(2) 加热水蒸气发生器[2]，当有水蒸气从 T 形管的支管冲出时，夹紧夹子，让水蒸气导入三颈烧瓶中[3]。

(3) 调节火源，控制馏出速度 1～2 滴/s[4]，当馏出液由浑浊液变为澄清透明时，可停止蒸馏。

(4) 先打开夹子，再移去火源[5]。

(5) 嗅一下馏出物的气味，取一滴馏出液于小块滤纸上，待其挥发后，观察滤纸上是否留有油迹。

(6) 取馏出液 1～2 mL，搅匀，加入 1%$FeCl_3$ 乙醇溶液 2～4 滴，观察现象。

【注释】

[1] 从徐长卿中提取挥发油，其主要成分为丹皮酚。

[2] 水蒸气发生器中的水不能太满，以占容器的 2/3 为宜，否则沸腾时水将会冲出来。

[3] 此时瓶内的混合物不断翻滚，不久有机物和水的混合物馏出。

[4] 为使水蒸气不致在烧瓶中过多而冷凝，可在烧瓶底下用小火加热。要随时注意安全管中水柱的情况，若有异常，立刻打开 T 型管夹子，移去热源，排除故障后方可继续。

[5] 以防止倒吸。

实验 9　萃　　取

一、实验目的

(1) 学习萃取法的基本原理。

(2) 了解化学萃取法的基本原理。

(3) 掌握萃取的操作方法以及分液漏斗的使用方法。

二、实验原理

萃取是有机化学实验中用来提取或纯化有机化合物（液体或固体）的常用操作之一。应用萃取可以从固体或液体混合物中提取出所需要的物质，也可以用来洗去混合物中少量杂质。通常称前者为“抽提”或“萃取”，后者为“洗涤”。

萃取有两种方式：

(1) 液-液萃取：用选定的溶剂分离液体混合物中某种组分，溶剂必须与被萃取的混合物液体不相溶，具有选择性的溶解能力，而且必须有好的热稳定性和化学稳定性，并有小的毒性和腐蚀性。例如，用苯分离煤焦油中的酚，用有机溶剂分离石油馏分中的烯烃等。

(2) 固-液萃取：也叫浸取，用溶剂分离固体混合物中的组分。例如，用水浸取甜菜中的糖类；用酒精浸取黄豆中的豆油以提高油产量；用水从中药中浸取有效成分以制取流浸膏，叫“渗沥”或“浸沥”。

萃取是利用物质在两种不互溶（或微溶）溶剂中溶解度或分配比的不同来达到分离、提取或纯化目的的一种操作。这可用与水不互溶（或微溶）的有机溶剂从水溶剂中萃取有机化合物来说明。将含有机化合物的水溶液用有机溶剂萃取时，有机化合物在两液相间进行分配。在一定温度下，此有机化合物在有机相中和在水相中的浓度之比为一常数，此即“分配定律”。假如一物质在两液相 A 和 B 中的浓度分别为 c_A 和 c_B，则在一定温度下，$c_A/c_B = K$，K 是一常数，称为“分配系数”，它可以近似地看做此物质在两溶剂中溶解度之比。

有机物质在有机溶剂中的溶解度，一般比在水中的溶解度大，所以可以将它们从水溶液中萃取出来。但是除非分配系数极大，否则用一次萃取是不可能将全部物质移入新的有机相中的。在萃取时，若在水溶液中先加入一定量的电解质（如氯化钠），利用“盐析效应”降低有机化合物和萃取溶剂在水溶液中的溶解度，常可提高萃取效果。

当用一定量的溶剂从水溶液中萃取有机化合物时，是一次萃取好还是多次萃取好？可以利用下列推导来说明。设在 V mL 的水中溶解 W_0 g的物质，每次用 S mL 与水不互溶的有机溶剂重复萃取。假如 W_1 g 为萃取一次后剩留在水溶液中的物质量，则在水中的浓度和在有机相中的浓度就分别为 W_1/V 和 $(W_0-W_1)/S$，两者之比等于 K，即

$$\frac{W_1/V}{(W_0-W_1)/S}=K \quad 或 \quad W_1=\frac{KV}{KV+S}\cdot W_0$$

令 W_2 g为萃取两次后在水中的剩留量，则有

$$\frac{W_2/V}{(W_1-W_2)/S}=K \quad 或 \quad W_2=W_1\frac{KV}{KV+S}=W_0\left(\frac{KV}{KV+S}\right)^2$$

显然，在萃取几次后的剩留量 W_n 应为

$$W_n=W_0\left(\frac{KV}{KV+S}\right)^n$$

当用一定量的溶剂萃取时，总是希望在水中的剩余量越少越好。因为上式中 $\frac{KV}{KV+S}$ 恒小于 1，所以 n 越大，W_n 就越小，也就是说把溶剂分成几份进行多次萃取比用全部量的溶剂进行一次萃取好。但必须注意上面的式子只适用于几乎和水不互溶的溶剂，如苯、四氯化碳或氯仿等。对于与水有少量互溶的溶剂，如乙醚等，上面的式子只是近似，但也可以定性地指出预期的结果。

例如，在 100 mL 水中含有 4 g 正丁酸的溶液，在 15 °C 时用 100 mL 苯来萃取，设已知在 15 °C 时正丁酸在水和苯中的分配系数 $K=\frac{1}{3}$，用苯 100 mL 一次萃取后在水中的剩余量为

$$W_1 = 4 \cdot \frac{\frac{1}{3} \times 100}{\frac{1}{3} \times 100 + 100} = 1 \ (\text{g})$$

若把苯平均分成 3 份，分 3 次萃取，水中剩余的正丁酸量为

$$W_3 = 4\left[\frac{\frac{1}{3} \times 100}{\frac{1}{3} \times 100 + 33.3}\right]^3 = 0.5 \ (\text{g})$$

从上面的计算可以知道 100 mL 苯一次萃取可以提出 3.0 g（75%）的正丁酸，而分三次萃取时则可提出 3.5 g（87.5%）。所以，用同样体积的溶剂，分多次萃取比一次萃取的效率高，但是当溶剂的总量保持不变时，萃取次数（n）增加，S 就要减小，例如，当 $n > 5$ 时，n 和 S 这两个因素的影响就几乎相互抵消了，再增加 n，W_n / W_{n+1} 的变化很小。通过运算也可以证明这一结论。

上面的考虑也适合于由溶液中萃取出（或洗涤出）溶解的杂质。

1. 溶液中物质的萃取

（1）选择容积比液体体积大一倍以上的分液漏斗，把活塞擦干，在活塞上均匀涂上一层润滑脂（切勿涂得太厚或使润滑脂进入活塞孔中，以免污染萃取液）塞好后再把活塞旋转几圈，使润滑脂均匀分布，看上去透明即可。

（2）检查分液漏斗的顶塞与活塞处是否渗漏（用水检验），确认不漏水后方可使用，将其放置在合适的并固定在铁架上的铁圈中，关好活塞。

（3）将被萃取液和萃取剂（一般为被萃取液体积的 1/3）依次从上口倒入漏斗中，塞紧顶塞（顶塞不能涂润滑脂）。

（4）取下分液漏斗，用右手手掌顶住漏斗顶塞并握住漏斗颈，左手握住漏斗活塞处，大拇指压紧活塞，把分液漏斗口略朝上倾斜并前后振荡。开始振荡要慢，振荡后，使漏斗口仍保持原倾斜状态，上部支管口指向无人处，左手仍握在活塞支管处，用拇指和食指旋开活塞，释放出漏斗内的蒸气或产生的气体，使内外压力平衡，此操作也称为“放气”，如图 2.32 所示。以乙醚萃取水溶液中的物质为例，在振摇后乙醚可产生 40～66.7 kPa 的蒸气压，加上原来空气和水蒸气压，漏斗中的压力就大大超过了大气压。如果不及时放气，塞子就可能被顶开而出现喷液。如此重复至放气时只有很小压力后，再剧烈振荡 2～3 min，然后再将漏斗放回铁圈中静置。

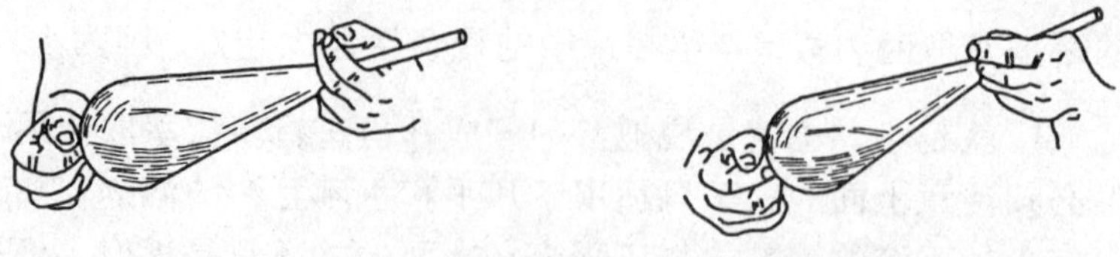

（a）　　　　（b）

图 2.32　分液漏斗的使用

（5）待两层液体完全分开后，打开顶塞，再将活塞缓缓旋开，下层液体自活塞孔放出至接收瓶。

① 若萃取剂的密度小于被萃取液的密度，下层液体尽可能放干净，有时两相间可能出现一些絮状物，也应同时放去；然后将上层液体从分液漏斗的上口倒入锥形中，切不可从活塞放出，以免被残留的被萃取液污染。再将下层液体倒回分液漏斗中，用新的萃取剂萃取，重复上述操作，萃取次数一般为3～5次。

② 若萃取剂的密度大于被萃取液的密度，下层液体从活塞孔放入锥形瓶中，但不要将两相间可能出现的絮状物放出。再从漏斗口加入新萃取剂，重复上述操作，萃取次数一般为3～5次。

(6) 将所有的萃取液合并后，加入过量的干燥剂干燥。

(7) 蒸去溶剂，根据化合物的性质利用蒸馏、重结晶等方法纯化。

在萃取时，特别是当溶液呈碱性时，常常会产生乳化现象。有时由于存在少量物质的沉淀、溶剂互溶、两液相的相对密度相差较小等原因，也可能使两液相不能很清晰地分开，这样很难将它们完全分离。用来破坏乳化的方法有：

① 较长时间静置。

② 若因两种溶剂（水与有机溶剂）能部分互溶而发生乳化，可以加入少量电解质（如氯化钠），利用盐析作用加以破坏，在两相相对密度相差很小时，也可以加入食盐，以增加水相的相对密度。

③ 若因溶液呈碱性而产生乳化，常可加入少量稀硫酸或采用过滤等方法除去。

此外，根据不同情况，还可以加入其他破坏乳化的物质如乙醇、磺化蓖麻油等。

萃取溶剂的选择要根据被萃取物质在此溶剂中的溶解度而定；同时要易于和溶质分离开，所以最好用低沸点的溶剂。一般水溶性较小的物质可用石油醚萃取，水溶性较大的可用苯或乙醚，水溶性极大的用乙酸乙酯等。第一次萃取时，使用溶剂的量常要比以后几次多一些，这主要是为了补足由于它稍溶于水而引起的损失。

当有机化合物在原溶剂中比在萃取剂中更易溶解时，就必须使用大量溶剂并多次萃取。为了减少萃取溶剂的量，最好采用连续萃取，其装置有两种：一种适用于从密度较大的溶液中用密度较小的溶剂进行萃取（如用乙醚萃取水溶液）；另一种适用于从密度较小的溶液中用密度较大的溶剂进行萃取（如氯仿萃取水溶液）。它们的过程可以明显地从图 3.33（a）（b）中看出，其中图 2.33（c）是兼具（a）（b）功能的装置。

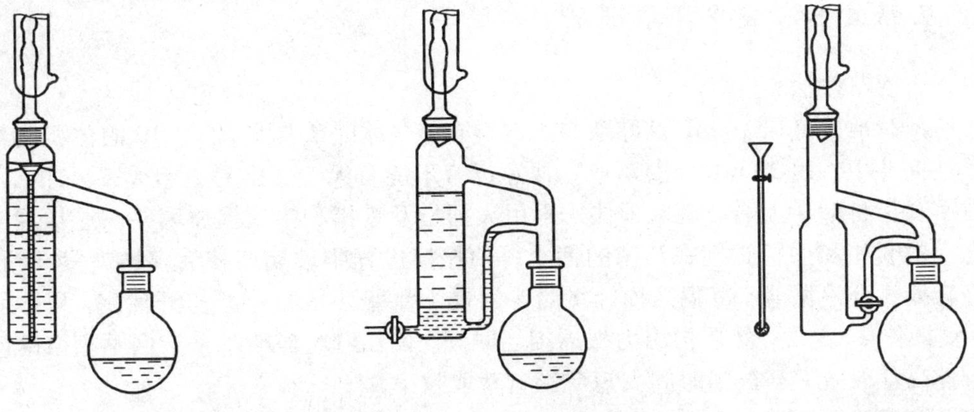

（a）密度较小的溶剂萃取密度较大的溶液中物质的装置　（b）密度较大的溶剂萃取密度较小的溶液中物质的装置　（c）兼具（a）和（b）功能的装置

图 2.33　连续萃取装置

2. 固体物质的萃取

固体物质的萃取，通常是用长期浸出法或采用脂肪提取器（索氏提取器）。前者是靠溶剂长期的浸润溶解而将固体物质中所需物质浸出来。这种方法虽不需要任何特殊器皿，但效率不高，而且溶剂的需要量较大。

脂肪提取器（图 2.34）是利用溶剂回流及虹吸原理，使固体物质连续不断地为纯的溶剂所萃取，因而效率较高。萃取前应先将固体物质研细，以增加溶剂浸润的面积，然后将固体物质放在滤纸套（1）内，置于提取器（2）中。提取器的下端通过木塞（或磨口）和盛有溶剂的烧瓶连接，上端接冷凝管。当溶剂液面超过虹吸管（4）的最高处时，即虹吸流回烧瓶，因而萃取出溶于溶剂的部分物质。就这样利用溶剂回流和虹吸作用使固体中的可溶物质富集到烧瓶中。然后用其他方法将萃取出的物质从溶液中分离出来。

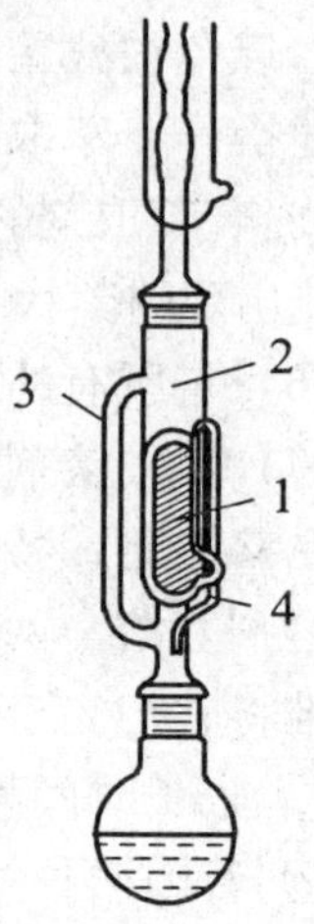

图 2.34　脂肪提取器

3. 化学萃取

化学萃取（利用萃取剂与被萃取物发生化学反应）也是常用的分离方法之一，主要用于洗涤或分离混合物，操作方法和前面的分配萃取相同。常用的这类萃取剂有 5%氢氧化钡水溶液，5%或 10%的碳酸钠、碳酸氢钠溶液，稀盐酸，稀硫酸及浓硫酸等。碱性萃取剂可以从有机相中移出有机酸，或从溶于有机溶剂的有机化合物中除去酸性杂质（使酸性杂质形成钠盐溶于水中）；稀盐酸及稀硫酸可从混合物中萃取出有机碱性物质或用于除去碱性杂质；浓硫酸可用于从饱和烃中除去不饱和烃，从卤代烷中除去醇及醚等。

三、实验步骤

1. 从醋酸水溶液中萃取醋酸

（1）一次萃取法。

用移液管准确量取 10 mL 冰醋酸与水的混合液（冰醋酸与水以 1∶19 的体积比相混合），放入分液漏斗中。用 30 mL 乙醚萃取，注意近旁不能有火，否则易引起火灾。加入乙醚后，先用右手食指将漏斗上端玻璃塞顶住，再用大拇指及食指和中指握住漏斗。这样漏斗转动时可用左手的食指和中指蜷握在活塞的柄上，使振摇过程中玻璃塞和活塞均夹紧（图 2.32），上下轻轻摇振分液漏斗，每隔几秒钟将漏斗倒置（活塞朝上），小心打开活塞，以平衡内外压力。重复操作 2～3 次，然后再用力振摇相当时间，使乙醚与醋酸水溶液两不相溶的液体充分接触，提高萃取效率（振摇时间太短会影响萃取效率）。

将分液漏斗置于铁圈上，当溶液分成两层后，小心旋开活塞，放出下层水溶液于 50 mL 锥形瓶内，加入 3～4 滴酚酞做指示剂，用 0.2 mol/L 标准氢氧化钠溶液滴定，记录用去氢氧化钠溶液的体积。计算：

① 留在水中的醋酸量及百分率；

② 留在乙醚中的醋酸量及百分率。

（2）多次萃取法。

准确量取 10 mL 冰醋酸与水的混合液（体积比同上）于分液漏斗中，用 10 mL 乙醚同上法萃取，分去乙醚溶液。水溶液再用 10 mL 乙醚萃取，再分出乙醚溶液后，水溶液仍用 10 mL 乙醚萃取，如此重复 3 次。最后将用乙醚第三次萃取后的水溶液放入 50 mL 锥形瓶内，用 0.2 mol/L 标准氢氧化钠溶液滴定，计算：

① 留在水中的醋酸量及百分率；

② 留在乙醚中的醋酸量及百分率。

根据上述两种不同步骤所得数据，比较醋酸的萃取效率。

2. 化学萃取法分离一种三组分混合物

实验室现有一种三组分混合物，已知其中含有对甲苯胺（一种碱），β-萘酚（一种弱酸）和萘（一种中性物质），结构分别如下所示。试根据其性质和溶解度，设计合理方案将各组分分离出来。

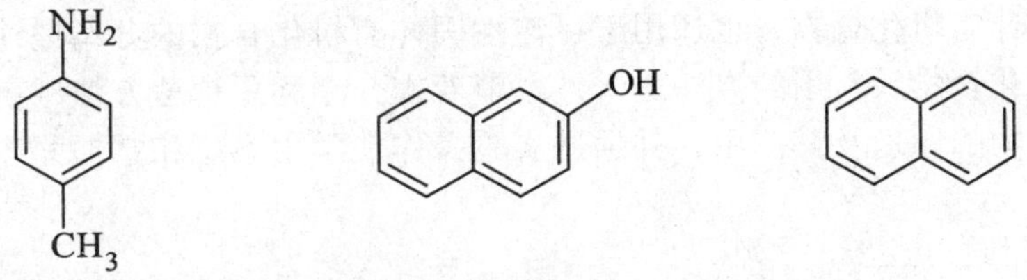

对甲苯胺（m.p. 45 °C）　　β-萘酚（m.p. 123 °C）　　萘（m.p. 80 °C）

（1）领取 3 g 三组分混合物样品，溶于 25 mL 乙醚中，将溶液转入 125 mL 分液漏斗中，加入 3 mL 浓盐酸溶解在 25 mL 水中的溶液，并充分摇荡，静置分层后，放出下层液体（水溶液）于锥形瓶中。再用第二份酸溶液萃取一次。最后用 10 mL 水萃取，以除去可能溶于乙醚层中过量的盐酸，合并三次酸性萃取液，放置待处理。

（2）剩下的乙醚溶液每次用 25 mL10%氢氧化钠溶液萃取两次，并用 10 mL 水再萃取一次，合并碱性溶液放置待处理。

（3）将剩下的乙醚溶液（其中含哪一种组分？）从分液漏斗颈部倒入一锥形瓶中，加适量无水氯化钙不时振荡 15 min。然后将乙醚溶液滤入一已知质量的圆底烧瓶中，用水浴蒸馏并回收乙醚，称量残留物，同时测定其熔点。

（4）在搅拌下向酸性萃取液中滴加 10%氢氧化钠溶液至其对石蕊试纸呈碱性。然后每次用 25 mL 乙醚分两次萃取碱液。合并醚萃取液，用粒状氢氧化钠干燥 15 min。然后将乙醚溶液滤入一已称量的圆底烧瓶或锥形瓶中，用水浴蒸馏并回收乙醚。称量残留物（为哪种组分？），并测定其熔点。

（5）在搅拌下向碱性溶液中缓缓滴加浓盐酸，直至溶液对石蕊试纸呈酸性为止。在中和过程中外部用冷水浴冷却，至终点时有白色沉淀析出，真空抽滤，回收 β-萘酚，干燥后称量并测定熔点。

（6）必要时，每种组分可进一步重结晶，以获得熔点尖锐的纯品。

本实验约需 4 h。

四、思考题

（1）此三组分分离实验中，利用了什么性质，在萃取过程中各组分发生的变化是什么？写出分离提纯的流程图。

（2）乙醚作为一种常用的萃取剂，其优缺点是什么？

（3）若用下列溶剂萃取水溶液，它们将在上层还是下层：乙醚、氯仿、乙烷、苯？

2.3 固体有机化合物的分离

固体有机化合物的分离和提纯方法有重结晶、升华、萃取和色谱法等。其中萃取和色谱法既适用于液体有机化合物，也适用于可溶性固体有机化合物的分离提纯。重结晶是分离和提纯固体有机化合物最常用的方法之一，本节着重介绍利用这些方法（重结晶和升华）分离提纯固体有机物的原理及其应用，并通过实验操作使学生熟悉和掌握固体有机化学的分离和提纯技术。

实验 10 重结晶和过滤

一、实验目的

（1）学习重结晶提纯固态有机化合物的原理，初步学会用重结晶的方法提纯固体有机化合物。

（2）掌握热过滤、抽滤、结晶等基本操作和菊花形滤纸的折叠方法。

（3）了解活性炭脱色原理及操作方法。

二、实验原理

从有机合成制备或天然产物中提取得到的化合物中通常混有与目标化合物不同的物质，我们称它们为杂质。除去这些杂质最有效的方法之一就是选择适当的溶剂进行重结晶，重结晶是纯化有机化合物最后阶段常采用的方法。

重结晶是利用在一定的溶剂中各种组分溶解度的不同和有机化合物在不同温度下溶解度的改变来进行分离纯化的方法。固体有机物在溶剂中的溶解度与温度有密切的关系，一般是温度升高溶解度增大。若把固体溶解在热的溶剂中达到饱和，趁热滤去不溶性杂质，冷却时由于溶解度降低，溶液变成过饱和溶液，被提纯的有机化合物以一定的形状结晶析出，而易溶性杂质大部分或全部留在溶液中，经过滤将结晶从滤液中分离出来，达到提纯的目的。

假设一固体混合物由 9.5 g 被提纯物质 A 和 0.5 g 杂质 B 组成，选择一种溶剂进行重结晶，室温时 A、B 在此溶剂中的溶解度分别为 S_A 和 S_B，通常存在下列情况。

(1) 杂质较易溶解（$S_B > S_A$），设室温下 $S_B = 2.5$ g/100 mL，$S_A = 0.5$ g/100 mL，如果 A 在此沸腾溶剂中的溶解度为 9.5 g/100 mL，则使用 100 mL 溶剂可使混合物在沸腾时全溶。将此滤液冷却至室温时可析出 9 g A（不考虑操作上的损失）而 B 仍留在母液中。A 损失很少，产物的回收率达到 94%。如果 A 在此沸腾溶剂中的溶解度更大，如 47.5 g/100 mL，则只要使用 20 mL 溶剂即可使混合物在沸腾时全溶，这时滤液可以析出 9.4 g A，B 仍可留在母液中，产物回收率高达 99%。由此可见，如果杂质在冷时的溶解度大而产物在冷时的溶解度小，或溶剂对产物的溶解性能随温度的变化大，这两方面都有利于提高回收率。

(2) 杂质较难溶解（$S_B < S_A$）。设在室温下 $S_B = 0.5$ g/100mL，$S_A = 2.5$ g/100 mL，A 在沸腾溶液中的溶解度仍为 9.5 g/100 mL，则在 100 mL 溶剂重结晶后的母液中含有 2.5 g A 和 0.5 g（即全部）B，析出结晶 A 7 g，产物的回收率为 74%。但这时，即使 A 在沸腾溶剂中的溶解度更大，使用的溶剂也不能再少了，否则杂质 B 也会部分地析出，必须再次重结晶。如果混合物中的杂质含量很多，则重结晶的溶剂量就要增加，或者重结晶的次数要增加，致使操作过程冗长，回收率极大地降低。

(3) 两者溶解度相等（$S_A = S_B$），设在室温下皆为 2.5 g/mL，若也用 100 mL 溶剂重结晶，仍可得到纯 A 7 g。但如果这时杂质含量很多，则用重结晶分离产物就比较困难。在 A 和 B 含量相等时，重结晶法就不能用来分离产物了。从上述讨论中可以看出，在任何情况下，杂质的含量过多都是不利的（杂质太多还能影响结晶速度，甚至妨碍结晶的生成）。一般重结晶只适用于纯化杂质含量在 5%以下的固体有机混合物，所以从反应粗产物直接重结晶是不适宜的，必须先采用其他方法初步提纯，如萃取、水蒸气蒸馏、减压蒸馏等，然后再用重结晶提纯。

1. 溶剂的选择

在进行重结晶时，关键是理想溶剂的选择，理想的溶剂必须具备下列条件：

(1) 溶剂不与被提纯的物质发生化学反应。

(2) 在较高温度时溶剂能溶解较多量的被提纯物质，而在室温或更低的温度时只能溶解很少量。

(3) 对杂质的溶解度非常大或非常小（前一种情况是使杂质留在母液中不随被提纯物的晶体一同析出，后一种情况是使杂质在热过滤时被滤去）。

(4) 溶剂容易挥发（沸点较低），干燥时，易与被提纯物分离除去。

(5) 能析出较好的结晶。

(6) 无毒或毒性很小，便于操作。

表 2.4 列出了几种常用的重结晶溶剂。

表 2.4　常用的重结晶溶剂

溶剂	沸点/°C	冰点/°C	相对密度	与水的混溶性	易燃性
水	100	0	1.0	+	0
甲醇	64.96	<0	0.7914^{20}	+	+
95%乙醇	78.1	<0	0.804	+	++
冰醋酸	117.9	16.7	1.05	+	+
丙酮	56.2	<0	0.79	+	+++
乙醚	34.51	<0	0.71	−	++++
石油醚	30~60	<0	0.64	−	++++
乙酸乙酯	77.06	<0	0.90	−	++
苯	80.1	5	0.88	−	++++
氯仿	61.7	<0	1.48	−	0
四氯化碳	76.54	<0	1.59	−	0

在几种溶剂都适用时，则应根据结晶的回收率，操作的难易，溶剂的毒性、易燃性和价格等来选择。

当一种物质在一些溶剂中的溶解度太大，而在另一些溶剂中的溶解度又太小，不能选择一种合适的溶剂时，常可使用混合溶剂而得到满意的结果。混合溶剂就是把对此物质溶解度很大的和溶解度很小的而又能互溶的两种溶剂（如水和乙醇）混合起来，这样可获得新的良好的溶解性能。用混合溶剂重结晶时，可先将待纯化物质在接近良溶剂的沸点时溶于良溶剂中（在此溶剂中极易溶解）。若有不溶物，趁热滤去；若有色，则用适量（如 1%～2%）活性炭煮沸脱色后趁热过滤。于此热溶液中小心地加入热的不良溶剂（物质在此溶剂中溶解度很小），直至所出现的浑浊不再消失为止，再加入少量良溶剂或稍热使恰好透明。然后将混合物冷却至室温，使结晶从溶液中析出。有时也可将两种溶剂先进行混合，如 1∶1 的乙醇和水，则其操作和使用单一溶剂时相同。常用混合溶剂如下：

乙醇-水　　乙醚-甲醇　　乙酸-水　　乙醚-丙酮
丙酮-水　　乙醚-石油醚　　吡啶-水　　苯-石油醚

2. 溶剂选择的方法

取 0.1 g 待重结晶的样品，放入小试管中，用滴管加入约 1 mL 某种溶剂，振荡，若室温下即全溶，说明溶解度太大，此溶剂不适用。若加热后仍不溶，可分批加入溶剂 3～4 mL，加热至沸腾，若仍不溶解，说明溶解度太小，此溶剂也不适用。如果样品能溶于 1～4 mL 沸腾的溶剂中，将试管冷却时能析出较多结晶，说明此溶剂适用。实际实验中要同时选择几种溶剂，比较收率，选择最优者。

3. 滤纸折叠的方法

将选定的圆滤纸（方滤纸可在折好后再剪）按图 2.35（a）先一折为二，再沿 2、4 折成四分之一。然后将 1、2 的边沿折至 4、2，2、3 的边沿折至 2、4，分别在 2、5 和 2、6 处产生新的折纹［图 2.35（a)］。继续将 1、2 折向，2、6，2、3 折向 2、5，分别得到 2、7 和 2、8 的折纹［图 2.35（b)］。同样以 2、3 对 2、6，1、2 对 2、5 分别折出 2、9 和 2、10 的折纹［图 2.35（c)］。最后在 8 个等分的每一个小格中间以相反方向［图 2.35（d)］折成 16 等分。结果得到折扇一样的排列。再在 1、2 和 2、3 处各向内折一小折面，展开后即得到折叠滤纸［或称扇形滤纸，图 2.35（e)］。

在折纹集中的圆心处，折时切勿重压，否则滤纸的中央在过滤时容易破裂。在使用前，应将折好的滤纸翻转并整理好后再放入漏斗中，这样可避免被手指弄脏的一面接触滤过的滤液。

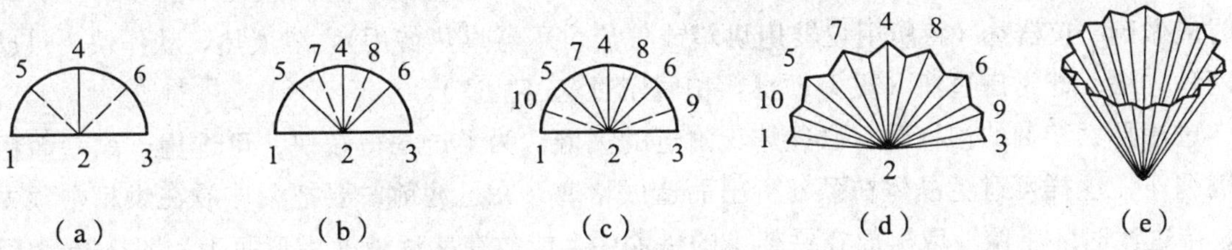

图 2.35 折叠滤纸的方法

三、操作要点及说明

重结晶提纯法的一般过程为：

1. 选择适宜的溶剂

在选择溶剂时应根据“相似相溶”的一般原理，溶质往往溶于结构与其相似的溶剂中；还可查阅有关的文献和手册，了解某化合物在各种溶剂中不同温度下的溶解度；也可通过实验来确定化合物的溶解度（参照前面内容）。

2. 将待重结晶物质制成热的饱和溶液

将不纯的固体有机物在溶剂的沸点或接近于沸点的温度下溶解在溶剂中，制成接近饱和的浓溶液，若固体有机物的熔点比溶剂沸点低，则应制成在熔点温度以下的饱和溶液。溶解的目的是用溶剂充分分散产物和杂质，以利于分离提纯。一般在锥形瓶或圆底烧瓶（若溶剂易燃或有毒时，应装回流冷凝器）中加入沸石和已称量好的粗产品，先加少量溶剂，加热至沸，在沸腾下，逐滴加入溶剂，边滴加溶剂边观察固体溶解情况，使固体刚好全部溶解，停止滴加溶剂，记录溶剂用量。再加入 20%左右的过量溶剂，避免溶剂挥发和热过滤时因温度降低，使晶体过早地在滤纸上析出造成产品损失。有些固体溶解缓慢，加溶剂溶解时，要有一定的时间间隔。

3. 脱　色

有色杂质需要用脱色剂来脱色除去。最常用的脱色剂是活性炭，它是一种多孔物质，可以吸附色素和树脂状杂质，加入量不宜太多，防止吸附产品，一般为粗产品质量的1%～5%。具体方法：待上述热的饱和溶液稍冷却后，加入适量的活性炭摇动，使其均匀分布在溶液中。加热煮沸 5～10 min 即可。

注意：千万不能在沸腾的溶液中加入活性炭，否则会引起暴沸，使溶液冲出容器造成产品损失。

4. 趁热过滤除去不溶性杂质

为了除去不溶性杂质，热溶液需要进行过滤。为了尽量减少过滤过程中晶体的损失，操作时应做到：仪器热（将所用仪器用烘箱或气流烘干器烘热待用）、溶液热、动作快。热过滤有两种方法，即常压过滤（重力过滤）和减压过滤（抽滤）。

过滤易燃溶剂的溶液时，必须熄灭附近的火源。为了过滤得较快，可选用一颈短而粗的玻璃漏斗，这样可避免晶体在颈部析出而造成堵塞。在过滤前，要把漏斗放在烘箱中预先烘热，待过滤时才将漏斗取出放在铁架上的铁圈中，或放在盛滤液的锥形瓶上。图 2.36 为用水做溶剂的一种常压热过滤装置，盛滤液的锥形瓶用小火加热，产生的热蒸气可使玻璃漏斗保温。在漏斗中放一折叠滤纸。折叠滤纸向外突出的棱边应紧贴于漏斗壁上。在过滤开始前，先用少量热的溶剂润湿，以免干滤纸吸收溶液中的溶剂，使结晶析出而堵塞滤纸孔。过滤时，漏斗上应盖上表面皿（凹面向下），减少溶剂的挥发。盛滤液的容器一般用锥形瓶，只有水溶液才可收集在烧杯中！如过滤进行得很顺利，常只有很少的结晶在滤纸上析出（如果此结晶在热溶剂中溶解度很大，则可用少量热溶剂洗下，否则还是弃之为好，以免得不偿失）。若结晶较多时，必须用刮刀刮回原来的瓶中，再加适量的溶剂溶解并过滤。滤毕，用洁净的塞子塞住盛溶液的锥形瓶，放置冷却。

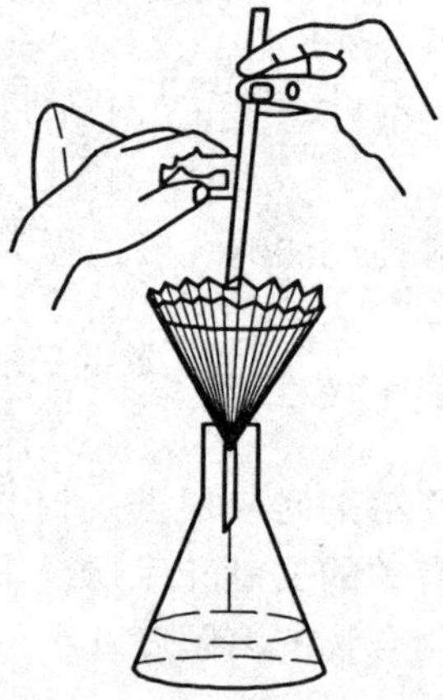

图 2.36　菊形滤纸趁热过滤（常压）

如果溶液稍经冷却即析出结晶，或过滤的溶液较多，则最好应用热水漏斗［图 2.37 (a)］。热水漏斗要用铁夹固定好并预先加热，在过滤易燃的有机溶剂时一定要熄灭火焰！

热过滤时动作要快，以免液体或仪器冷却后，晶体过早地在漏斗中析出，如发现此现象，应用少量热溶剂洗涤，使晶体溶解进入滤液。如果晶体在漏斗中析出太多，应重新加热溶解再进行热过滤。

减压热过滤装置如图 2.38 所示。减压热过滤的优点是过滤快，缺点是用沸点低的溶剂时，因减压会使热溶剂蒸发或沸腾，导致溶液浓度变大，晶体过早析出。

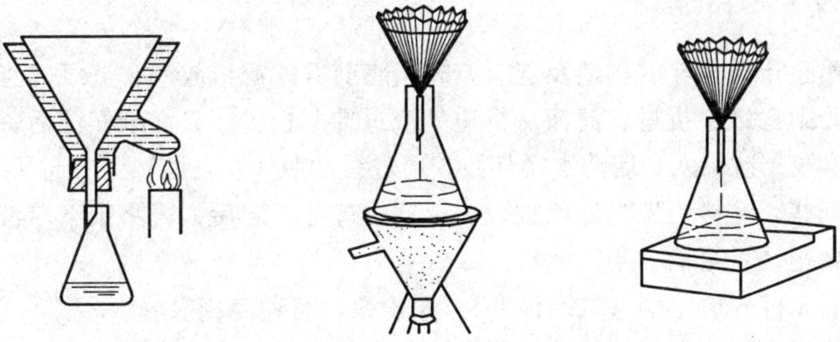

（a）　　　　　　（b）　　　　　　（c）

图 2.37　保温热过滤装置（常压）

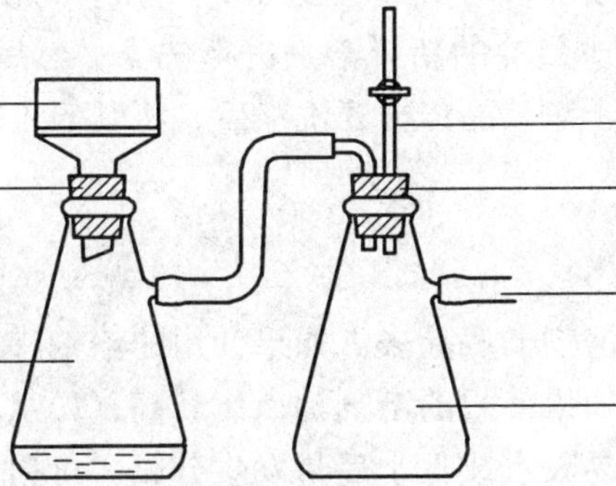

图 2.38　减压过滤装置

5. 冷却结晶

上述热的饱和溶液冷却后，晶体即可析出，从而与溶解在溶剂中的杂质分离。为了得到形状好、纯度高的晶体，在结晶析出的过程中应注意以下几点：

(1) 为了保证晶形及纯度，饱和溶液冷却时，应控制好其冷却速度，在室温下慢慢冷却至有固体出现时，再用冷水或冰进行冷却。否则，直接用冰水冷却，冷却太快，会使晶体颗粒太小，因其表面积大，易吸附杂质，加大洗涤的困难；如果冷却太慢时，晶体颗粒有时太大（超过 2 mm），会将溶液夹带在里面，给干燥带来困难。

(2) 在冷却结晶过程中，不宜剧烈摇动或搅拌，否则也会造成晶体颗粒太小。若大晶体正在形成，可稍微摇动或搅拌几下，以减小晶体平均尺寸。

(3) 有时滤液已冷却，但结晶仍未出现，可用玻璃棒摩擦瓶壁促使晶体形成，或用玻璃棒蘸取少量溶液，使溶剂挥发得到晶体，再将晶体作为晶种加入原溶液中，溶液中一旦有了晶种或晶核，晶体便会逐渐析出。

(4) 有时溶液中析出的是油状物，不要以为实验失败而随便将溶液倒掉，此时，进一步冷却可以使油状物结晶析出，但含杂质较多。这时可将析出油状物的溶液重新加热溶解，然后慢慢冷却，一有油状物析出时便剧烈搅拌混合物，使油状物在均匀分散的状况下固化，但最好是重新选择溶剂，使其得到晶形产物。

6. 抽 滤

抽滤前先熟悉布氏漏斗的构造及连接方式，将剪好的滤纸放入，滤纸的直径切不可大于漏斗底边缘，否则滤纸会折过，滤液从折边处流过造成损失。将滤纸润湿后，可先倒入部分滤液（不要将溶液一次倒入）启动水循环泵，通过缓冲瓶（安全瓶）上二通活塞调节真空度，开始真空度可低些，这样不致将滤纸抽破，待滤饼已结一层后，再将余下溶液倒入，此时真空度可逐渐升高些，直至抽“干”为止。

停泵时，要先打开放空阀（二通活塞），再停泵，可避免倒吸。

抽滤装置见图 2.38，在晶体抽滤过程中应注意以下几点：

（1）滤液应该是冷的，并在晶体全部析出后进行，所收集的是固体而不是液体。

（2）瓶中的残留晶体进行转移时，不能用新的溶剂转移，应用母液转移，防止溶剂将晶体溶解造成产品损失。用母液转移的次数一般为 2～3 次，每次母液的用量都不宜太多。

（3）母液滤完后，滴入少量冷的新鲜溶剂进行洗涤，然后将溶剂抽干。这样反复 2～3 次，可将晶体吸附的杂质洗干净。晶体抽滤洗涤后，将其倒入表面皿或培养皿中进行干燥。

7. 晶体的干燥

晶体经过抽滤，可以把溶剂彻底除去。如果使用的溶剂沸点比较低，可在室温下使溶剂自然挥发达到干燥的目的。如果使用的溶剂沸点比较高（如水）而产品又不易分解和升华，可用红外灯烘干。如果产品易吸水或吸水后易发生分解，可用真空干燥器进行干燥。干燥后测熔点，如发现纯度低，可重复上述操作。

四、实验步骤

（1）溶解。

称取 1.5 g 苯甲酸粗品，放在 150 mL 锥形瓶中，加水 80 mL[1]，放入几粒沸石，在石棉网上加热至沸腾[2]，并用玻璃棒不断搅拌，使固体溶解。

（2）脱色。

将锥形瓶移开热源，冷却 3～5 min，然后加入少量活性炭[3]（加入量约为试样量的 1%～5%。加入量过多，活性炭会吸附一部分纯产品，再加热微沸 5 min（若溶剂蒸发太多可适当补充少量水）。

活性炭绝对不能加入正在沸腾的溶液中，否则会引起暴沸，使溶液逸出。

（3）热过滤。

从烘箱中取出预热好的无颈漏斗[4]，在漏斗里放一张叠好的滤纸，并用少量热水润湿，将上述热溶液尽快倒入玻璃漏斗中。每次倒入的溶液不要太满，也不要等溶液全部滤完后再加。盛剩余溶液的锥形瓶放在石棉网上继续用小火加热，以防结晶析出，所有溶液过滤完毕后，用少量热水洗涤锥形瓶和滤纸。

注意：也可用保温漏斗或减压抽滤进行热过滤操作。

（4）结晶。

过滤完毕，将盛滤液的烧杯用表面皿盖好放置结晶，冷至室温后再用冷水冷却使结晶完全。

（5）抽滤。

结晶完成之后用布氏漏斗过滤，滤纸先用少量冷水润湿抽紧，将晶体和母液分批倒入漏斗中，抽滤后，用玻璃塞挤压晶体，使母液尽量除净，然后拔开吸滤瓶上的橡皮管，停止抽气。加少量冷水于布氏漏斗中，使晶体湿润，用药勺轻轻刮动晶体（注意不要把滤纸刮破）。[5]，然后再抽干，重复 2～3 次，将结晶尽量抽干。

（6）干燥。

将晶体刮到已称量的干燥表面皿上，摊在空气中晾干。待产品干燥后称量，计算回收率。

五、思考题

（1）简述有机化合物重结晶的步骤和各步的目的。

（2）某有机化合物进行重结晶时，最适合的溶剂应该具有哪些性质?

（3）加热溶解结晶粗产物时，为何先加入比计算量（根据溶解度数据）略少的溶剂，然后渐渐添加至恰好溶解，最后再多加少量溶剂?

（4）为什么活性炭要在固体物质完全溶解后加入？为什么不能在溶液沸腾时加入?

（5）热过滤操作是本实验的关键，将溶液进行热过滤操作时，应注意什么?

（6）用抽气过滤收集固体时，为什么在关闭水泵前，先要拆开水泵和抽滤瓶之间的连接或先打开安全瓶通大气的活塞?

（7）在布氏漏斗中用溶剂洗涤固体时应注意什么?

（8）重结晶时经常得到油状液，并不析出晶体，如何解决?

【注释】

[1] 苯甲酸在水中的溶解度如表 2.5 所示：

表 2.5 苯甲酸在水中的溶解度

t/°C	4	20	50	70	80	90	95
S /（g/100 mL）	0.18	0.29	0.95	1.77	2.75	4.55	6.8

[2] 有机溶剂重结晶时一定要有回流装置，本实验以水做溶剂，可用回流装置，也可不用。

[3] 活性炭绝对不可加到正在沸腾的溶液中，否则将造成暴沸现象!

[4] 无颈漏斗，即截去颈的普通玻璃漏斗。也可用热水漏斗，漏斗夹套中充水约为其容积的 2/3，还可用减压抽滤的方法热过滤。

[5] 转移瓶中的残留晶体时，应用母液转移，不能用新的溶剂转移，以防溶剂将晶体溶解降低收率。

实验 11　升　华

一、实验目的

（1）学习升华的基本原理。

（2）掌握常压升华的实验操作。

二、实验原理

升华是纯化固体有机化合物的一种方法，它所需的温度一般比蒸馏低，但只有在其熔点温度以下具有相当高（高于 2.67 kPa）蒸气压的固态物质，才可用升华来提纯。利用升华可除去不挥发性杂质，或分离不同挥发度的固体混合物。升华常可得到较高纯度的产物，但操作时间长，损失也较大，在实验室里只用于较少量（1～2 g）物质的纯化。

严格来说，升华是指物质从固态不经过液态直接转变成蒸气的现象，然而对有机化合物的提纯来说，重要的却是使物质蒸气不经过液态而直接转变成固态，因为这样能得到高纯度的物质。因此，在有机化学实验操作中，不管物质蒸气是由固态直接气化，还是由液态蒸发而产生，只要是物质从蒸气不经过液态而直接转变成固态的，都称之为升华。一般来说，对称性较高的固态物质具有较高的熔点，且在熔点温度以下具有较高的蒸气压，易于用升华来提纯。

为了了解和控制升华的条件，就必须研究固、液、气三相平衡（图 2.39）。图中 *ST* 表示固相与气相平衡时液体的蒸气压曲线，两曲线在 *T* 处相交，此点即为三相点，在此点，固、液、气三相可同时并存。*TV* 曲线表示固、液两相平衡时的温度和压力。它指出了压力对熔点的影响并不太大。这一曲线和其他两曲线在 *T* 处相交。

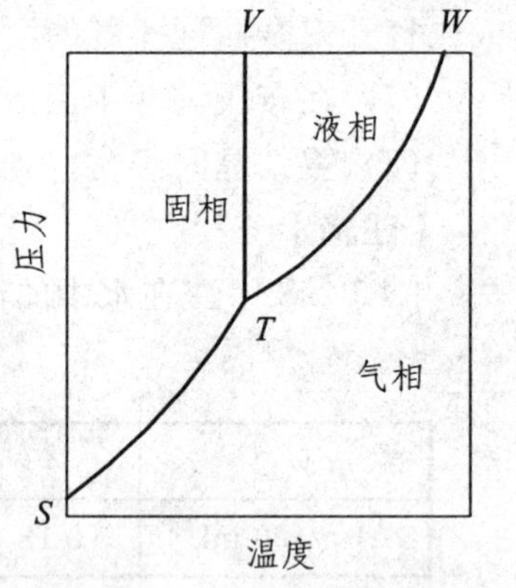

图 2.39　物质三相平衡图

一个物质的正常熔点是固、液两相在大气压下平衡时的温度，在三相点时的压力是固、液、气三相的平衡蒸气压，所以三相点时的温度和正常的熔点有些差别，然而，这种差别非常小，通常只有几分之一摄度度，因此在一定压力范围内，*TV* 曲线偏离垂直方向很小。在三相点以下，物质只有固、气两相。若降低温度，蒸气就不经过液态而直接变成固态；若升高温度，固态也不经过液态而直接变成蒸气。因此一般的升华操作都应在三相点温度以下进行。若某物质在三相点温度以下的蒸气压很高，因而气化速率很快，就可以容易地从固态直接变为蒸气，且此物质蒸气压随温度降低而下降非常显著，稍降低温度即能由蒸气直接转变成固态，则此物质可容易地在常压下用升华方法来提纯。例如，六氯乙烷（三相点温度 186 °C，压力 104 kPa）在 185 °C 时蒸气压已达 0.1 MPa，因而在低于 186 °C 时就可完全由固相直接挥发成蒸气，中间不经过液态阶段。樟脑（三相点温度 179 °C，压力 49.3 kPa）在 160 °C 时蒸气压为 29.1 kPa，即未达熔点前，已有相当高的蒸气压，只要缓缓加热，使温度维持在 179 °C 以下，它就可不经熔化而直接蒸发，蒸气遇到冷的表面就凝结成为固体，这样蒸气压可始终维持在 49.3 kPa 以下，直至挥发完毕。

像樟脑这样的固体物质，它的三相点平衡蒸气压低于 0.1 MPa，如果加热很快，使蒸气压超过了三相点平衡的蒸气压，这时固体就会熔化成为液体。若继续加热至蒸气压到 0.1 MPa 时，液体就开始沸腾。

有些物质在三相点时的平衡蒸气压比较低（为了方便，可以认为三相点时的温度及平衡蒸气压与熔点的温度及蒸气压相差不多），例如，苯甲酸熔点 122 °C，蒸气压为 0.8 kPa；萘熔点 80 °C，蒸气压为 0.93 kPa。这时如果也用上述升华樟脑的办法，就不能得到满意产率的升华产物。例如萘加热到 80 °C 时要熔化，而其相应的蒸气压很低，当蒸气压达到 0.1 MPa（218 °C）开始沸腾。若要使大量萘全部转变成为气态，就必须保持温度在 218 °C 左右，但这时萘的蒸气冷却后要转变为液态。除非达到三相点（此时的蒸气压为 0.93 kPa）时，才转变为固态。在三相点温度时，萘的蒸气压很低（萘的分压：空气分压＝7∶753），因此升华的收率很低。为了提高升华的收率，对于萘及其他类似情况的化合物，除可在减压下进行升华外，还可以采用一个简单有效的方法：将化合物加热至熔点以上，使具有较高的蒸气压，同时通入空气或惰性气体带出蒸气，促使蒸发速度增快，并可降低被纯化物质的分压，使蒸气不经过液化阶段而直接凝成固体。

三、实验步骤

1. 常压升华

最简单的常压升华装置如图 2.40（a）所示。在蒸发皿中放置粗产物 0.5 g 碘，上面覆盖一张刺有许多小孔的滤纸(注意刺眼一面朝上)。然后将口径比滤纸小的玻璃漏斗倒盖在上面，漏斗的颈部塞有玻璃毛或脱脂棉花团，以减少蒸气逃逸。在石棉网上渐渐加热蒸发皿（最好能用砂浴或其他热浴），小心调节火焰，控制浴温低于被升华物质的熔点，使其慢慢升华。蒸气通过滤纸小孔上升，冷却后凝结在滤纸上或漏斗壁上。必要时外壁可用湿布冷却。最后收集产品，计算收率。

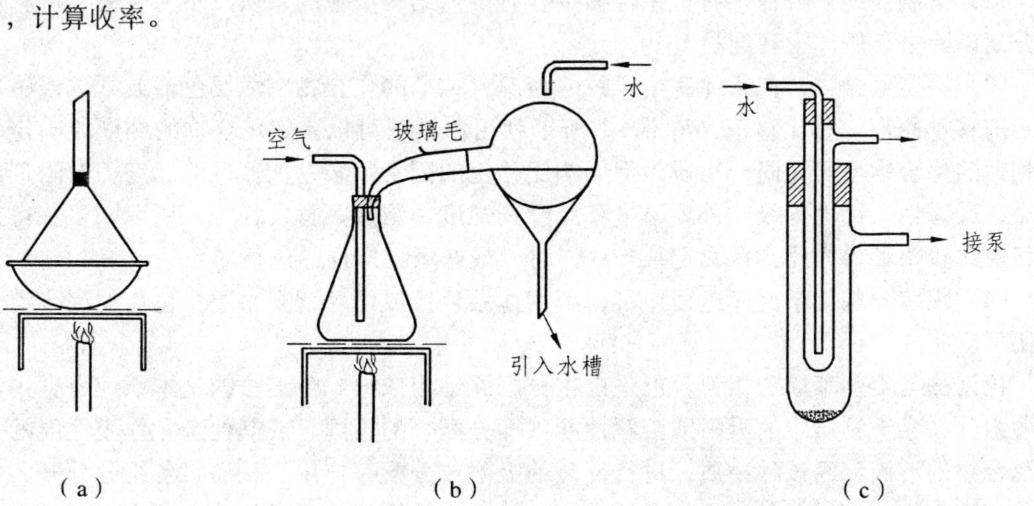

图 2.40　几种升华装置

在空气或惰性气体流中进行升华的装置见图 2.40（b），在锥形瓶上配有两孔塞，一孔插入玻璃管以导入空气或惰性气体；另一孔插入接液管，接液管的另一端伸入圆底烧瓶中，烧瓶口塞一些棉花或玻璃毛。当物质开始升华时，通入空气或惰性气体带出的升华物质，遇到冷水冷却的烧瓶壁就冻结在壁上。

2. 减压升华

减压升华装置如图 2.40（c）所示，将固体物质放在吸滤管中，然后将装有“冷凝管”的橡皮塞紧密塞住管口，利用水泵或油泵减压，接通冷凝水流，将吸滤管浸在水浴或油浴中加热，使之升华。

2.4 色谱分离技术

前几节我们介绍了蒸馏、重结晶、萃取和升华等有机化合物的提纯方法，但是如果遇到有机化合物的物化性质十分相近，用以上几种方法均不能取得良好的分离效果，此时用色谱法可以得到满意的效果。色谱法又称层析法，它是分离、纯化和鉴定有机化合物的重要方法之一，既可用于分离复杂的混合物，又可以用来定性鉴定，尤其适用于少量物质的分离和鉴定。这种技术不仅用于石油、化学化工等部门，而且在药物分析、中草药有效成分的分离分析、药物体内代谢研究、毒物分析及环境保护等方面也是必不可少的重要工具。

色谱法在有机化学中的应用主要包括以下几方面。

（1）分离混合物：一些结构类似、理化性质也相似的化合物组成的混合物，一般应用化学方法分离很困难，但应用色谱法分离，有时可得到满意的结果。

（2）精制提纯化合物：有机化合物中含有少量结构类似的杂质，不易除去，可利用色谱法分离以除去杂质，得到纯品。

（3）鉴定化合物：在条件完全一致的情况，纯净的化合物在薄层色谱或纸色谱中都呈现一定的移动距离，称比移值（R_f 值），所以利用色谱法可以鉴定化合物的纯度或确定两种性质相似的化合物是否为同一物质。但影响比移值的因素很多，如薄层的厚度、吸附剂颗粒的大小、酸碱性、活性等级、外界温度和展开剂纯度、组成、挥发性等。所以，要获得重现的比移值比较困难，为此，在测定某一试样时，最好用已知样品进行对照。

（4）跟踪一些化学反应进程：可以利用薄层色谱或纸色谱观察原料色点的逐步消失，以证明反应完成与否。

色谱法与溶剂萃取法相似，也是以相分配原理为依据。色谱法的基本原理是利用混合物中各组分在某一物质中的吸附或溶解性能（即分配）的不同，或其他亲和作用性能的差异，使混合物的溶液流经该种物质，进行反复的吸附或分配等作用，从而将各组分分开。如果化合物和固定相的作用较弱，它将在流动相的冲洗下较快地从层析体系中流出来；反之，化合物和固定相的作用较强，它将较慢地从层析体系中流出来。流动的混合物溶液称为流动相，固定的物质称为固定相（可以是固体或液体）。根据组分在固定相中的作用原理不同，可发为吸附色谱、分配色谱、离子交换色谱、排阻色谱等；根据操作条件的不同，又可分为柱色谱、纸色谱、薄层色谱、气相色谱及高效液相色谱等类型。本书重点介绍有机化学实验常用的柱色谱、纸色谱、薄层色谱。

实验 12 柱色谱

一、实验目的

（1）了解柱色谱的原理及应用。

（2）初步掌握柱色谱的操作方法。

二、实验原理

柱色谱（柱上层析）常用的有吸附柱色谱和分配柱色谱两类。前者常用氧化铝和硅胶做固定相；后者常以硅胶、硅藻土和纤维素做支持剂，以吸收较大量的液体做固定相，而支持剂本身不起分离作用。

实验室常用的是吸附柱色谱，吸附柱色谱的原理是利用混合物中各组分在互不相溶的两相（固定相和流动相）中吸附和解吸的能力不同，也可以说混合物中各组分在两相中的分配系数不同，使混合物中各组分随着流动相流过固定相时，进行反复的吸附或解吸作用，从而使混合物中各组分分离为两种或多种单一的纯组分。

为了帮助同学们进一步了解柱色谱原理，我们以荧光黄和碱性湖蓝 BB 的分离为例进行说明。将荧光黄和碱性湖蓝 BB 的混合液加入装好的色谱柱中，先用极性较弱的洗脱剂 95%乙醇溶液进行洗脱（为什么？）。样品中各组分在吸附剂（固定相）上的吸附能力不同，极性大的组分吸附能力强，极性小的组分吸附能力相对较弱，在本实验中荧光黄在氧化铝（固定相）上吸附更牢，而碱性湖蓝 BB 在氧化铝（固定相）上吸附较弱；同时，各组分在洗脱剂中的溶解度也不一样，即被解吸的能力不同，根据“相似相溶”原理，极性化合物易溶于极性洗脱剂中，非极性化合物易溶于非极性洗脱剂中，当先用极性较弱的洗脱剂 95%乙醇溶液进行洗脱时，极性较弱的化合物碱性湖蓝 BB 在氧化铝（固定相）上吸附较弱，且在洗脱剂中的溶解度又大，因此首先被解吸出来，被解吸出来的碱性湖蓝 BB 随流动相向下移动与新的吸附剂接触再次被固定相吸附，随着洗脱剂向下流动，被吸附的碱性湖蓝 BB 再次与新的洗脱剂接触，并再次被解吸出来随流动相向下流动。混合物中的另一极性组分荧光黄不仅在氧化铝（固定相）上吸附更牢，而且在弱极性洗脱剂 95%乙醇溶液中的溶解度又小，因此不易被解吸出来，随流动相的移动速度比弱极性组分碱性湖蓝 BB 要慢得多（或基本不移动）。经过反复的吸附和解吸作用，结果是吸附弱的组分碱性湖蓝 BB 色带随着流动相移动在前面，随洗脱过程的进行先从柱底端流出，等碱性湖蓝 BB 色带分离完后，再加极性洗脱剂水洗脱荧光黄，实现混合物的分离。

当混合物被分离开以后，可采用下列方法予以收集：① 将柱内固体挤出，把含有所需层带的固体部分切割下来，再用适当溶剂萃取之。② 让洗脱剂不断流经色谱柱，在柱下方用不同容器收集不同时间洗脱下来的组分，然后将溶剂蒸去。

有色物质流经色谱柱时，层带可直接观察到；对于无色物质，可通过加入显色剂或利用照射紫外光时有荧光出现加以区别。

1. 吸附剂

常用的吸附剂有氧化铝、硅胶、氧化镁、碳酸钙和活性炭等。吸附剂一般要经过纯化和活性处理，颗粒大小应当均匀。对吸附剂来说，粒子小、表面积大，吸附能力就强；但是颗粒小，溶剂的流速就慢，因此应根据实际分离需要而定。供柱色谱使用的氧化铝有酸性、中性和碱性 3 种。酸性氧化铝是用 1%盐酸浸泡后，用蒸馏水洗至氧化铝的悬浮液 pH 为 4，用于分离酸性物质；中性氧化铝的 pH 约为 7.5，用于分离中性物质；碱性氧化铝的 pH 约为 10，用于胺或其他碱性化合物的分离。

大多数吸附剂都能强烈地吸水，而且水分易被其他化合物置换，因此使吸附剂的活性降低，通常用加热方法使吸附剂活化。氧化铝随着表面含水量的不同而分成各种活性等级。活性等级的测定一般采用勃劳克曼（Brockmann）标准测定法，根据氧化铝对有机染料吸附能力大小分成五个等级（表 2.6），Ⅰ级活性最高，即吸附能力最强，Ⅴ级吸附能力最弱。

表 2.6　氧化铝的吸附等级

<table>
<tr><td colspan="2">等　级</td><td>Ⅰ</td><td colspan="2">Ⅱ</td><td colspan="2">Ⅲ</td><td colspan="2">Ⅳ</td><td colspan="2">Ⅴ</td></tr>
<tr><td colspan="2">溶液号数</td><td>a</td><td>a</td><td>b</td><td>b</td><td>c</td><td>c</td><td>d</td><td>d</td><td>e</td></tr>
<tr><td rowspan="2">色谱柱中染料位置</td><td>上层</td><td>乙</td><td></td><td>丙</td><td></td><td>丁</td><td></td><td>戊</td><td></td><td>己</td></tr>
<tr><td>下层</td><td>甲</td><td>乙</td><td>乙</td><td>丙</td><td>丙</td><td>丁</td><td>丁</td><td>戊</td><td>戊</td></tr>
<tr><td colspan="2">洗脱出的溶液</td><td></td><td>甲</td><td></td><td>乙</td><td></td><td>丙</td><td></td><td>丁</td><td></td></tr>
<tr><td colspan="2">氧化铝的含水量</td><td>0%</td><td colspan="2">3%</td><td colspan="2">6%</td><td colspan="2">10%</td><td colspan="2">15%</td></tr>
</table>

2. 溶质的结构与吸附能力的关系

色谱法分离混合物时各组分在固定相表面存在不同的吸附与脱附的平衡，一个分子的吸附性能与极性有关，也与吸附剂的活性及流动相的极性有关。

化合物的吸附性与它们的极性成正比，化合物的极性很大程度依赖于官能团的极性强弱，化合物分子中含有极性较大的基团时，吸附性也较强，氧化铝对各种化合物的吸附性按以下顺序递减：

酸、碱＞醇、胺、硫醇＞酯、醛、酮＞芳香族化合物＞卤代物、醚＞烯＞饱和烃

3. 洗脱剂

洗脱剂的选择是重要的一环，一般应符合下列条件：

（1）纯度要合格。即无论使用单一溶剂做洗脱剂还是使用混合溶剂做洗脱剂，其杂质的含量一定要低。

（2）洗脱剂与样品或吸附剂不发生化学变化。

（3）黏度小，易流动，否则洗脱太慢。

（4）对样品各组分的溶解度有较大差别，且洗脱剂的沸点不宜太高，一般在 40～80 °C 之间。

通常，根据被分离物质各组分的极性、溶解度和吸附剂活性三方面综合考虑。一般来说，极性化合物用极性洗脱剂洗脱，非极性化合物用非极性洗脱剂洗脱效果好。对于组分复杂的样品，首先使用极性最小的洗脱剂，使最易脱附的组分分离，然后加入不同比例的极性溶剂配成洗脱剂，将极性较大的化合物自色谱柱洗脱下来。常用洗脱剂的极性按如下顺序递增：

石油醚（低沸点＜高沸点）＜环己烷＜四氯化碳＜甲苯＜二氯甲烷＜三氯甲烷＜乙醚＜甲乙酮＜二氧六环＜乙酸乙酯＜乙酸甲酯＜正丁醇＜乙醇＜甲醇＜水＜吡啶＜乙酸

值得指出的是，要找到最佳的分离条件往往不容易，较为方便的方法是参考前人的工作中类似化合物的分离条件，或用薄层色谱摸索出分离条件供柱色谱参考。

4. 色谱柱

吸附柱色谱的分离效果不仅依赖于吸附剂和洗脱溶剂的选择，而且与制成的色谱柱有关：要求柱中的吸附剂用量为被分离样品量的 30～40 倍，若需要时可增至 100 倍；柱高和直径之比一般是 75∶1。装柱可采用湿法和干法两种，干法装柱与湿法装柱大同小异，吸附剂均经漏斗进入；干法装柱与湿法装柱刚好相反的是，干燥的吸附剂从上端缓缓进入，前者加入空柱底，后者进入流动相（即洗脱剂）。无论采用哪种方法装柱，都不要使吸附剂有裂缝或气泡，否则影响分离效果，一般来说，湿法装柱比干法紧密均匀。

本实验为用柱色谱分离荧光黄和碱性湖蓝 BB，荧光黄为橙红色，商品一般是二钠盐，稀的水溶液带有荧光黄色。碱性湖蓝 BB 又称为亚甲基蓝，是一种活体染色剂，深绿色有铜光的结晶，能溶于水（溶解度 9.5%）和酒精（溶解度 6%），其稀的水溶液为蓝色。两种物质的结构式如下：

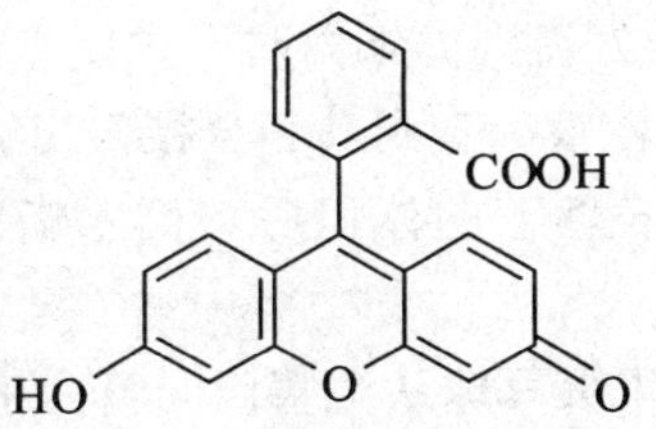

荧光黄

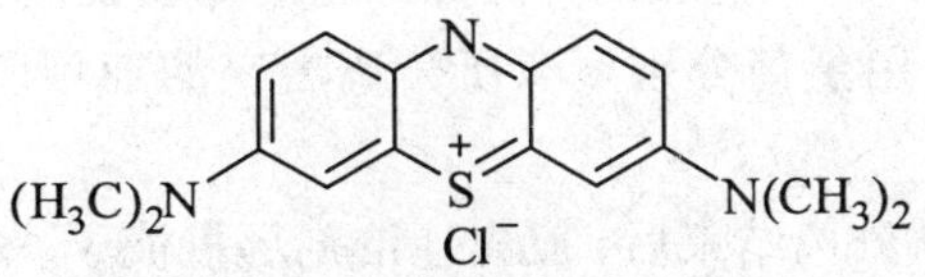

碱性湖蓝 BB

三、实验试剂

中性氧化铝（100～200 目），1 mL 溶有 1 mg 荧光黄和 1 mg 碱性湖蓝 BB 的 95%乙醇溶液。

四、实验步骤

实验装置见图 2.41。

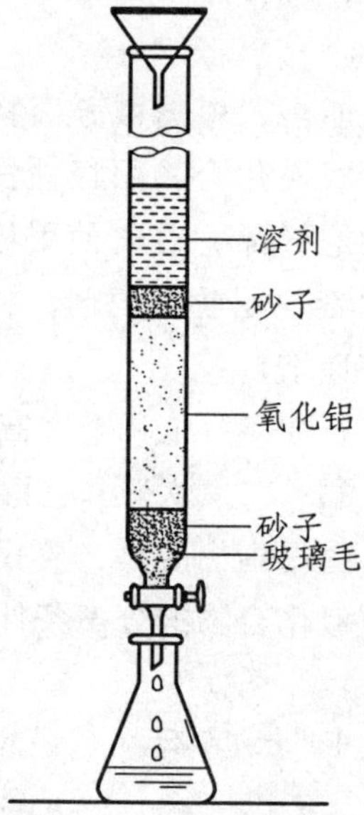

图 2.41　柱色谱装置

(1) 取一支 15×1.5 cm 色谱柱[1]，在柱子的收缩部塞一小团脱脂棉花，注意松紧适度。然后在棉花上铺一层粗硅胶或石英砂（或用一张比柱内径略小的滤纸代替）。

(2) 将色谱柱垂直固定在铁架台上，往柱内加适量 95%乙醇溶液（乙醇的用量多少合适？），打开活塞，赶走气泡，控制滴速为 1 滴/s，用锥形瓶承接。

(3) 通过一干燥的玻璃漏斗慢慢加入色谱用中性氧化铝，使其逐渐沉入底部（在装吸附剂的过程中，应用质软的物体如试管夹、吸耳球等轻轻敲击柱身，促使吸附剂装填紧密，排除气泡[2]。最终应使吸附剂的上端平整，无凹凸面）。

(4) 当吸附剂高度达到柱长的 3/4 并等乙醇澄清后，在吸附剂上面加一层 0.5 cm 厚的石英砂[3]（或盖一张直径大小合适的小滤纸）。

(5) 当溶剂的液面刚好流至滤纸面时关闭二通活塞，立即用移液管加入 1 mL 亚甲基蓝和荧光黄的乙醇混合液，尽量避免待分离混合液黏附在柱的内壁上。

(6) 打开二通活塞，等柱内的溶剂恰好流到石英砂面（或滤纸面）时，关闭二通活塞，向柱内加入 0.5 mL 95%乙醇溶液，打开二通活塞进行洗脱（洗下管壁的有色物质），如此连续 2～3 次，直至洗净为止。

(7) 用锥形瓶[4]收集蓝色的亚甲基蓝溶液：在色谱柱上装置滴液漏斗[5]，用 95%乙醇做洗脱剂进行洗脱，蓝色的碱性湖蓝 BB 因极性小，首先向柱下移动，极性较大的荧光黄则留在柱的上端。当蓝色的色带快洗出时，更换另一接收器，继续洗脱，至滴出液近无色为止，再换一接收器（注意洗脱时应始终保持石英砂上面有洗脱剂，切勿使洗脱剂流干[6]！）。

(8) 当蓝色溶液收集完后，等柱内的 95%乙醇溶液恰好流到滤纸面时，关闭二通活塞，加入蒸馏水[7]做洗脱剂。打开二通活塞收集黄色的荧光黄溶液，直到其完全被洗出。

(9) 用量筒分别量取所分离出来的亚甲基蓝和荧光黄溶液的体积后，倒入指定的回收瓶中。

(10) 分离结束后，应先让溶剂尽量流干，然后倒置，用吸耳球从活塞口向管内挤压空气，将吸附剂从柱顶挤压出。使用过的吸附剂倒入垃圾桶里，切勿倒入水槽，以免堵塞水槽。

五、思考题

(1) 柱色谱实验中的洗脱剂为什么要梯度洗脱，即先用弱极性的洗脱剂，然后再提高极性使用较强极性的洗脱剂?

(2) 柱中若留有空气或填装不匀，对分离效果有何影响? 如何避免?

(3) 试解释为什么荧光黄比碱性湖蓝 BB 在色谱柱上吸附得更加牢固。

【注释】

[1] 色谱柱的大小取决于被分离物的量和吸附性。一般的规格是：柱的直径为其长度的 $\frac{1}{10}\sim\frac{1}{4}$，实验室中常用的色谱柱，其直径为 0.5～10 cm。当吸附物的色带占吸附剂高度的 $\frac{1}{10}\sim\frac{1}{4}$ 时，此色谱柱即可做色谱分离。色谱柱或酸式滴定管的活塞不应涂润滑脂。

[2] 色谱柱填装紧密与否，对分离效果很有影响。若柱中留有气泡或各部分松紧不匀(更不能有断层或暗沟)，会影响渗滤速度和显色的均匀。但如果填装时过分敲击，又会因太紧密而使流速太慢。

[3] 加入砂子的目的是在加料时不致把吸附剂冲起，影响分离效果。若无砂子也可用玻璃毛或剪成比柱子内径略小的滤纸压在吸附剂上面。

[4] 若流速太慢，可将锥形瓶改成小吸滤瓶，安装合适的塞子，接上水泵，用水泵减压保持适当的流速。也可在柱子上端安一导气管，后者与气袋或双链球相连，中间加一螺旋夹，利用气袋或双链球的气压对柱子施加压力，用螺旋夹调节气流的大小，这样可加快洗脱速度。

[5] 如不装置滴液漏斗，也可用每次倒入 10 mL 洗脱剂的方法进行洗脱。

[6] 为了保持色谱的均一性，必须使整个吸附剂浸泡在溶剂或溶液中。否则当柱中溶剂或溶液流干时，柱身就会干裂，影响渗滤和显色的均一性。

[7] 为加快分离速度，也可用极性更大的 10 g/L HAc 溶液代替蒸馏水做洗脱剂洗脱荧光黄。

实验 13 纸 色 谱

一、实验目的

(1) 了解纸色谱的原理及应用。

(2) 初步掌握纸色谱的操作方法。

二、实验原理

纸色谱属于分配色谱的一种，是以滤纸作为载体，让样品溶液在纸上展开达到分离的目的。纸色谱的原理比较复杂，主要是分配过程，纸色谱的溶剂是由有机溶剂和水组成的，在滤纸的一定部位点上样品，当有机相沿滤纸流动经过原点时，即在滤纸上的水与流动相间连续发生多次分配，结果在流动相中具有较大溶解度的物质随溶剂移动的速度较快，而在水中溶解度较大的物质随溶剂移动的速度较慢，这样便能把混合物分开。

纸色谱（纸上层析）主要用于多功能团或高极性化合物如糖、氨基酸等的分析、分离。通常用特制的滤纸如新华 1 号滤纸作为固定相——水——的支持剂，流动相则是含有一定比例水的有机溶剂，通常称为展开剂。

纸色谱装置如图 2.42，其操作是先将色谱滤纸在展开溶剂的蒸气中放置过夜，在滤纸一端 2～3 cm 处用铅笔画好起始线，然后将要分离的样品溶液用毛细管点在起始线上，待样品溶剂挥发后，将滤纸的另一端悬挂在展开槽的玻璃勾上，使滤纸下端与展开剂接触，展开剂由于毛细管作用沿纸条上升，当展开剂前沿接近滤纸上端时，将滤纸取出，记下溶剂的前沿位置，晾干。若被分离物中各组分是有色的，滤纸条上就有各种颜色的斑点显出，如图 2.43。

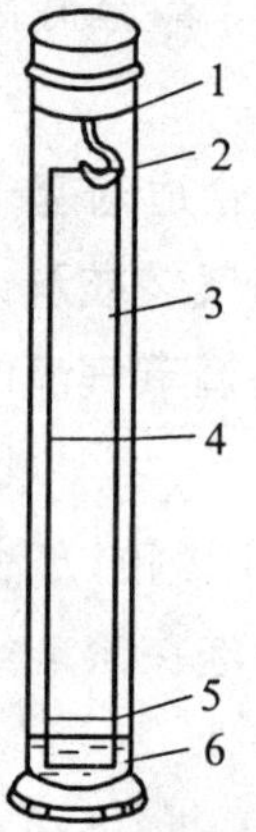

图 2.42　纸色谱装置

1—橡皮塞；2—玻璃勾；3—纸条；4—溶剂前沿；
5—起始线；6—溶剂

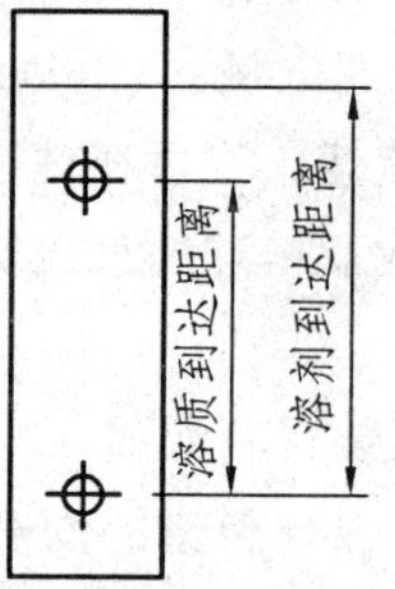

图 2.43　纸色谱展开图

按下式计算化合物的比移值（R_f）：

$$R_f = \frac{\text{溶质的最高浓度中心至原点中心距离}}{\text{溶剂前沿至原点中心距离}}$$

R_f 值随被分离化合物的结构、固定相与流动相的性质、温度以及纸的质量等因素而变化。当温度、滤纸等实验条件固定时，比移值就是一个特有的常数，因而可作为定性分析的依据。由于影响 R_f 值的因素很多，实验数据往往与文献记载不完全相同，因此在鉴定时常常采用标准样品进行对照。此法一般适用于微量有机物质（5～500 mg）的定性分析，分离出来的色点也能用比色方法定量。

纸色谱展开的方法除上述介绍的上升法外，还有下降法，如圆形纸色谱法和双向纸色谱法等。

分离无色的混合物时，通常将展开后的滤纸风干后，置于紫外灯下观察是否有荧光，或者根据化合物的性质，喷上显色剂，观察斑点位置，它与 TLC 显色方法相似。

本实验氨基酸的纸上层析是利用氨基酸在特定展开剂中分配系数的不同，采用标准样品和试样在同一张层析纸上进行层析。在相同条件下，经展开剂展开，比较它们的 R_f 值，以达到分离和鉴定氨基酸的目的。比较复杂的氨基酸混合物，必须采用双向层析才能将其分开。

三、试 剂

甘氨酸、胱氨酸、谷氨酸和酪氨酸四种氨基酸的 0.5%水溶液，四种氨基酸各取等体积组成混合液，展开剂 5：4：1 的水-正丁醇-冰醋酸（体积比），2%的茚三酮乙醇溶液，新华 1 号滤纸。

四、实验步骤

用滴管吸取 2 mL 展开剂，小心地放入 2×15 cm 干燥的大试管底部（注意勿使展开剂沾到试管壁上）。用软木塞塞好试管，置于 250 mL 锥形瓶中，使之略微倾斜。

用干净的剪刀剪好四条 2×15 cm 的滤纸，并用铅笔在其上标上“起始线 *a*”“终点线 *b*”，然后用三角尺和直尺从中间作一折叠，如图 2.44。整个过程中手指不要触到 *a* 线和 *b* 线内的任何滤纸部分，以免手上的油脂玷污滤纸。

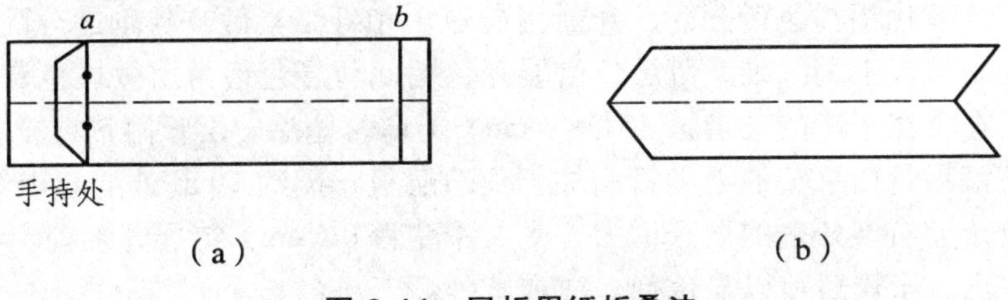

图 2.44 层析用纸折叠法

用毛细管吸取氨基酸混合样品，小心地在滤纸“起始线”右侧点样。再用另一根毛细管取单一已知氨基酸样品在滤纸“起始线”左侧点样。样点直径不超过 2 mm。待样点干后，剪去滤纸条上端手持部分，小心地置于事先盛有展开剂的大试管中，纸条的边沿不得靠在试管边上，塞住试管，置于锥形瓶中进行展开。

溶剂到达“终点线”时，用镊子取出纸条，置于 100 °C 的烘箱中或放在红外灯下烘干，然后用喷雾方式将茚三酮乙醇溶液均匀地喷在滤纸上，干燥后出现紫红色的斑点，测量起始线至斑点间距离，求出 R_f 值。

在四张滤纸上进行以上操作，并将四张滤纸同时放入四个试管中，对照标准样品和混合样品的 R_f 值，鉴定混合样品中的氨基酸。

五、思考题

纸上层析属于吸附色谱还是分配色谱?

实验 14 薄层色谱

一、实验目的

(1) 学习查资料设计实验方案。

(2) 学习和掌握薄层色谱法分离有机化合物的基本原理和实验技术。

二、实验原理

薄层色谱(Thin Layer Chromatography)常用 TLC 表示，是近年来发展起来的一种微量、快速而简单的色谱法，属固-液吸附色谱，它兼备了柱色谱和纸色谱的优点，一方面适用于少量样品(几毫克到几微克，甚至 0.01 μg)的分离；另一方面在制作薄层板时，把吸附层加厚加大，因此，又可用来精制样品。此法特别适用于挥发性较小或较高温度易发生变化而不能用气相色谱分析的物质。此外，薄层色谱法还可用来跟踪有机反应及进行柱色谱之前的一种“预试”。

薄层色谱常用的有吸附色谱和分配色谱两类。一般能用硅胶或氧化铝薄层色谱分开的物质，也能用硅胶或氧化铝柱色谱分开；凡能用硅藻土和纤维素做支持剂的分配柱色谱分开的物质，也可分别用硅藻土和纤维素薄层色谱展开，因此薄层色谱常用做柱色谱的先导。

薄层色谱是在洗涤干净的玻璃板(10×3 cm)上均匀地涂一层吸附剂或支持剂，待干燥、活化后将样品溶液用管口平整的毛细管滴加于离薄层板一端约 1 cm 处的起点线上，晾干或吹干后将薄层板置于盛有展开剂的展开槽内，浸入深度为 0.5 cm。待展开剂前沿离顶端约 1 cm 时，将色谱板取出，干燥后喷以显色剂，或在紫外灯下显色。

记录原点至主斑点中心及展开剂前沿的距离，计算比移值(R_f):

$$R_f = \frac{溶质的最高浓度中心至原点中心的距离}{溶剂前沿至原点中心的距离}$$

例如，用薄层色谱分离两组分混合物，展开如图 2.45 所示，两种化合物的 R_f 值计算分别如下:

$$R_f = \frac{物质移动距离}{溶剂移动距}$$

$$R_f(化合物1) = \frac{3.0\ \text{cm}}{12\ \text{cm}} = 0.25$$

$$R_f(\text{化合物}2)=\frac{8.4\ \text{cm}}{12\ \text{cm}}=0.70$$

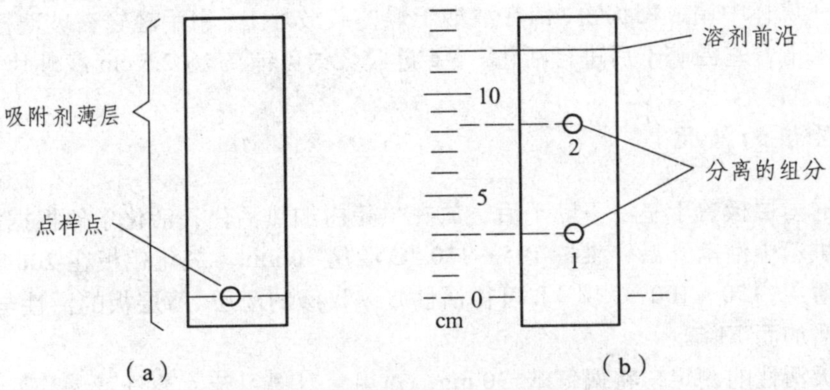

图 2.45 薄层色谱分离两组分混合物

1. 薄层色谱用的吸附剂和支持剂

薄层吸附色谱的吸附剂最常用的是氧化铝和硅胶，分配色谱的支持剂为硅藻土和纤维素。

硅胶是无定形多孔性物质，略具酸性，适用于酸性物质的分离和分析。薄层色谱用的硅胶分为“硅胶 H”——不含黏合剂、“硅胶 G”——含煅石膏黏合剂、“硅胶 HF_{254}”——含荧光物质（可于波长 254 nm 紫外光下观察荧光）、“硅胶 GF_{254}”——既含煅石膏又含荧光剂等类型。

与硅胶相似，氧化铝也因含黏合剂或荧光剂而分为氧化铝 G、氧化铝 GF_{254} 及氧化铝 HF_{254}。

黏合剂除上述煅石膏（$2CaSO_4 \cdot H_2O$）外，还可用淀粉、羧甲基纤维素钠。通常将薄层板按加黏合剂和不加黏合剂分为两种，加黏合剂的薄层板称为硬板，不加黏合剂的称为软板。

薄层吸附色谱和柱吸附色谱一样，化合物的吸附能力与它们的极性成正比，具有较大极性的化合物吸附能力较强，因而 R_f 值较小。因此利用化合物极性的不同，用硅胶或氧化铝薄层色谱可将一些结构相近或顺反异构体分开。

2. 薄层板的制备

薄层板制备的好坏直接影响色谱的结果。薄层应尽量均匀而且厚度（0.25～1 mm）要固定。否则，在展开时溶剂前沿不齐，色谱结果也不易重复。

薄层板分为干板和湿板。湿板的制法有以下两种：

(1) 平铺法。用商品或自制的薄层涂布器（图 2.46）进行制板，它适合于科研工作中数量较大、要求较高的需要。如无涂布器，可将调好的吸附剂平铺在玻璃板上，也可得到厚度均匀的薄层板。

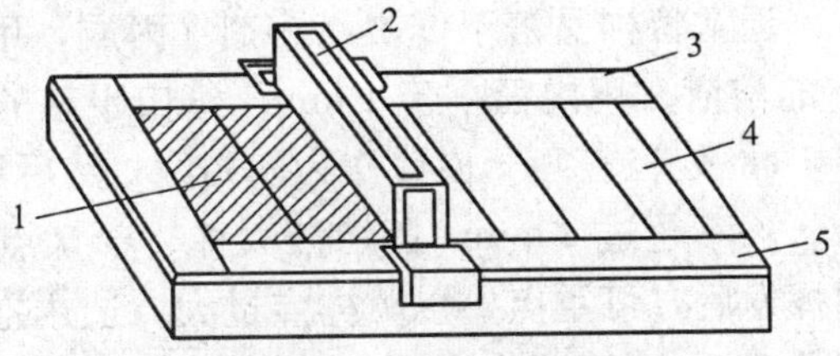

图 2.46 薄层涂布器

1—吸附剂薄层；2—涂布器；3、5—夹玻板；4—玻璃板 10×3 cm

(2) 浸渍法。把两块干净玻璃片背靠背贴紧，浸入调制好的吸附剂中，取出后分开、晾干。

适合于教学实验的是一种简易平铺法。取 3 g 硅胶 G 与 6～7 mL 0.5%～1%的羧甲基纤维素的水溶液在烧杯中调成糊状物，铺在清洁干燥的载玻片上，用手轻轻在玻璃板上来回摇振、使表面均匀平滑，室温晾干后进行活化。3 g 硅胶大约可铺 7.5×2.5 cm 载玻片 5～6 块。

3. 薄层板的活化

把涂好的薄层板置于室温下晾干后，放在烘箱内加热活化，活化条件根据需要而定。硅胶板一般在烘箱中渐渐升温，维持 105～110 °C 活化 30 min。氧化铝板在 200 °C 烘 4 h 可得活性Ⅱ级的薄层，150～160 °C 烘 4 h 可得活性Ⅲ～Ⅳ级的薄层。薄层板的活性与含水量有关，随含水量的增加而下降。

氧化铝板活性的测定：将偶氮苯 30 mg，对甲氧基偶氮苯、苏丹黄、苏丹红和对氨基偶氮苯各 20 mg，溶于 50 mL 无水四氯化碳中，取 0.02 mL 此溶液滴加于氧化铝薄层板上，用无水四氯化碳展开，测定各染料的位置，算出比移值，根据表 2.7 中所列的各染料的比移值确定其活性。

表 2.7 氧化铝活性与各偶氮染料比移值的关系

活性级别 / 偶氮染料	勃劳克曼活性级的 R_f 值			
	Ⅱ	Ⅲ	Ⅳ	Ⅴ
偶氮苯	0.59	0.74	0.85	0.95
对甲氧基偶氮苯	0.16	0.49	0.69	0.86
苏丹黄	0.01	0.25	0.57	0.78
苏丹红	0.00	0.10	0.33	0.56
对氨基偶氮苯	0.00	0.03	0.08	0.19

硅胶板活性的测定：取对二氨基偶氮苯、靛酚蓝和苏丹红三种染料各 10 mg，溶于 1 mL 氯仿中，将此混合液点于薄层上，用正己烷-乙酸乙酯（体积比 9 : 1）展开。若能将三种染料分开，并且按比移值对二甲氨基偶氮苯＞靛酚蓝＞苏丹红，则与Ⅱ级氧化铝的活性相当。

4. 点　样

通常将样品溶于低沸点溶剂（丙酮、甲醇、乙醇、氯仿、苯、乙醚和四氯化碳）中配成 1%的溶液，用内径小于 1 mm、管口平整的毛细管点样。点样前，先用铅笔在薄层板上距一端 1 cm 处轻轻画一横线作为起始线，然后用毛细管吸取样品，在起始线上小心点样，斑点直径一般不超过 2 mm。因溶液太稀，一次点样往往不够，如需重复点样，应待前次点样的溶剂挥发后方可重点，以防样点过大，造成拖尾、扩散等现象，影响分离效果。若在同一板上点几个样，样点间距应为 1～1.5 cm。点样结束待样点干燥后，方可进行展开。点样要轻，不可刺破薄层。

在薄层色谱中，样品的用量对物质的分离效果有很大影响，所需样品的量与显色剂的灵敏度、吸附剂的种类、薄层厚度均有关系。样品太少，斑点不清楚，难以观察；但是样品量太多往往出现斑点太大或拖尾现象，以致不容易分开。

5. 展　开

薄层色谱展开剂的选择和柱色谱一样，主要根据样品的极性、溶解度和吸附剂的活性等因素来选择。溶剂的极性越大，对一化合物的洗脱能力也越大，也就是说 R_f值也越大（如果样品在溶剂中有一定溶解度）。薄层色谱用的展开剂绝大多数是有机溶剂，各种溶剂极性参见柱色谱部分。

薄层色谱的展开，需要在密闭容器中进行。为使溶剂蒸气迅速达到平衡，可在展开槽内衬一滤纸。常用的展开槽有：长方形盒式和广口瓶式［图 2.47（A）和（b)。展开方式有下列几种：

（1）上升法。用于含黏合剂的色谱板，将色谱板垂直于盛有展开剂的容器中。

（2）倾斜上行法。色谱板倾斜 15°［图 2.47（a)］，适用于无黏合剂的软板。含有黏合剂的色谱板可倾斜 45～60°。

（3）下降法（图 2.48）。展开剂放在圆底烧瓶中，用滤纸或纱布等将展开剂吸到薄层板的上端，使展开剂沿板下行，这种连续展开的方法适用于 R_f值小的化合物。

（4）双向色谱法。使用方形玻璃板铺制薄层，样品点在角上，先向一个方向展开。然后转动 90°，再换另一种展开剂展开。这样，成分复杂的混合物可以得到较好的分离效果。

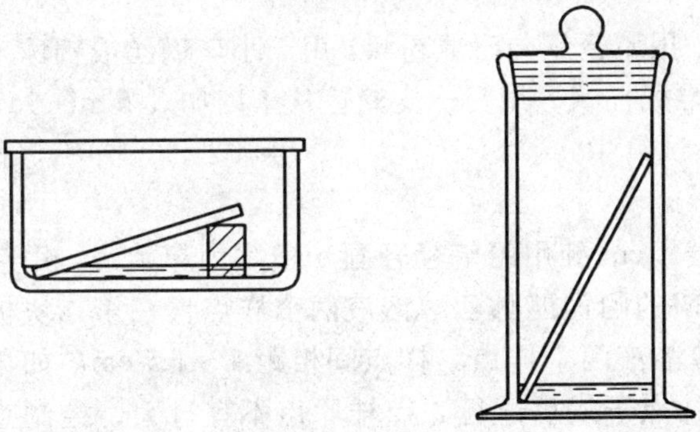

（a）长方形盒式展开槽　　（b）广口瓶式展开槽

图 2.47　倾斜上行法展开

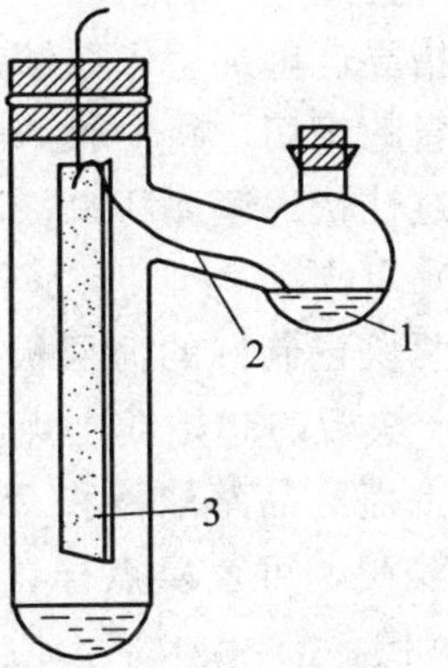

图 2.48　下降法展开

1—溶剂；2—滤纸条；3—薄层板

6. 显　色

凡可用于纸色谱的显色剂都可用于薄层色谱。薄层色谱还可使用腐蚀性的显色剂如浓硫酸、浓盐酸和浓磷酸等。对于含有荧光剂（硫化锌镉、硅酸锌、荧光黄）的薄层板在紫外光下观察，展开后的有机化合物在亮的荧光背景上呈暗色斑点。另外也可用卤素斑点试验法来使薄层色谱斑点显色，这种方法是将几粒碘置于密闭容器中，待容器充满碘的蒸气后，将展开后的色谱板放入，碘与展开后的有机化合物可逆地结合，在几秒钟到数秒钟内化合物斑点的位置呈棕黄色。但是当色谱板上仍含有溶剂时，由于碘蒸气亦能与溶剂结合，致使色谱板显淡棕色，而展开后的有机化合物则呈现较暗的斑点。色谱板自容器内取出后，呈现的斑点一般在 2～3 s 消失，因此必须立即用铅笔标出化合物的位置。

三、试　剂

APC 镇痛药片，2%阿司匹林的 95%乙醇溶液，2%咖啡因的 95%乙醇溶液，95%乙醇，12∶1（体积比）的 1, 2-二氯乙烷-冰乙酸。

四、实验步骤

（1）薄层板的制备。

① 取 7.5×2.5 cm 左右的载玻片 5 片，洗净晾干。

② 在 50 mL 烧杯中放置 3 g 硅胶 G，逐渐加入 0.5%羧甲基纤维素钠（CMC）水溶液 8 mL，调成均匀的糊状；用滴管吸取此糊状物，涂于上述洁净的载玻片上；用手将带浆的玻璃片在玻璃板或水平的桌面上做上下轻微的颠动，并不时转动方向，制成薄厚均匀、表面光洁平整的薄层板[1]。涂好硅胶 G 的薄层板置于水平的玻璃板上，在室温下放置 0.5 h 后，放入烘箱中，缓慢升温至 110 °C，恒温 0.5 h，取出，稍冷后置于干燥器中备用。

（2）样品液的制备。

从指导老师那里领取镇痛药 APC 一片，用不锈钢勺研成粉状。用一小玻璃丝或棉球塞住一支滴管的细口，将粉状 APC 转入其中使堆成柱状，用另一支滴管从上口加入 5 mL 95%乙醇，通过柱状的镇痛药粉，萃取液收集于小试管中。

（3）点样。

取两块已制好的薄层板，分别在距一端 1 cm 处用铅笔轻轻画一横线为起始线。用毛细管[2]在一块板的起始线上点药品萃取液和 2%的阿司匹林乙醇溶液两个样点；在第二块板的起始线上点药品萃取液和 2% 的咖啡因乙醇溶液两个样点。样点间相距 1～1.5 cm。如果样点颜色较浅，可重复点样，但必须待前次样点干燥后进行。点样原点不宜过大，控制直径在 2 mm 内。

（4）展开。

用 12∶1 的 1, 2-二氯乙烷-乙酸做展开剂。

待样点干燥后，小心地放入已加入展开剂的 250 mL 广口瓶中进行展开，瓶的内壁贴一张高 5 cm，环绕周长约 4/5 的滤纸，下端浸入展开剂内 0.5 cm，盖好瓶塞，观察展开剂前沿上升至离板的上端约 1 cm 处取出，尽快用铅笔在展开剂上升的前沿画一记号。

（5）鉴定。

将烘干的薄层板放入 254 nm 紫外分析仪中照射显色，可清晰地看到展开得到的粉红色亮点，说明 APC 药片中三种主要成分都是荧光物质。用铅笔绕亮点作出记号，求出每个点的 R_f 值，并将未知物与标准样品比较。下面给出了镇痛药常见组分在给定条件下的参考 R_f 值，若测定值和参考值误差在±20%以下，即可认为是同一化合物。若误差超过 20%，则需重新点样并适当增加展开剂中醋酸的比例。

在完成薄层板的分析之后，将层析板置于放有几粒碘结晶的广口瓶内，盖上瓶盖，直至暗棕色的斑点明显时取出，与先前在紫外分析仪中用铅笔作出的记号进行比较。

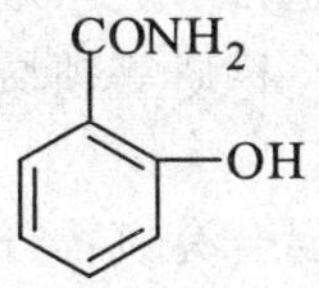

水杨酰胺（$R_f=0.46$）

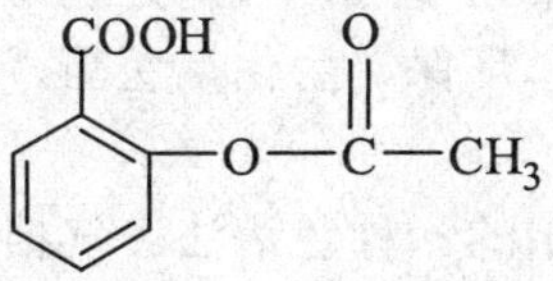

阿司匹林（$R_f=0.36$）

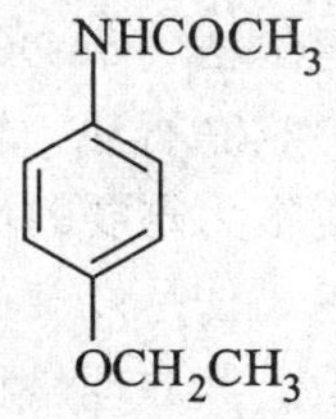

菲那西汀（$R_f=0.25$）

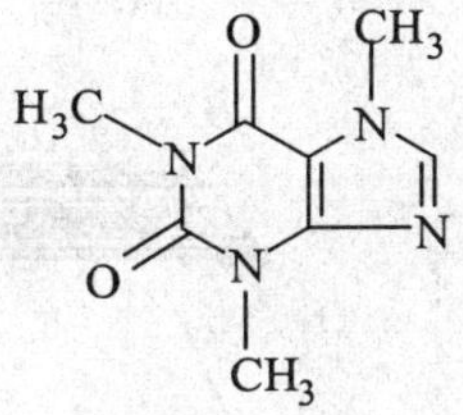

咖啡因（$R_f=0.17$）

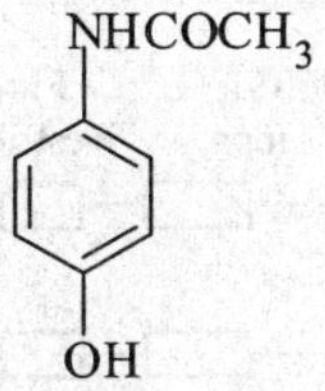

扑热息痛（$R_f=0.06$）

四、思考题

(1) 在一定的操作条件下，为什么可利用 R_f 值来鉴定化合物?

(2) 在混合物薄层色谱中，如何判定各组分在薄层上的位置?

(3) 展开剂的高度若超过了点样线，对薄层色谱有何影响?

【注释】

[1] 制板时要求薄层平滑均匀，为此，宜将吸附剂调得稍稀些，尤其是制硅胶板时。否则，吸附剂调得很稠，就很难做到均匀。另一个制板的方法是：在一块较大的玻璃板上，放置两块 3 mm 厚的长条玻璃板，中间夹一块 2 mm 厚的薄层用载玻片，倒上调好的吸附剂，用宽于载玻片的刀片或油灰刮刀顺一个方向刮去。倒料多少要合适，以便一次刮成。

[2] 点样用的毛细管必须专用，不得弄混。点样时，使毛细管液面刚好接触到薄层即可，切勿点样过重而使薄层破坏。

实验 15 气相色谱

一、实验目的

(1) 学习计算色谱峰分辨率。

(2) 掌握根据保留值，用已知物对照定性的分析方法。

二、实验原理

气相色谱法（Gas Chromatography 简称 GC）是色谱法的一种，是目前应用最广的分析方法之一，它在石油、轻工、食物、环保、生化、医药、公安、教育、科研等领域的分析测试中发挥着极为重要的作用。

气相色谱法是以气体作为流动相的一种色谱法。气相色谱是进行混合有机物分离、分析的有力手段。其原理是利用色谱柱中填充的固体相对样品各组分进行吸附-解吸能力的不同，从而使各组分得以分离。固体相为单纯的固体物质的称为气-固色谱法；固体相为惰性载体涂渍高沸点固定液的称为气-液色谱法。气相色谱仪框图如图 2.49 所示。

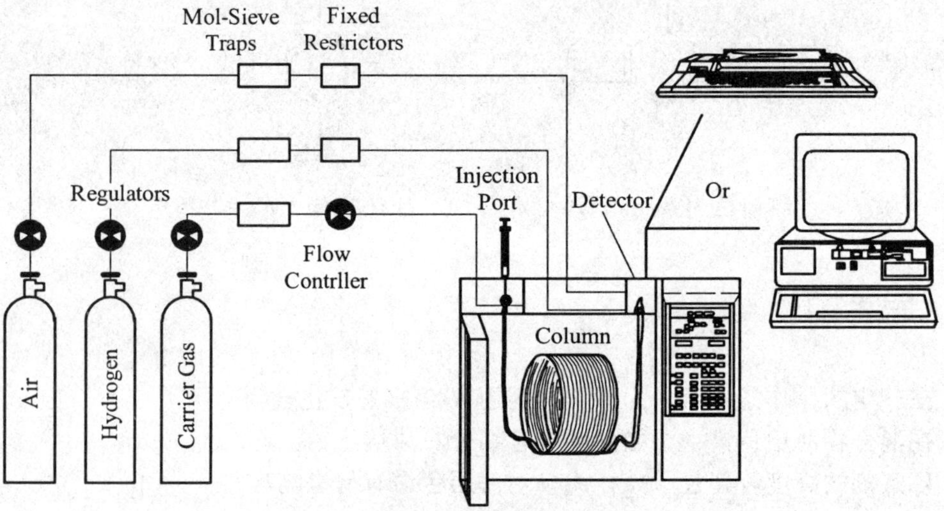

图 2.49 气相色谱仪框图

仪器均由以下五个系统组成：气路、进样、分离、温度控制、检测和记录系统。

在这种吸附色谱中常用流出曲线来描述样品中各组分的浓度。也就是说，将分离后的各组分谱带的浓度变化输入换能装置中，转变成电信号的变化；然后将电信号的变化输入记录器记录下来，得到如图 2.50 所示的曲线。这种典型的对称曲线称为正态分布曲线，也称高斯

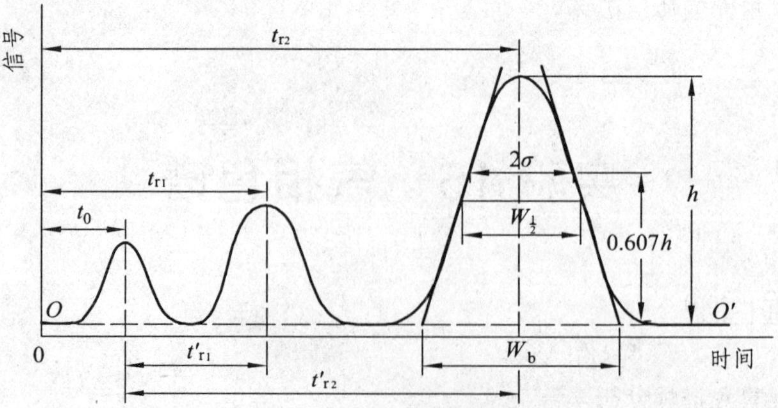

图 2.50 典型色谱流出曲线

曲线，在色谱术语中称为色谱流出曲线，亦称色谱峰。它表示组分进入检测器后，检测器所给出的信号随时间变化的规律。它是柱内组分分离结果的反应，是研究色谱分离过程机理的依据，也是定性和定量的依据。

然而，在实际分析中，这样的对称色谱峰很难得到，多数情况下是拖尾峰或伸舌峰。要想得到高斯形的对称色谱峰，必须满足：① 柱后流出组分必须进入微分型检测器（微分型检测器的信号随载气中物质含量的瞬时值而变化）；② 吸附或分配等温线呈线性，③ 样品量要足够少。因此，样品进样量直接影响色谱峰的形状，同时也影响保留时间的重现性，进样量过大时，峰形拖尾，保留时间位移，各组分之间的分离变差。所以应尽量减少样品的进样量，只有在样品浓度极低的情况下才有可能出现高斯曲线。

三、实验步骤

（1）打开 N_2 钢瓶（减压阀），以 N_2 为载气，开始通气，检漏；调整柱前压约为 0.12 MPa。

（2）柱温设定，初始温度恒温。

（3）气化室及检测器温度设定，一般比柱温高 50～100 °C。

（4）打开氢-空发生器，调节氢气和空气流量，一般选用载气和氢气流量之比为 1∶1 左右，空气与氢气之比为 10∶1。点火，查看是否点燃，稳定。

（5）打开色谱工作站，设定相关参数。

（6）待仪器稳定后，进样分析：

FID　1～5 μL

毛细管 GC 加分流器　＜1 μL

（7）峰记录与处理，微机化后自动获得积分面积、高、保留时间等数据。

（8）实验结束后首先调节柱温到室温，调节氢气、空气流量为零，随后关闭氢-空发生器，待柱温降到室温后关闭色谱仪，最后将氮气钢瓶关闭。

四、注意事项

（1）先通载气，确保载气通过色谱柱后，方可打开色谱仪，调节柱温。

（2）用微量注射器进样前后一定要用溶剂洗针，进样时要用样品洗针。

（3）实验完毕后，应先将柱温降到室温后，再关载气。

五、数据处理

（1）详细记录色谱分析的实验条件，包括所用仪器的型号，色谱柱的填料、尺寸、材质，载气种类、流速，检测器类型、参数和进样量等。

（2）考查并讨论进样量对组分保留时间和半峰宽的影响。

(3) 利用峰面积归一法计算混合物中各组分的百分含量。

(4) 利用面积归一法（不经校正）进行定量计算，与 (3) 的计算结果进行比较讨论。

六、思考题

(1) 在气相色谱仪中有单气路和双气路之分，二者各有什么特点?

(2) 在分析有机物时常采用氢火焰离子化检测器，这是为什么?

(3) 在色谱分析中，经常会出现色谱峰不对称的现象，除了进样量的影响之外，还有什么其他影响因素?

实验 16　高效液相色谱

一、实验目的

(1) 了解并初步掌握高效液相色谱仪的基本原理与构造。

(2) 了解高效液相色谱仪常用的几种检测器的工作原理和使用范围，学习高效液相色谱法分离化合物和检测化合物含量的方法。

(3) 学习样品制备的方法；了解影响分析测定的重要因素，学会优化分析条件；学习谱图和数据的处理方法。

二、实验原理

高效液相色谱法又称为高压液相色谱法（High Performance Liquid Chromatography, HPLC)，是在经典液相色谱法的基础上，随着现代科学技术的发展而发展起来的一种高压、高效、高速、高灵敏度的现代化分离方法。高效液相色谱法现在已经广泛应用于天然产物、化工、医药、生化、环保、农业、食品等科学领域，特别是天然产物的分析和分离。

根据分离机制的不同，高效液相色谱可分为以下几种类型：液固色谱、液液色谱、离子交换色谱、离子对色谱、亲和色谱、电色谱等。由于它是在气相色谱法的基础上发展起来的，不仅具有气相色谱的一般优点，还有其自身所特有的优点，因此适用范围广。世界上约有 80%的有机化合物可以用 HPLC 来分析测定。

(1) GC：适于能气化、热稳定性好且沸点较低的样品；但对高沸点、挥发性差、热稳定性差、离子型及高聚物的样品，尤其对大多数生化样品不可检测。可检测物质占有机物的 20%。

(2) HPLC：适于溶解后能制成溶液的样品（包括有机介质溶液)，不受样品挥发性和热稳定性的限制，对相对分子质量大、难气化、热稳定性差的生化样品及高分子和离子型样品均可检测。用途广泛，可检测物质占有机物的80%左右。

如图 2.51 所示，高效液相色谱系统由流动相储液器、高压泵（输液泵）、进样器、色谱柱、检测器和记录器组成，其整体组成类似于气相色谱，但是针对其流动相为液体的特点作出很多调整。HPLC 的输液泵要求输液量恒定平稳；进样系统要求进样便利，切换严密；由于液体流动相黏度远远高于气体，为了降低柱压，高效液相色谱的色谱柱一般比较粗，长度也远小于气相色谱柱

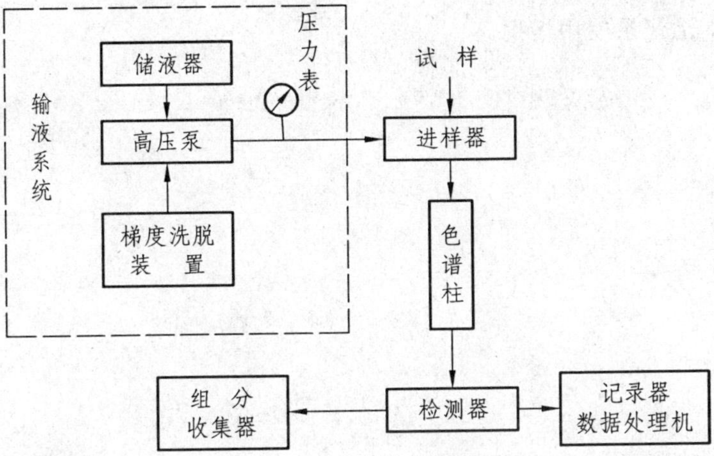

图 2.51 高效液相色谱仪结构

高效液相色谱分离是利用试样中各组分在色谱柱中的淋洗液和固定相间的分配系数不同，当试样随着流动相进入色谱柱中后，组分就在其中的两相间进行反复多次（10^3～10^6）的分配（吸附-脱附-放出）。由于固定相对各组分的吸附能力不同（即保存作用不同），各组分在色谱柱中的运行速度就不同，经过一定的柱长后，便彼此分离，顺序离开色谱柱进入检测器，产生的离子流信号经放大后，在记录器上描绘出各组分的色谱峰。

(1) 样品制备。

样品制备过程中，要同时考虑将被分析的样品中可能干扰欲测组分定量的物质尽可能地分离出去。当欲测组分含量很低时，还要考虑通过样品制备使欲测组分在试验样品中的含量得以提高，便于进行色谱分析。

(2) 定性、定量方法。

保留时间定性；峰高、峰面积定量（归一法、外标法、内标法、标准加入法）。

(3) 方法可行性的验证。

联用技术进一步定性；准确度（添加回收率实验）、精密度实验。

(4) 数据处理。

实验中所有测量数据都要随时记在专用的记录本上，不可记在其他任何地方，记录的数据不得随意涂改。平行实验数据之间的相对标准偏差（RSD）一般不应大于5%，实验结果的误差应不超过±2%。

三、实验步骤

（1）开机，启动装置，进入 Win2000；开启 LC，点击 Instrumentl online 图标，进入仪器控制面板，设置所需各项参数。

（2）设置分析用流动相清洗流路，等待色谱柱、系统平衡，基线稳定，开始进样分析。

（3）分析结束，数据处理，打印报告。

（4）关闭柱温箱和检测器，冲洗色谱柱，关闭脱气机、泵，关闭整个装置。

（5）关闭总电源。

（6）在记录本上记录使用情况。

3　有机化合物的性质实验

有机化合物主要来源于自然界和人工合成。不论是从动、植物体内分离出来的天然产物，还是通过有机反应合成的新化合物或生成的副产物都需要利用化学和物理方法对其进行定性鉴定，以推断它们的分子结构，从而了解它们的性能和用途。

近年来，波谱技术广泛用于分离和分析，使有机化学的实验方法发生了重大变化。但传统的化学分析法，特别是在试管中进行的化学分析，由于其具有简单易行、操作方便、准确度高和经济实用等特点，仍然被普遍应用于实验室中，也是每位从事化学、化工专业的学生必须掌握的一项操作技术。因此安排少量的学时学习一些反应快、现象明显、结果可靠、能够反映各类有机化合物主要性质的鉴定实验是培养学生综合素质不可缺少的内容之一。通过性质实验，验证各类常见有机物的主要性质和鉴定方法，以丰富学生的感性知识，巩固和加深有机化学理论的基本知识。

实验 17　糖类化合物的性质

一、实验目的

(1) 了解各类糖的化学性质与其结构之间的关系。

(2) 掌握鉴别各类糖的方法。

二、实验原理

糖类化合物是多羟基醛或多羟基酮以及水解产物为多羟基醛或多羟基酮的一类有机化合物，根据其水解情况的不同，糖类化合物可分为单糖、双糖和多糖三类。

1. 单糖的性质

单糖的性质包括一般性质和特殊性质。一般性质主要表现为羰基的典型反应及羟基的典型反应。特殊性质有水溶液中的变旋现象；与苯肼成砂；稀碱介质中的差向异构化；半缩醛、酮羟基与含羟基的化合物成苷；氧化反应（醛糖能被溴水温和氧化成糖酸，醛、酮都能被Tollen试剂、Fehling试剂氧化，被稀硝酸氧化为糖二酸，被高碘酸氧化断裂成甲醛或甲酸）；强酸介质中与酚类化合物缩合而呈现颜色反应（如Molicsh反应、Seliwanoff反应）等。

2. 双糖的性质

双糖根据分子中是否还保留有原来一个单糖分子的半缩醛羟基而分成还原性双糖（如麦芽糖、乳糖、纤维二糖）与非还原性双糖（如蔗糖）。还原性双糖由于分子中还保留有原来单糖分子中的一个半缩醛羟基，水溶液中能开环成开链的醛式而表现出还原性（能被Tollen试剂或Fehling试剂氧化）、变旋现象及成砂反应。非还原性糖由于分子中没有半缩醛羟基而没有上述性质。双糖分子可在酸或酶催化下水解成单糖而表现出单糖的性质。

3. 多糖的性质

多糖由成千上万个单糖单位缩合而成，难溶于水，无甜味，无还原性，能被酸或碱催化而逐步水解成单糖。

淀粉是一种常见的多糖，在酸或酶催化下水解，可逐步生成分子较小的多糖，最后水解成葡萄糖：淀粉—各种糊精—麦芽糖—葡萄糖。碘与淀粉显蓝紫色，与不同相对分子质量的糊精显红色或黄色，糖相对分子质量太小时，与碘不显色。常用碘实验对淀粉进行定性分析及检验淀粉的水解程度。

三、试样与试剂

2%葡萄糖，2%木糖，2%麦芽糖，2%乳糖，2%蔗糖，1%淀粉，Benedict 试剂，Molisch 试剂，Seliwanoff 试剂，酸溶液，10%氢氧化钠溶液，浓盐酸，浓硫酸，苯肼试剂，1%碘-碘化钾，红色石蕊试纸，1∶5 硫酸。

四、实验步骤

1. 糖的还原性

取6支试管，编号，各加入1 mL Benedict试剂，再分别滴加5滴2%葡萄糖、果糖、木糖、蔗糖、麦芽糖溶液和1%淀粉溶液，摇匀后将各试管同时置于沸水浴中加热3～5 min，观察颜色变化及沉淀的生成。

2. 糖的颜色反应

（1）莫利希（Molisch）试验。

取5支试管，编号后分别加入2 %葡萄糖、果糖、木糖、蔗糖和1%淀粉溶液各1 mL，再滴入 2 滴 Molisch 试剂，振摇均匀后，将各试管倾斜 45°，沿管壁徐徐加入 1 mL 硫酸（勿摇动试管），静置片刻，观察上下两液层界面处的颜色变化。稍振荡试管，观察硫酸层现象。

（2）谢里万诺夫（Seliwanoff）试验。

取 4 支试管，编号后各加入 10 滴 Seliwanoff 试剂，再各取 2 滴 2%葡萄糖、果糖、麦芽糖和蔗糖溶液，分别加入上述试管，摇匀后将四支试管同时放入沸水浴中加热，观察各试管中的颜色变化，并比较显色顺序。

3. 成脎反应与鉴定

取 6 支试管，编号后分别加入 2%葡萄糖、果糖、木糖、麦芽糖、乳糖和蔗糖溶液各 20 滴，再各加入 10 滴 10%苯肼盐酸盐溶液和 10 滴 15%醋酸钠溶液[1]或 20 滴苯肼试剂)，混合均匀，用棉花塞住管口[2]，再将各试管同时浸入沸水浴中加热（注意随时振荡），记录各种糖脎形成的时间。30 min 后，若结晶析出不明显，可取出试管自然冷却，并用玻璃棒摩擦管壁以帮助结晶。最后用玻璃棒取糖脎结晶少许于载玻片上，在低倍（80～100 倍）显微镜下观察其结晶形状，并与图 3.1 中糖脎晶形进行比较。

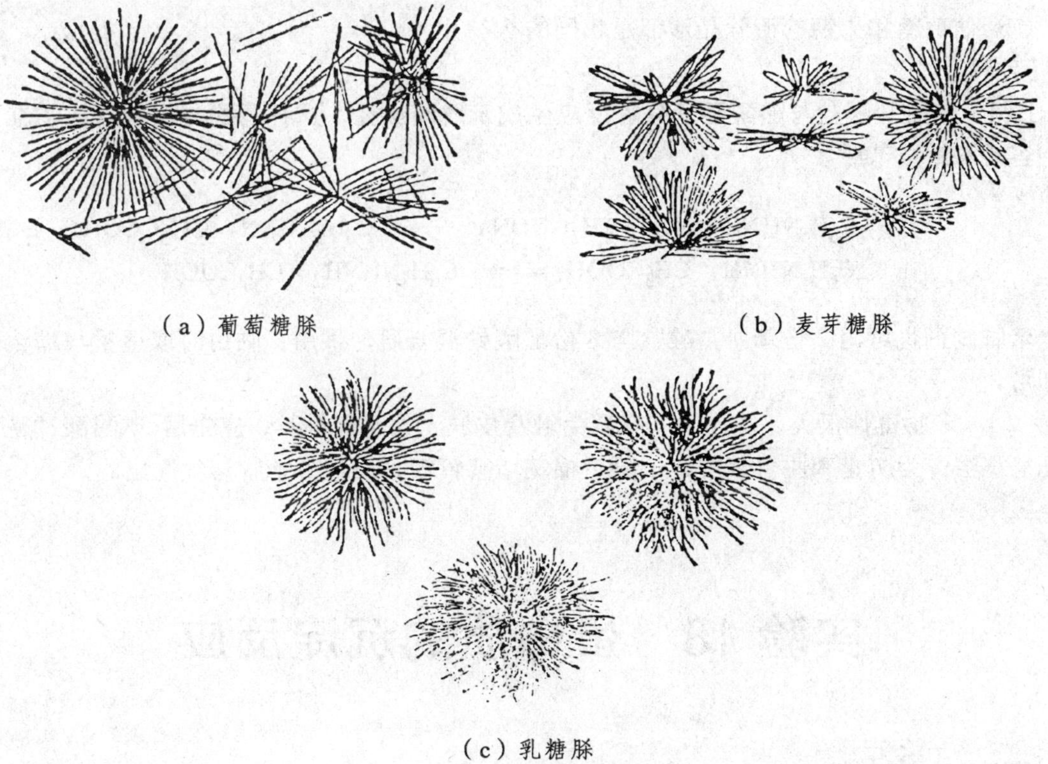

（a）葡萄糖脎　　（b）麦芽糖脎

（c）乳糖脎

图 3.1 糖脎的晶形

4. 糖的水解

（1）蔗糖的水解与鉴定。

取两支试管，各加入 2%蔗糖溶液 1 mL，在甲试管中加 2 滴浓盐酸，在乙试管中加 2 滴蒸馏水，摇匀，两支试管同时放入沸水浴中加热 10～15 min，取出冷却，甲管用 10%氢氧化钠溶液中和至使红色石蕊试纸呈碱性。向两支试管中各加入 1 mL Benedict 试剂，摇匀后，同时置于沸水浴中加热 2～3 min，观察并分析所发生的现象。

（2）淀粉的水解。

取 2 只试管，1 支试管加入 1%淀粉溶液 5 滴和 2 mL 蒸馏水，然后加 1 滴 1%碘溶液；将试管放入沸水浴中加热 5～10 min，取出试管冷却。观察并分析每步操作中所发生的现象。

另 1 只试管加入 3 mL 1%淀粉溶液，再加 0.5 mL 1∶5 硫酸，于沸水浴中加热 5 min，冷却后用 10%氢氧化钠溶液中和至中性。取 5 滴与 1 mL Benedict 试剂作用，在沸水浴中加热 3～5 min，观察现象。

五、思考题

（1）为什么所有的糖都与 Molisch 试剂作用而显色？

（2）所有的糖都能还原 Benedict 试剂么？为什么？

（3）葡萄糖和果糖的糖脎晶形都是相同的么？

【注释】

[1] 苯肼盐酸盐与醋酸经复分解反应生成苯肼醋酸盐，这种弱酸与弱碱形成的盐，在水中容易水解成苯肼。

$$C_6H_5NHNH_2 \cdot HCl + CH_3COONa \longrightarrow C_6H_5NHNH_2 \cdot CH_3COOH + NaCl$$
$$C_6H_5NHNH_2 \cdot CH_3COOH \rightleftharpoons C_6H_5NHNH_2 + CH_3COOH$$

苯肼试剂也可用 2 份苯肼盐酸盐与 3 份醋酸钠混合研匀供用，临用时取适量与糖溶液混合即可。

[2] 苯肼毒性很大，操作时，应避免触及皮肤，如不慎触及，应先用 5%醋酸冲洗，再用肥皂洗涤，为防止苯肼蒸气中毒，要用棉花堵塞管口，以减少苯肼蒸气逸出。

实验 18　蛋白质的沉淀反应

一、实验目的

（1）加深对蛋白质胶体稳定因素的认识。

（2）了解沉淀蛋白质的几种方法及其实用意义。

（3）了解蛋白质变性与沉淀的关系。

二、实验原理

蛋白质是两性电解质，在溶液中存在下列平衡：

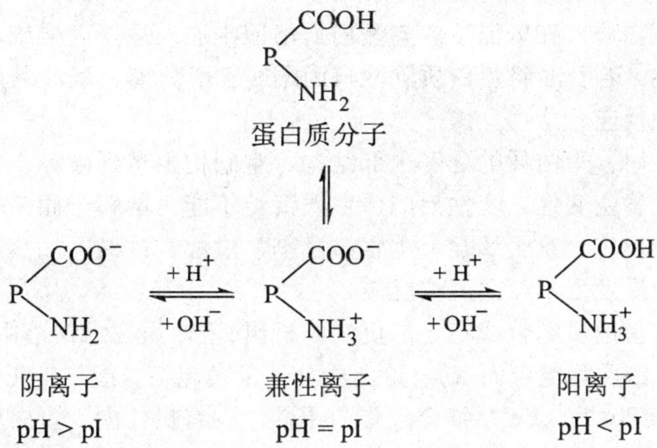

蛋白质分子的解离状态和解离程度受溶液的酸碱度影响。当溶液的 pH 达到一定数值时，蛋白质颗粒上正负电荷的数目相等，在电场中，蛋白质既不向阴极移动，也不向阳极移动，此时溶液的 pH 称为此种蛋白质的等电点。不同蛋白质各有特异的等电点。在等电点时蛋白质比较稳定，其物理性质如导电性、溶解度、黏度、渗透压等皆最小。因此可利用蛋白质在等电点时溶解度最小的特性来制备或沉淀蛋白质。

蛋白质的水溶液是一种比较稳定的亲水胶体，这是因为蛋白质颗粒表面带有很多极性基团，如—NH_3^+，—SH，—$CONH_2$等和水有高度亲和性，当蛋白质与水相遇时，水很容易被蛋白质吸住，在蛋白质颗粒外面形成一层水膜（又称水化层）。水膜的存在使蛋白质颗粒相互隔开，颗粒之间不会碰撞而聚成大颗粒。因此蛋白质在溶液中比较稳定而不会沉淀。蛋白质能形成较稳定的亲水胶体的另一个原因是蛋白质颗粒在非等电点时带有相同电荷，使蛋白质颗粒之间相互排斥，保持一定距离，不致相互凝聚沉淀。

蛋白质所形成的亲水胶体颗粒具有两种稳定因素，即颗粒表面的水化层和电荷。若无外加条件，不互相凝聚。然而当某些物理化学因素破坏了这两个稳定因素，蛋白质颗粒可因失去电荷和脱水而沉淀。单独使用脱水剂（如乙醇、丙酮、硫酸钠等）破坏其水化膜或调整 pH 使其达到蛋白质的等电点，消除其电荷，都不能使蛋白质立即沉淀。只有两者合用，才能有效地沉淀蛋白质。例如，将蛋白质溶液 pH 调节到等电点，蛋白质分子呈等电状态，虽然分子间同性电荷相互排斥作用消失了，但是还有水化膜起保护作用，一般不会发生凝聚作用，如果这时再加入某种脱水剂，除去蛋白质分子的水化膜，则蛋白质分子就会互相凝聚而析出沉淀；反之，若先使蛋白质脱水，然后再调节 pH 到等电点，也同样可使蛋白质沉淀析出。

蛋白质的沉淀反应可分为两类：

（1）可逆的沉淀反应。

此时蛋白质分子的结构尚未发生显著变化，除去引起沉淀的因素后，蛋白质的沉淀仍能溶解于原来溶剂中，并保持其天然性质而不变性。例如，大多数蛋白质的盐析作用，在低温下用乙醇（或丙酮）短时间作用于蛋白质。提纯蛋白质时，常利用此类反应。

盐析作用：用大量中性盐使蛋白质从溶液中析出的过程。在高浓度的中性盐影响下，蛋白质水分子的水化膜被剥夺；同时蛋白质分子所带的电荷被中和，因而破坏了蛋白质溶胶的稳定因素，使蛋白质沉淀析出。但中性盐并不破坏蛋白质的分子结构和性质，因此，若除去中性盐或降低盐的浓度，蛋白质就重新溶解。

有机溶剂沉淀蛋白质：在低温下，向蛋白质溶液中加入适量丙酮或乙醇，蛋白质分子的水化膜被破坏而沉淀。若及时将蛋白质沉淀与丙酮或乙醇分离，沉淀可重新溶解于水中。

（2）不可逆沉淀反应。

在发生沉淀反应时，蛋白质的分子内部结构、空间构象遭到破坏，失去其天然蛋白质的性质，这时蛋白质已发生变性。变性后的蛋白质沉淀不能再溶解于原来的溶液中，这种沉淀反应称为不可逆沉淀反应。重金属盐、生物碱试剂、过酸、过碱、加热、振荡、超声波、有机溶剂等都能使蛋白质发生不可逆沉淀反应。

重金属盐类易与蛋白质结合成稳定的沉淀而析出。蛋白质在水溶液中是酸碱两性电解质，在碱性溶液中（对蛋白质等电点而言），蛋白质分子带负电荷，能与带正电荷的金属离子，如Zn^{2+}、Cu^{2+}、Hg^{2+}、Pb^{2+} 、Fe^{3+} 结合成蛋白质盐。在有机体内，蛋白质常以其可溶性的钠盐或钾盐存在，当加入汞、铅、铜、银等重金属盐时，则蛋白质形成不溶性的盐类而沉淀。经过这种处理后的蛋白质沉淀不再溶解在水中，说明它已发生了变性。重金属盐类沉淀蛋白质的反应通常很完全。因此，生化分析中常用重金属盐除去体液中的蛋白质；临床上则用蛋白质解除重金属盐食物中毒。但应注意，过量的醋酸铅或硫酸铜可使沉淀的蛋白质再溶解。

蛋白质在有机酸的作用下带正电荷，与酸根的负电荷结合成为溶解度很小的盐类而沉淀。三氯乙酸和磺基水杨酸最有效，可将血清等生物体液中的蛋白质完全除去，因此得到广泛应用。

生物碱试剂与蛋白质结合形成不溶物，使蛋白质沉淀。植物体内具有显著生理作用的含氮碱性化合物称为生物碱（或植物碱）。能沉淀生物碱或与其产生颜色反应的物质称为生物碱试剂，如鞣酸、苦味酸、磷钨酸等。生物碱试剂与蛋白质的碱性基团反应。

蛋白质的变性：在某些物理或化学因素作用下，蛋白质的空间构象被破坏（但不包括肽链的断裂等一级结构的变化），导致蛋白质若干理化性质（如溶解度、黏度、吸收光谱、电泳行为等）和生物学性质（如催化活性、免疫学特性等）改变，这种现象称为蛋白质的变性。

促使蛋白质变性的物理因素有加热、高压、紫外线、X 射线和超声波等；化学因素有强酸、强碱、重金属盐、沉淀生物碱的试剂、尿素等。

蛋白质变性后，一般易于沉淀，但有时由于维持溶液稳定的条件仍然存在（如电荷），并不析出。因此变性蛋白质并不一定都表现为沉淀，而沉淀的蛋白质也未必都已变性。例如，蛋白质被强酸、强碱变性后由于蛋白质颗粒带着大量电荷，故仍溶于强酸或强碱之中。但若将强碱和强酸溶液的 pH 调节到等电点，则变性蛋白质凝聚成絮状沉淀物，若将此絮状物加热，则分子间相互盘缠而变成较为坚固的凝块。

三、试　剂

1. 蛋白质溶液

取 5 mL 鸡蛋蛋白蛋清，加蒸馏水 100 mL，搅拌均匀后用 4～8 层纱布过滤，新鲜配制。

2. 蛋白质氯化钠溶液

取 20 mL 蛋清，加蒸馏水 200 mL 和饱和氯化钠溶液 100 mL，充分搅匀后，以纱布滤去不溶物（加入氯化钠的目的是溶解球蛋白）。

3. 0.4%酪蛋白醋酸钠溶液

取 0.4 g 酪蛋白，加少量水在乳钵中仔细地研磨，将所得的蛋白质悬胶液移入 200 mL 锥形瓶内，用少量 40～50 °C 的温水洗涤乳钵，将洗涤液也移入锥形瓶内。加入 10 mL 1 mol/L 醋酸钠溶液。把锥形瓶放到 50 °C 水浴中，并小心地旋转锥形瓶，直到酪蛋白完全溶解为止。将锥形瓶内的溶液全部移到 100 mL 容量瓶内，加水至刻线，塞紧玻璃塞，混匀。

4. 1.00 mol/L 醋酸溶液，0.10 mol/L 醋酸溶液，0.01 mol/L 醋酸溶液

5. 硫酸铵粉末，饱和硫酸铵溶液，3%硝酸银，5%三氯醋酸，20%磺基水杨酸（Sulfosalicyclic Acid），2%醋酸

四、实验步骤

1. 蛋白质的盐析[1]

加蛋白质氯化钠溶液 5 mL 于试管中，再加等量的饱和硫酸铵溶液，混匀后静置 10 min，析出球蛋白的沉淀（如无沉淀可再加少许饱和硫酸铵溶液）。

倒出少量浑浊沉淀，加少量水，观察是否溶解，为什么？将试管内物质过滤，向滤液中添加硫酸铵粉末到不再溶解为止。此时析出沉淀为清蛋白。取出部分清蛋白，加少量蒸馏水，观察沉淀的再溶解。

2. 重金属离子沉淀蛋白质

取 1 支试管，加入蛋白质溶液 2 mL，再加 3%硝酸银溶液 1～2 滴，振荡试管，有沉淀产生。放置片刻，倾去上层清液，向沉淀中加入少量的水，沉淀是否溶解？为什么？

3. 某些有机酸沉淀蛋白质

取 1 支试管，加入蛋白质溶液 2 mL，再加入 1 mL 5%三氯乙酸溶液，振荡试管，观察沉淀的生成。放置片刻倾出清液，向沉淀中加入少量水，观察沉淀是否溶解。

4. 有机溶剂沉淀蛋白质

取 1 支试管，加入 2 mL 蛋白质溶液，再加入 2 mL 95%乙醇，观察沉淀的生成（如果沉

淀不明显，加入少量 NaCl，混匀）。

5. 酪蛋白等电点的测定

（1）取同样规格的试管 4 支，按表 3.1 顺序分别精确地加入各试剂，然后混匀。

表 3.1　测定酪蛋白的等电点

试管号	蒸馏水体积/mL	0.01 mol/L 醋酸体积/mL	0.1 mol/L 醋酸体积/mL	1.0 mol/L 醋酸体积/mL
1	8.4	0.6	—	—
2	8.7	—	0.3	—
3	8.0	—	1.0	—
4	7.4	—	—	1.6

（2）向以上试管中各加酪蛋白的醋酸钠溶液 1 mL，加一管，摇匀一管。此时 1、2、3、4 管的 pH 依次为 5.9、5.5、4.7、3.5，观察其浑浊度，静置 10 min 后，再观察其浑浊度。最浑浊的一管的 pH 即为酪蛋白的等电点。

6. 定性检验尿蛋白[2]

（1）加热醋酸法。

尿中的蛋白质加热变性后溶解度降低，因此可以被沉淀出来，加入醋酸使尿液呈弱酸性后，蛋白质仍不易溶解，但因加热引起的磷酸盐浑浊则在加入醋酸后消失，故二者可以区别。

取尿液 3 mL 置于试管中，加热至沸腾（应在火焰上移动试管，严防尿液喷出）。观察有无沉淀产生。若产生沉淀，则加入 2%醋酸数滴使显酸性，然后观察沉淀情况。按表 3.2 记录结果。

表 3.2　定性检验尿蛋白结果

观察所得结果	记录符号	尿中蛋白质的浓度
有浑浊或浑浊在加入醋酸后消失	—	阴性
极轻微浑浊，对着黑背景才看到浑浊明显，但尚无颗粒状或絮状物产生	±	0.01%以上
颗粒状白色浑浊，但尚无絮状物产生	+	0.01%～0.05%
浑浊浓厚	+ +	0.05%～0.2%
不透明而呈絮状浑浊甚浓	+ + +	0.2%～0.3%
几乎完全凝固	+ + + +	0.5%以上

（2）磺基水杨酸法。

利用有机酸沉淀蛋白质，是临床常用的方法。此法比加热醋酸法更灵敏，尿中蛋白质浓度为 0.001 5%即可检出。

① 取约 3 mL 尿加入试管中。

② 加入 20%磺基水杨酸 8～10 滴，如出现沉淀，表示尿中有蛋白质存在。参考表 3.2，按沉淀多少记录结果。

五、思考题

(1) 为什么鸡蛋清可用做铅中毒或汞中毒的解毒剂?

(2) 在等电点时，蛋白质溶液为什么容易发生沉淀?

(3) 在蛋白质的沉淀实验中（步骤 1～4），哪些沉淀反应是可逆的，哪些沉淀反应是不可逆的?

(4) 本实验定性检验尿蛋白的方法利用了蛋白质的哪些性质?

【注释】

[1] 无机盐（硫酸铵、硫酸钠、氯化钠等）的浓溶液能析出蛋白质。盐的浓度不同，析出的蛋白质也不同。例如，球蛋白可在半饱和硫酸铵溶液中析出，而清蛋白则在饱和硫酸铵溶液中才能析出。由盐析获得的蛋白质沉淀，当降低盐类浓度时，又能再溶解，故蛋白质的盐析作用是可逆过程。

[2] 正常人尿中只含微量蛋白质，不能用临床常规方法测定出来。用临床常规方法能检查出蛋白质的尿称为蛋白尿。患肾脏病的人（如患肾小球肾炎、肾盂肾炎）往往有蛋白尿，因而尿中蛋白质的检测在临床上具有重要的诊断意义

4 有机化合物的制备与反应

有机化合物的制备是指利用化学方法进行官能团的转换或将较简单的有机物合成较复杂的有机物的过程；也可以是将较复杂的有机物分解成较简单的有机物的过程。

要制备一种有机化合物，首先要设计正确的制备路线、合适的反应装置、主要的反应条件。通过一步或多步反应制得的有机物往往是与过剩的反应物料以及副产物等多种物质共存的混合物，还需通过第 2 章学过的一些基本操作进行分离和提纯，才能得到纯度较高的产品。对于合成得到的产品，可通过测定其主要的物理常数进行初步的定性鉴定。同时还要考虑合成实验过程中产生的“三废”的处理问题，以避免或减少对实验室及环境的污染。

1. 合成路线的设计

一种有机化合物的制备可能有多种路线，但并非所有的路线都适用于实验室制备或工业生产。比较理想的制备路线应具备下列条件：① 原料资源丰富，便宜易得，生产成本低；② 副反应少，产物易纯化，总收率高；③ 反应步骤少，时间短，能耗低，条件温和，设备简单，操作安全方便；④ 不产生公害，不污染环境，副产品可综合利用。

在有机化合物的制备过程中，经常需要应用一些酸、碱及各种溶剂作为反应介质。一方面，如果能减少这些试剂的用量或用后能够回收，便可节约费用，降低成本；另一方面，制备过程中若能采取必要措施避免或减少副反应的发生及产品纯化过程中的损失，就可有效地提高产品的收率。

合成路线的选择与设计应该以得到目标化合物的目的为原则，即如果得到的目标化合物是以工业生产为目的，则选择的合成路线应该以最高的经济效益为依据。如果得到的目标化合物是以发表论文为目的，则设计的路线应尽量具有创造性，具有新的思想，所用的试剂尽量是新颖的，反应条件最好是创新的，这时考虑的主要问题不是合成成本的问题而是合成中的创新性问题。

总之，一条合理的制备路线，根据不同的原料有不同的方法。哪种方法比较优越，需要综合考虑各方面因素，最后确定一个切实可行的路线和方法。

2. 反应装置的设计

有机化合物的制备大多是在反应装置中实现的。所以选择合适的反应装置是确保实验顺利进行和成功的重要前提。制备实验的装置是根据制备反应的需要进行设计的。反应条件不同，反应原料和反应产物的性质不同，需要的反应装置也不相同。有机化学实验最常使用的是回流装置。有时为防止生成的产物因长时间受热而发生氧化或分解，还可采用分馏装置，以便将产物从反应体系中及时蒸出。实验者应具备根据不同实验的需求，设计不同反应装置的能力，还应掌握各类反应装置的安装与操作技能以及正确处理装置故障的能力。

3. 反应条件的设计

有机化学反应能否进行，进行到什么程度，都与反应条件密切相关。实验者只有预先设计出最佳的反应条件，实验过程中又能严格地控制反应条件，才能确保制备实验成功。

（1）物料的物质的量之比：根据制备实验的化学反应式，可以深入理解制备反应的原理，还可以从中了解该反应的投料量是等物质的量之比，还是某一反应物过量。

（2）反应温度：许多有机反应是吸热反应。通过外界提供加热升温条件，可以加速反应的进行，温度每升高 10 °C，反应速率增加 1～3 倍。所以反应温度的设定与调控是十分重要的。实验中，应定时记录反应温度的变化情况，作为该实验的原始资料保存，并写入实验报告。

注意：这里的反应温度是指插入反应瓶内温度计所记录的反应混合物的温度，并不是反应瓶所浸入的加热浴的温度，两者温度相差很大，有时可达 20～30 °C。

（3）反应时间：除了少数化学反应或爆炸性反应以外，一般有机合成反应的时间都比较长，通常要以小时计，有的甚至以天计。有时，反应时间与加热时间粗略反映有机反应进行的完全程度，所以，不要轻易缩短反应时间。但反应时间过长可能使产物分解、破坏，副产物增多或发生其他复杂变化，从而使收率降低，产品质量下降。

（4）反应介质：有机化学反应一般选用有机溶剂作为反应介质，也有的用水作为反应介质。有的选用极性强的溶剂，有的则用极性弱的溶剂，有的是以某一过量的反应物作为溶剂。一般在反应结束的后处理过程中，都要通过蒸馏、分馏或过滤等分离手段除去（或回收）反应介质。

（5）催化剂：对于有机合成实验而言，催化剂在促进反应的进程中所起的作用是十分重要的，但其用量都很少，一般在反应开始前加入，反应结束又要将其除去。要了解该反应的催化剂是什么，用量是多少，何时加入，以及在后处理的哪一步操作中，根据什么原理与方法将其分离出来。实验中要防止出现漏加或加入量不够准确等错误。

4. 分离与提纯的方法设计

（1）分离：反应结束后生成的主要产物混杂在未反应的原料、溶剂、催化剂与副产物之中，只有经过分离、提纯操作，才能将主产物分离出来。在工业生产上，后处理的设备有时比合成反应器还要多而杂。就操作而言，分离、提纯程度要比反应部分复杂。不同的合成反应，有不同的分离提纯方法（如蒸馏、分馏、结晶、升华、酸碱中和、萃取、色谱等方法），有的是采用几种方法的结合。在萃取分离操作时，特别要分清分离操作中保留及弃去的部分，避免出现失误。

（2）提纯：在经过初步分离操作后所得的产品中，一般仍含有少量杂质（未反应的原料、中间体、副产物、溶剂、催化剂等），通常称之为粗产品。粗产品的物理、化学性质是不稳定的，例如，测其熔点或沸点，会显示较宽的熔程与沸程，与标准值相差较大；若放置一段时间，有的会变（深）色，有的还会分解，所以一般都不适宜久存。所以粗产品需要通过精制，进一步提纯，才能成为合格的产品（或纯品）。固体样品可通过重结晶操作（易挥发的固体样品可用升华操作）提纯；液体样品可通过蒸馏操作提纯。如果在实验室中，只是为了发表论文，得到纯化合物的目的就是为了作各种光谱分析，得到纯化合物的方法一般为走柱子、TLC、制备色谱等，不用考虑太多的问题，而且得到的化合物还比较纯；如果是为了工业生产的目的，问题就复杂了，尽量用简便、成本低的方法，实验室中的就不行了。

5. 反应产物的结构确认

如果是一种在文献上没有记载的、全新的有机化合物的合成，其结构测定工作是比较复杂的。首先要进行产物的反复分离提纯工作，制得纯度很高的产品，在确认没有其他杂质存在的前提下，对产品进行 C、H、O、N、X、S、P 等元素定性和定量分析，测定相对分子质量和其红外光谱、核磁共振谱、质谱，以确定其化学结构式。

根据有机合成实验书中的方法所制备的有机化合物结构是已知的，它们的结构确认，只需要通过测定它们的主要物理常数即可。固体化合物测定熔点与红外光谱，液体化合物测定沸点、折射率与红外光谱，若与相应化合物的标准或红外光谱标准图谱一致，即可确认其结构。

6. 有机化学实验的安全性指导

强调有机合成实验中的安全性，就是强调以人为本，把师生的安全健康放在第一位，强调时时、处处注意安全保护，消除各种不安全因素。同时也希望实验者在这些安全提示的启示下，加强自我保护意识，采取更主动、更有效、多方位的保护措施，更希望使用本书的实验指导老师因地制宜地现场指导，采取更为实际具体、针对性更强的有效措施，确保实验师生的健康与安全。

实验 19　环己烯的制备

一、实验目的

（1）学习以浓硫酸催化环己醇脱水制环己烯的原理和方法。
（2）初步掌握分馏和水浴蒸馏的基本操作。
（3）复习巩固使用分液漏斗洗涤液体的基本操作及用干燥剂干燥液体的方法。

二、实验原理

烯烃是重要的有机化工原料。工业上主要通过石油裂解的方法制备烯烃，有时也利用醇在氧化铝等催化剂存在下，进行高温催化脱水来制取；实验室里则主要用浓硫酸、浓磷酸做催化剂使醇脱水或卤代烃在醇钠作用下脱卤化氢来制备烯烃。

醇的脱水可用氧化铝或分子筛在高温（350～400 °C）下进行催化脱水，也可用酸催化脱水，常用的脱水剂有硫酸、磷酸、对甲苯磺酸及硫酸氢钾等，反应举例如下。

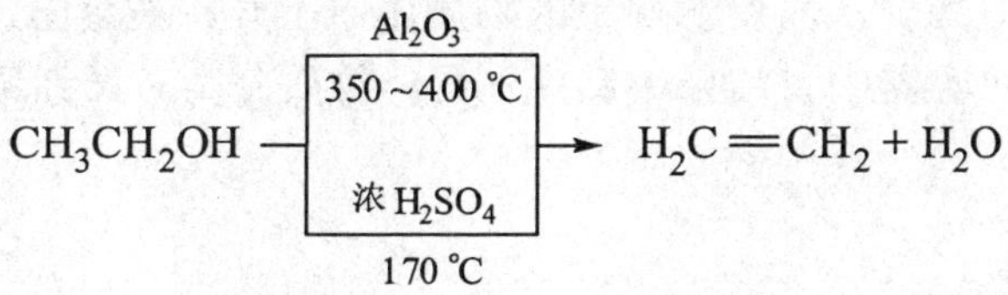

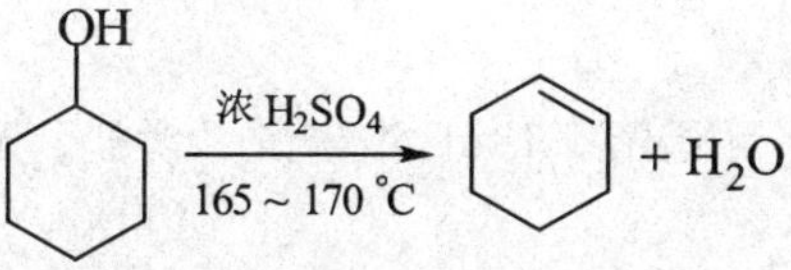

卤代烷与碱溶液作用脱卤化氢，是实验室制备烯烃的另一种常用方法。例如：

$$BrCH_2CHBrCH_2Br + NaOH \xrightarrow[74\%\sim80\%]{CH_3CH_2OH} CH_2{=}CBrCH_2Br + H_2O$$

常用的碱有氢氧化钠、氢氧化钾等。一般认为，这是一个双分子的消去反应（E2）。与醇脱水反应一样，当有可能生成两种以上烯烃时，反应遵循 Zaytzeff 规则。由于存在与之竞争的取代反应，副产物分别是醇和醚等。

实验室小量制备通常采用醇酸催化脱水的方法。一般认为，这是一个通过碳正离子中间体进行的单分子消去反应（E1）。

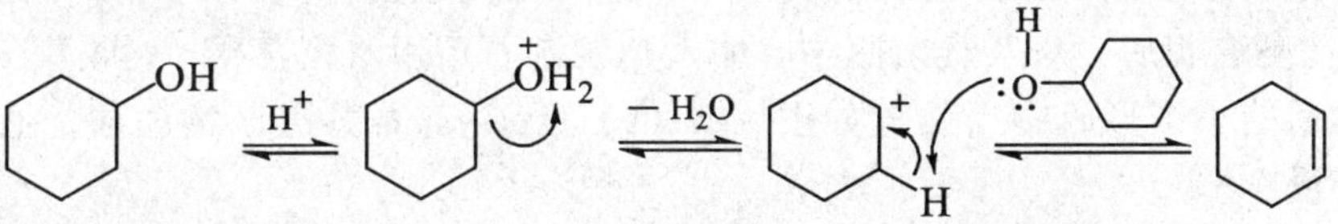

醇的脱水作用随醇的结构不同而有所不同。其反应速率为：叔醇>仲醇>伯醇。叔醇在较低的温度下即可失水。整个反应是可逆的，为了促使反应完成，必须不断地把生成的沸点较低的烯烃蒸出。由于高浓度的酸会导致烯烃的聚合、醇分子间的失水及碳架的重排，因此，醇酸催化脱水反应中常伴有副产物——烯烃的聚合物和醚——的生成。

当有可能生成两种以上的烯烃时，反应取向服从 Zaytzeff 规则，主要生成双键上连有较多取代基的烯烃。

本实验采用浓硫酸做催化剂使环已醇脱水制备环已烯，反应式如下。

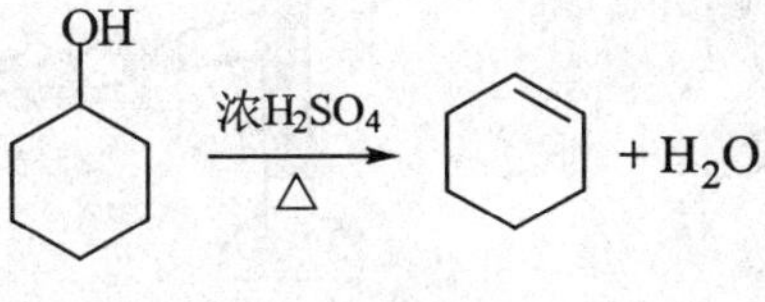

反应特点：

（1）需酸催化：磷酸或硫酸。

（2）可逆反应：为提高反应产率，本实验采用边反应边蒸出反应生成的环已烯和水形成的二元共沸物（沸点 70.8 °C，含水 10%）的方法，将环已烯不断蒸出，从而使平衡向右移动。

但是原料环己醇也能和水形成二元共沸物（沸点 97.8 °C，含水 80%）。为了使产物以共沸物的形式蒸出反应体系，而又不夹带原料环己醇，本实验采用分馏装置，并控制柱顶温度不超过 90 °C。分馏的原理就是让上升的蒸气和下降的冷凝液在分馏柱中进行多次热交换，相当于在分馏柱中进行多次蒸馏，从而使低沸点的物质不断上升、被蒸出，高沸点的物质不断地被冷凝、下降、流回加热容器中，结果将沸点不同的物质分离。详细原理参见本书第 2 章。

三、实验试剂

15.0 g（15.6 mL，0.15 mol）环己醇，1 mL 浓硫酸，食盐，无水氯化钙，5%碳酸钠水溶液。

四、实验步骤

（1）如图 4.1（a）所示在 50 mL 干燥的圆底烧瓶中加入 15 g 环己醇、1 mL 浓硫酸[1]和几粒沸石，充分摇振使之混合均匀[2]。烧瓶上装一短的分馏柱，接上直形冷凝管，接收瓶浸在冷水中冷却。将烧瓶在石棉网上用小火缓缓加热至沸，控制分馏柱顶部的馏出温度不超过 90 °C[3]，馏出液为带水的浑浊液。至无液体蒸出时，可把火加大，当烧瓶中只剩下很少量残液并出现阵阵白雾时，即可停止蒸馏。全部蒸馏时间约需 1 h。

（2）馏出液用食盐饱和，然后加 3～4 mL 5%的碳酸钠溶液中和微量的酸。将液体转入分液漏斗中，摇振后静置分层，分出有机相（哪一层？如何取出？），用 1～2 g 无水氯化钙干燥[4]。待溶液清亮透明后，滤入蒸馏瓶中，加入几粒沸石后用水浴蒸馏[5]，收集 80～85 °C 的馏分于一已称量的小锥形瓶中［装置如图 4.1（b）所示］。若蒸出产物浑浊，必须重新干燥后再蒸馏。产量 7～8 g。

纯粹环己烯的沸点为 82.98 °C，折光率 $n_{\mathrm{D}}^{20}=1.446\ 5$。

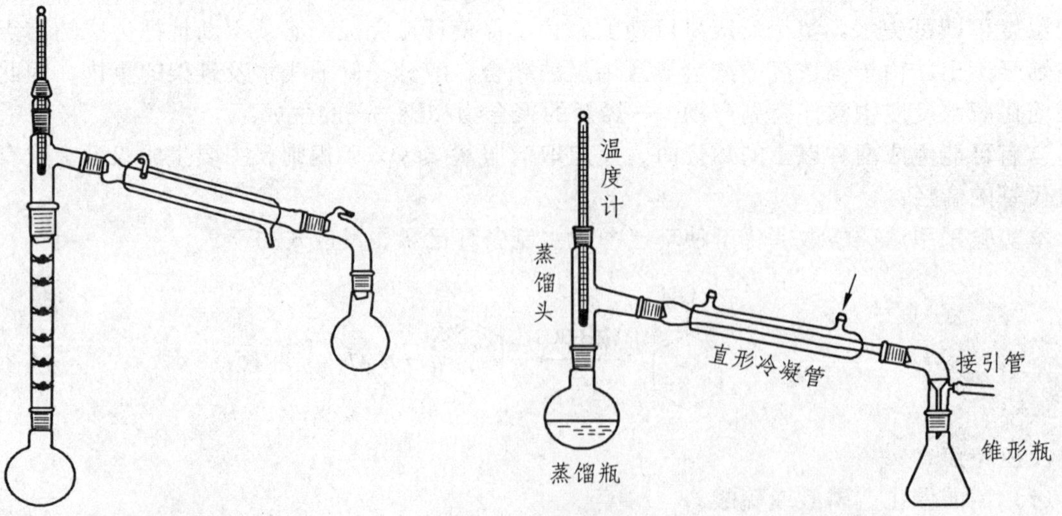

（a）分馏装置　　　　（b）蒸馏装置

图 4.1　环己烯制备实验装置

五、思考题

(1) 在纯化环己烯时，用等体积的饱和食盐水洗涤，而不用水洗涤，目的何在?

(2) 本实验采取了哪些措施提高产率?

(3) 在蒸馏终止前，出现的阵阵白雾是什么?

(4) 写出无水氯化钙吸水后发生反应的化学方程式，为什么蒸馏前一定要将它过滤掉?

(5) 实验中，为什么要控制柱顶温度不超过 90 °C?

【注释】

[1] 本实验也可用 3 mL 85%的磷酸代替浓硫酸做脱水剂，其余步骤相同。

[2] 环己醇在常温下是黏稠液体（m.p. 24 °C），若用量筒量取，应注意转移中的损失。环己醇与浓硫酸应充分混合，否则在加热过程中会局部碳化。

[3] 最好用简易空气浴，即将烧瓶底部向上移动，稍微离开石棉网进行加热，使蒸馏瓶受热均匀。由于反应中环己烯与水形成共沸物（沸点 70.8 °C，含水 10%）；环己醇与环己烯形成共沸物（沸点 64.9 °C，含环己醇 30.5%），环己醇与水形成共沸物（沸点 97.8 °C，含水 80%）（表 4.1）。因此，在加热时温度不可过高，蒸馏速度不宜太快，以减少未作用的环己醇蒸出。

表 4.1 环己醇和水、环己烯和水形成的二元共沸物性质

<table>
<tr><th rowspan="2"></th><th colspan="2">沸点/°C</th><th rowspan="2">恒沸物的组成/%</th></tr>
<tr><th>组分</th><th>恒沸物</th></tr>
<tr><td>环己醇</td><td>161.5</td><td rowspan="2">98.7</td><td>~20.0</td></tr>
<tr><td>水</td><td>100.0</td><td>~80.0</td></tr>
<tr><td>环己烯</td><td>83.0</td><td rowspan="2">70.8</td><td>90</td></tr>
<tr><td>水</td><td>100.0</td><td>10</td></tr>
</table>

[4] 水层应尽可能分离完全，否则将增加无水氯化钙的用量，使产物更多地被干燥剂吸附而损失。这里用无水氯化钙干燥较适宜，因为它还可除去少量环己醇（生成醇与氯化钙的配合物）。

[5] 产品是否清亮透明，是衡量产品是否合格的外观标准。因此在蒸馏已干燥的产物时，所用蒸馏仪器都应充分干燥。

实验 20 正溴丁烷的制备

一、实验目的

(1) 学习以溴化钠、浓硫酸和正丁醇反应制备正溴丁烷的原理与方法。

(2) 掌握回流反应及气体吸收装置的安装和使用。

二、实验原理

卤代烷可通过多种方法和试剂进行制备。烷烃的自由基卤化和烯烃去氢卤酸的亲电加成反应，因产生异构体的混合物而难以分离。实验室制备卤代烷最常用的方法是将结构对应的醇通过亲核取代反应转变为卤代物，常用的试剂有氢卤酸、三卤化磷和氯化亚砜。例如：

$$n\text{-}C_4H_9OH + HBr \xrightarrow[95\%]{H_2SO_4} n\text{-}C_4H_9Br + H_2O$$

$$n\text{-}C_4H_9OH + HCl \xrightarrow[85\%]{25\ ^\circ C} n\text{-}C_4H_9Cl + H_2O$$

$$3n\text{-}C_4H_9OH + PI_3 \xrightarrow[90\%]{} 3n\text{-}C_4H_9I + H_3PO_3$$

$$n\text{-}C_5H_{11}OH + SOCl_2 \xrightarrow[80\%]{\text{吡啶}} n\text{-}C_5H_{11}Cl + SO_2 + HCl$$

醇与氢卤酸的反应是制备卤代烷最方便的方法，反应一般在酸性介质中进行。根据醇的结构不同，反应存在着两种不同的机理，叔醇按 S_N1 机理，伯醇则主要按 S_N2 机理进行。

酸的作用主要是促使醇首先质子化，将较难离去的基团—OH 转变成较易离去的基团 H_2O，加快反应速率。

需要指出，消去反应与取代反应是同时存在的竞争反应，对于仲醇，还可能存在着分子重排反应。因此，针对不同的反应对象，可能存在醚、烯烃或重排的副产物。

醇与氢卤酸反应的难易随所用醇的结构与氢卤酸不同而有所不同。反应的活性顺序为：叔醇＞仲醇＞伯醇，HI＞HBr＞HCl。

叔醇在无催化剂存在下，室温即可与氢卤酸进行反应；仲醇需温热及酸催化以加速反应；伯醇则需要更剧烈的反应条件及更强的催化剂。例如：

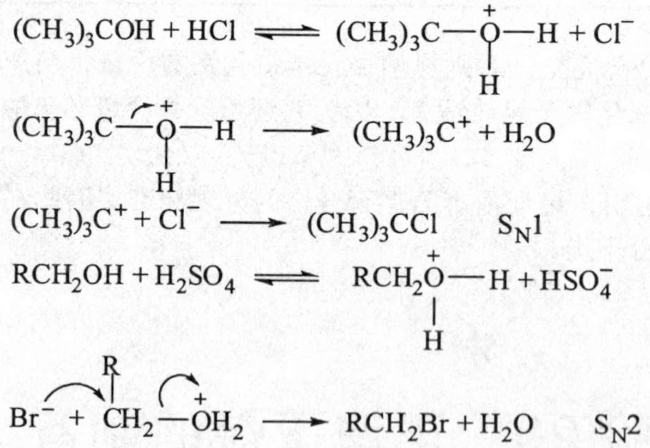

醇转变为溴代烃也可用溴化钠及过量的浓硫酸代替氢溴酸。例如：

$$n\text{-}C_4H_9OH + NaBr + H_2SO_4 \xrightarrow[\triangle]{} n\text{-}C_4H_9Br + NaHSO_4 + H_2O$$

但这种方法不适于制备相对分子质量较大的溴代烃，因高浓度的盐降低了醇在反应介质中的溶解度。相对分子质量较大的溴代烃可通过醇与干燥的溴化氢气体在无溶剂条件下加热制备，通过三溴化磷与醇作用也是有效的方法。

纯正溴丁烷为无色透明液体，沸点 101.6 °C，密度 1.275 8 g/mL，不溶于水，易溶于乙醇、乙醚、丙酮等有机溶剂。可用做有机溶剂及有机合成时的烷基化剂及中间体，也可用做医药原料。实验室通常采用正丁醇与溴化氢发生亲核取代反应来制取。反应式如下：

$$NaBr + H_2SO_4 \xlongequal{\quad} HBr + NaHSO_4$$

$$n\text{-}C_4H_9OH + HBr \xrightarrow{H_2SO_4} n\text{-}C_4H_9Br + H_2O$$

本实验主反应为可逆反应，为提高产率，反应时加入过量溴化氢，由于氢溴酸是一种极易挥发的无机酸，因此在制备时用溴化钠和浓硫酸代替溴化氢，边生成溴化氢边参与反应，可提高溴化氢的利用率；浓硫酸还起到催化脱水作用。反应时硫酸应缓慢加入，温度也不宜过高，否则易发生下列副反应：

$$CH_3CH_2CH_2CH_2OH \xrightarrow{\text{浓}H_2SO_4} CH_3CH_2CH{=}CH_2 + H_2O$$

$$2n\text{-}C_4H_9OH \xrightarrow{\text{浓}H_2SO_4} (n\text{-}C_4H_9)_2O + H_2O$$

$$2HBr + H_2SO_4 \xlongequal{\quad} Br_2 + 2H_2O + SO_2\uparrow$$

反应中，为防止反应物正丁醇被蒸出，采用了回流装置。由于溴化氢有毒，为防止溴化氢逸出，安装了气体吸收装置。生成的 1-溴丁烷中混有过量的溴化氢、硫酸、未完全转化的正丁醇及副产物烯烃、醚类等，经过洗涤、干燥和蒸馏予以除去。

三、实验试剂

14.8 g（18.4 mL，0.20 mol）正丁醇，26 g（约 0.26 mol）无水溴化钠，浓硫酸[1]，饱和碳酸氢钠溶液，无水氯化钙。

四、实验步骤

（1）在 250 mL 圆底烧瓶上安装回流冷凝管，冷凝管的上口接一气体吸收装置［图 4.2(a)］，用 5%的氢氧化钠溶液做吸收剂[2]。

（2）在圆底烧瓶中加入 20 mL 水[3]，并小心地加入 28 mL 浓硫酸，混合均匀后冷至室温。再依次加入 18.4 mL 正丁醇和 26 g 溴化钠[4]，充分摇振后加入几粒沸石，连上气体吸收装置。将烧瓶置于石棉网上用小火加热至沸，开始时加热不要过猛，否则回流时反应液的颜色很快变成橙色或橙红色。调节火焰使反应物保持沸腾而又平稳地回流，并经常摇动烧瓶促使反应完成。由于无机盐水溶液有较大的相对密度，不久液体会分层，上层液体即是正溴丁烷。反应时间约需 30～40 min，反应时间太短，反应液中残留的正丁醇较多（即反应不完全）；但反应时间过长，也不会因时间增长而增加产率（反应时间延长 1 h 仅增加 1%～2%的产量）。本实验在操作正常的情况下，反应液中油层呈淡黄色，冷凝管顶端亦无溴化氢逸出。待反应液冷却后，移去冷凝管，加上蒸馏弯头，改为蒸馏装置，蒸出粗产物正溴丁烷[5]。

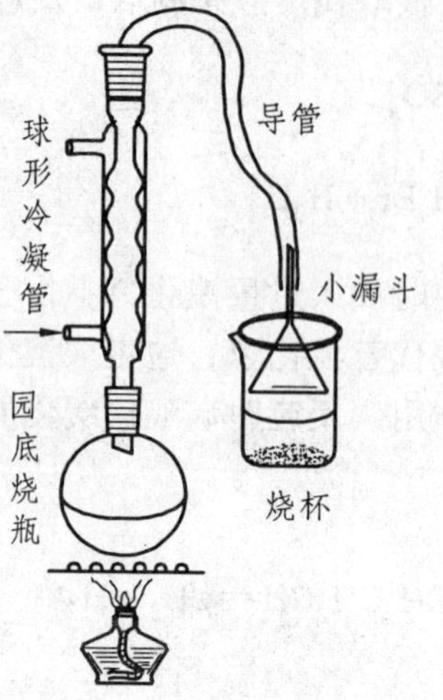

（a）反应装置

（b）分离装置

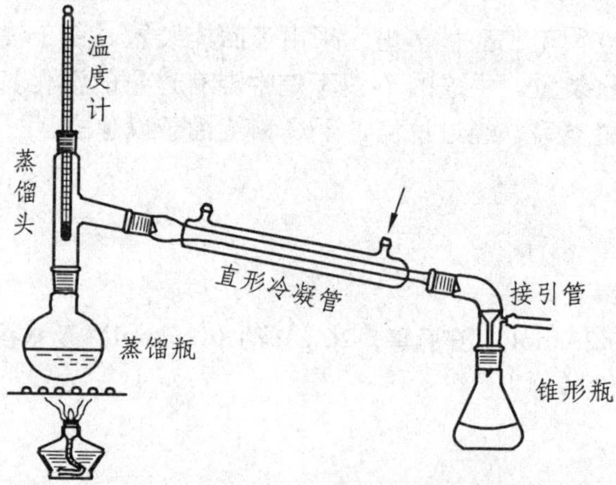

（c）蒸馏装置

图 4.2　正溴丁烷的制备装置图

（3）将馏出液移至分液漏斗中，加入等体积的水洗涤[6]（产物在上层还是下层？）。产物转入另一干燥的分液漏斗中，用等体积的浓硫酸洗涤[7]。尽量分去硫酸层（哪一层？）（酸一定要洗干净，否则，蒸馏时将使产物碳化）。有机相依次用等体积的水、饱和碳酸氢钠溶液和水洗涤后转入干燥的锥形瓶中。用 3～4 g 无水氯化钙干燥[8]，间歇摇动锥形瓶，直至液体清亮为止。

（4）将干燥好的产物过滤到蒸馏瓶中，在石棉网上加热蒸馏，收集 99～103 °C 的馏分[9]。

纯粹正溴丁烷的沸点为 101.6 °C，折光率 $n_D^{20}=1.439\,9$。

五、思考题

（1）实验中硫酸的作用是什么？硫酸的用量和浓度过大或过小有什么影响？

（2）本实验反应后的粗产物中含有哪些杂质？各步洗涤的目的何在？

（3）用分液漏斗洗涤产物时，正溴丁烷有时在上层，有时在下层，如果不知道产物的密度，可用什么简便的方法加以判别？

（4）为什么用饱和碳酸氢钠溶液洗涤前先要用水洗一次？

（5）实验中干燥 1-溴丁烷能否用无水硫酸镁来代替无水氯化钙？为什么？

【注释】

[1] 硫酸在反应中与溴化钠作用生成氢溴酸，氢溴酸与正丁醇作用发生取代反应生成正溴丁烷。硫酸用量和浓度过大，会加大副反应进行；若硫酸用量和浓度过小，不利于主反应的发生，即氢溴酸和正溴丁烷的生成。

[2] 回流时要微沸，注意溴化氢吸收装置，玻璃管不要浸入水中，防止倒吸。

[3] 加水是为了减少溴化氢气体的逸出，减少副产物正丁醚和丁烯的生成。

[4] 投料注意事项：

① 加料顺序不能颠倒。应先加水，再加浓硫酸，依次是醇、NaBr。加水的目的是：减少 HBr 的挥发；防止产生泡沫；降低浓硫酸的浓度，以减少副产物的生成。

② 过程中要不断轻轻地摇晃（注意安全），水中加浓硫酸时振摇，是防止局部过热；加正丁醇时混匀，防止局部碳化；加 NaBr 时振摇，防止 NaBr 结块，影响 HBr 的生成。

[5] 正溴丁烷是否蒸完，可从下列几方面判断：

① 馏出液是否由浑浊变为澄清。

② 反应瓶上层油层是否消失。

③ 取一小试管收集几滴馏出液，加水摇动，观察有无油珠出现。如无，表示馏出液中已无有机物，蒸馏完成。蒸馏不溶于水的有机物时，常可用此法检验。

[6] 若水洗后产物仍呈红色，是由于浓硫酸的氧化作用生成游离溴的缘故，可加入几毫升饱和亚硫酸氢钠溶液洗涤除去。

$$2NaBr + 3H_2SO_4(\text{浓}) \ = = = \ Br_2 + 2H_2O + 2NaHSO_4 + SO_2\uparrow$$

$$Br_2 + 3NaHSO_3 \ = = = \ 2NaBr + NaHSO_4 + H_2O + 2SO_2\uparrow$$

[7] 用浓 H_2SO_4 洗涤可将存在于粗产物中的少量未反应的正丁醇及副反应生成的醚除去，因为二者能与浓 H_2SO_4 形成锌盐。避免在以后的蒸馏中，由于正丁醇和正溴丁烷可形成共沸物（沸点 98.6 °C，含正丁醇 13%）而难以除去。

[8] 用无水氯化钙干燥，不仅可除去水分，还可除去醇类，因为醇类化合物（特别是低级醇）可与氯化钙作用生成结晶醇而不溶于有机溶剂。

[9] 本实验制备的正溴丁烷经气相色谱分析，均含有 1%～2%的 2-溴丁烷。制备时如回流时间较长，2-溴丁烷的含量较高，但回流到一定时间后，2-溴丁烷的量就不再增加。2-溴丁烷的生成可能是由于在酸性介质中，反应也会部分以 S_N1 机制进行的结果。

实验 21　正丁醚的制备

一、实验目的

（1）掌握醇分子间脱水制备醚的反应原理和实验方法。
（2）学习使用分水器的实验操作。

二、实验原理

大多数有机化合物在醚中都有良好的溶解度，有些反应（如 Grignard 反应）必须在醚中进行，因此，醚是有机合成中常用的溶剂。

醇分子间脱水生成醚是制备单纯醚的常用方法。例如：

$$2C_2H_5OH \xrightarrow[140\ ^\circ C]{浓 H_2SO_4} C_2H_5OC_2H_5 + H_2O$$

实验室常用的脱水剂是浓硫酸（也可用 85%磷酸），酸的作用是将一分子醇的羟基转变成更好的离去基团。反应式如下：

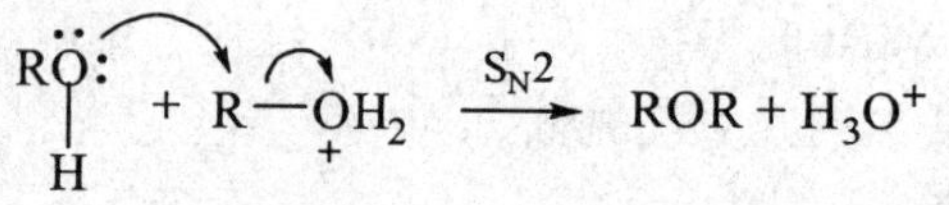

这种方法通常用来从低级伯醇合成相应的简单醚，除硫酸外，还可用磷酸和离子交换树脂。由于反应是可逆的，通常采用蒸出反应产物（醚或水）的方法，使平衡向有利于生成醚的方向移动。同时必须严格控制反应温度，以减少副产物烯及二烷基硫酸酯的生成。

在制取乙醚时，反应温度（140 °C）比原料乙醇的沸点（78 °C）高得多，因此可采用先将催化剂加热至所需要的温度，然后再将乙醇直接加到催化剂中，以避免乙醇的蒸出。由于乙醚的沸点（34.6 °C）较低，当它生成后就立即从反应瓶中蒸出。

在制取正丁醚时，由于原料正丁醇（沸点 117.7 °C）和产物正丁醚（沸点 142 °C）的沸点都较高，故可使反应在装有水分离器的回流装置中进行，控制加热温度，并将生成的水或水的共沸物不断蒸出。虽然蒸出的水中会夹有正丁醇等有机物，但是由于正丁醇等在水中溶解度较小，相对密度又比水小，浮于水层之上，因此借水分离器可使绝大部分的正丁醇等自动连续地返回反应瓶中，而水则沉于水分离器的下部，根据蒸出的水的体积，可以估计反应进行的程度。

正丁醚的制备反应式如下：

主反应：

$$2n\text{-}C_4H_9OH \xrightarrow[135\ ^\circ C]{浓 H_2SO_4} (n\text{-}C_4H_9)_2O + H_2O$$

副反应：

$$CH_3CH_2CH_2CH_2OH \xrightarrow{浓H_2SO_4} CH_3CH_2CH{=\!=}CH_2 + H_2O$$

仲醇及叔醇的脱水反应，通常为单分子的亲核取代反应（S_N1），并伴随着较多的消去反应。因此，用醇脱水制备醚，最好使用伯醇，获得的产率较高。

制备混合醚和冠醚常用的方法是 Williamson 合成法，即用卤代烷、磺酸酯及硫酸酯与醇钠或酚钠反应制备醚。这是一个双分子的亲核取代反应（S_N2），反应式如下

$$RO^- + \underset{R'}{\underset{|}{CH_2}}-X \xrightarrow{S_N2} ROCH_2R' + X^-$$

由于醇钠是较强的碱，在进行取代反应的同时伴随着双分子的消去反应（E2），与叔和仲卤代烷反应时，主要生成烯烃，因此，最好使用伯卤代烷，叔卤代烷不能用于 Williamson 合成法中。

烷基芳基醚应用酚钠与卤代烷或硫酸酯反应，一般是将酚和卤代烷或硫酸酯与一种碱性试剂一起加热。

三、实验试剂

25 g（31 mL，0.034 mol）正丁醇，浓硫酸，无水氯化钙。

四、实验步骤

（1）在 100 mL 三口瓶中，加入 31 mL 正丁醇、4.5 mL 浓硫酸和几粒沸石，摇匀后按图 4.3 装置仪器。三口瓶一侧口装上温度计，温度计水银球应浸入液面以下；中间口装分水器，分水器上接一回流冷凝管，先在分水器内放置（$V-3.5$）mL 水[1]；另一口用塞子塞紧。然后将烧瓶在石棉网上用小火加热，保持反应物微沸，回流。

（2）随着反应进行，回流液经冷凝管收集于分水器内，分液后水层在下，上层有机相积至分水器支管时，即可返回烧瓶。当烧瓶内反应物温度上升至 135 °C[2]左右，分水器全部被水充满时，即可停止反应，大约需要 1.5 h。若继续加热则反应液变黑并有较多的副产物烯生成。

（3）待反应液冷至室温后，倒入盛有 50 mL 水的分液漏斗中，充分摇振，静置分层后弃去下层液体，上层粗产物依次用 25 mL 水、15 mL 5%的氢氧化钠溶液[3]、15 mL 水和 15 mL 饱和氯化钙溶液洗涤[4]，然后用 1～2 g 无水氯化钙干燥。干燥后的产物滤入 25 mL 蒸馏瓶中，蒸馏收集 140～144 °C 馏分，产量 7～8 g。

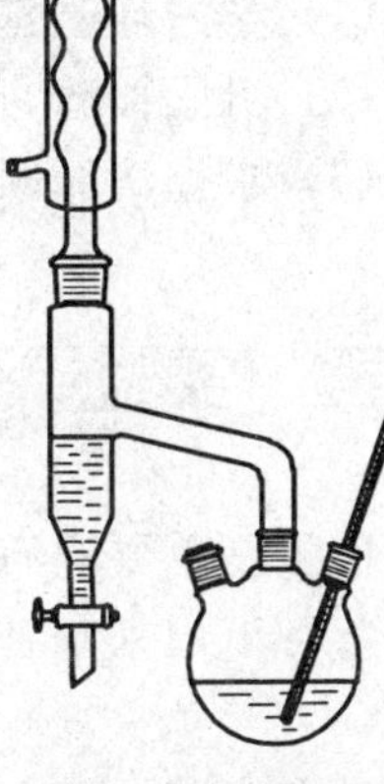

图 4.3　分水装置

纯粹正丁醚的沸点 142.4 °C，折光率 $n_D^{20} = 1.399\,2$。

本实验约需 6 h。

五、思考题

(1) 制备正丁醚和制备乙醚在实验操作上有什么不同？为什么？
(2) 试根据本实验正丁醇的用量计算应生成的水的体积。
(3) 反应结束后为什么要将混合物倒入 50 mL 水中？各步洗涤的目的何在？

【注释】

[1] V为分水器的体积，本实验根据理论计算失水体积为 3 mL，实际分出水的体积略大于计算量，故分水器放满水后先分出约 3.5 mL 水。

[2] 制备正丁醚的较宜温度是 130～140 °C，但这一温度在开始回流时是很难达到的。因为正丁醚可与水形成共沸物（沸点 94.1 °C，含水 33.4%）；另外，正丁醚与水及正丁醇形成三元共沸物（沸点 90.6 °C，含水 29.9%、正丁醇 34.6%），正丁醇与水也可形成共沸物（沸点 93.0 °C，含水 44.5%）。故应控制温度在 90～100 °C 之间较合适，而实际操作是在 100～115 °C 之间。

[3] 在碱洗过程中，不要太剧烈地摇动分液漏斗，否则生成的乳浊液很难破坏而影响分离。

[4] 上层粗产物的洗涤也可采用下列方法进行：先每次用冷的 25 mL 50%硫酸洗两次，再每次用 25 mL 水洗两次。因 50%硫酸可洗去粗产物中的正丁醇，但正丁醚也能微溶，所以产率略有降低。

实验 22　己二酸的制备

一、实验目的

(1) 学习环己醇氧化制备己二酸的原理，了解由醇氧化制备羧酸的常用方法。
(2) 巩固抽滤、重结晶等基本操作。
(3) 掌握滴加原料、测量反应温度、有毒气体吸收装置的应用。

二、实验原理

羧酸是重要的有机化工原料。制备羧酸的方法很多，最常用的是氧化法，烯、醇和醛等氧化都可以用来制备羧酸，所用的氧化剂有重铬酸钾-硫酸、高锰酸钾、硝酸、过氧化氢及过酸等。

制备脂肪族一元酸，可用伯醇为原料。羧酸不易继续氧化，又比较容易分离提纯，因此，在实验操作上比利用氧化反应由醇制备醛、酮更简单。用重铬酸钾加硫酸使伯醇氧化时，因作为中间产物生成的醛容易与用做原料的醇生成半缩醛，得到的产物中有较多的酯。

仲醇和酮的强烈氧化，也能得到羧酸，同时发生碳链断裂。例如，环己醇或环己酮氧化可用于制备己二酸，同时产生一些降价的二元羧酸。

腈的水解、Grignard 试剂与二氧化碳作用及卤仿反应，也是实验室制备某些羧酸常用的方法。

芳烃的侧链氧化是制备芳香族羧酸最重要的方法。芳环上的支链不论长短，强烈氧化最后都变成羧基。由于侧链氧化是从进攻与苯环相连的碳氢键开始的，所以叔丁基支链对氧化是极稳定的。

当芳环上存在卤素、硝基及磺酸基等基团时并不影响侧链的氧化；但当芳环上存在羟基和氨基时，大多数氧化剂将使分子遭受破坏而得到复杂的氧化产物；而在烷氧基和乙酰氨基存在的情况下，烷基的氧化却不受影响，并可得到高产率的羧酸。

氧化反应一般都是放热反应，所以必须严格控制反应条件和反应温度，如果反应失控，不仅破坏产物，降低收率，有时还有发生爆炸的危险。

工业上大规模制备羧酸，大多采用催化氧化的方法，即在催化剂存在下，用空气做氧化剂。例如，萘在五氧化二钒存在下，用空气直接氧化制备邻苯二甲酸酐，苯也可用类似的方法来制备马来酸酐，苯酐和马来酸酐都是极有用的化工原料和合成中间体。

己二酸是合成尼龙-66 的主要原料之一，实验室可用硝酸或高锰酸钾氧化环己醇而得。反应式如下：

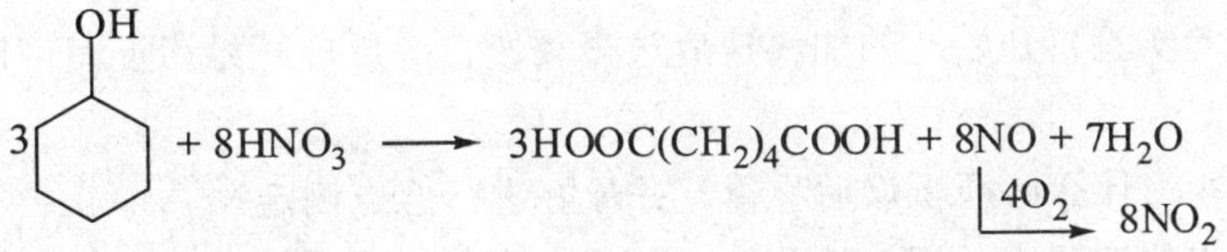

己二酸的红外光谱如图 4.4 所示。

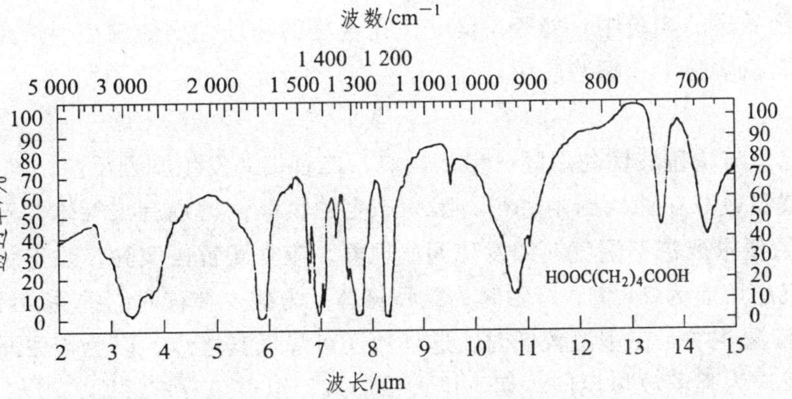

图 4.4　己二酸的红外光谱图

三、实验步骤

(1) 在装有回流冷凝管、温度计和滴液漏斗的 100 mL 三颈烧瓶中，加入 8 mL 50%硝酸[1] (10.5 g，约 0.085 mol) 和 1 小粒钒酸铵。并在冷凝管上端接一气体吸收装置，用碱液吸收反应中产生的氮氧化物气体[2]。滴液漏斗中加入 2.7 mL 环己醇[3]，将三颈瓶置于水浴中预热到 50 °C 左右，移去水浴，先从滴液漏斗中滴入 5～6 滴环己醇，并加以摇振。反应开始后，瓶内反应物温度升高并有红棕色气体放出。慢慢滴入其余的环己醇，调节滴加速度[4]，使瓶内温度维持在 50～60 °C 之间，并经常摇荡。若温度过高或过低，可用冷水浴或热水浴加以调节。滴加完毕后（约需 15 min），再用沸水浴加热 10 min，至几乎无红棕色气体放出为止。

（2）将反应物小心倾入一外部用冷水浴冷却的烧杯中，抽滤收集析出的晶体，用少量冰水洗涤[5]，粗产物干燥后 2～2.5 g，熔点 149～155 °C。用水重结晶后熔点 151～152 °C，产量约 2 g。

纯己二酸为白色棱状晶体，熔点 153 °C。

本实验约需 3～4 h。

四、思考题

（1）本实验中为什么必须控制反应温度和环己醇的滴加速度？

(2)为什么有些实验在加入最后一种反应物前应预先加热(如本实验中先预热到 50 °C)？一些反应剧烈的实验，开始时的加料速度放得较慢，等反应开始后反而可以适当加快加料速度，原因何在？

（3）粗产物为什么必须干燥后称量？并最好进行熔点测定？

（4）从给出的溶解度数据，计算己二酸粗产物经一次重结晶后损失了多少，与实际损失有否差别？为什么？

（5）从已经做过的实验中，能否总结一下化合物的物理性质如沸点、熔点、相对密度、溶解度等，在有机实验中有哪些应用。

【注释】

[1] 环己醇与浓硝酸切勿用同一量筒量取，二者相遇发生剧烈反应，甚至发生意外。

[2] 本实验最好在通风橱中进行。因为产生的氮氧化物是有毒气体，不可逸散在实验室内。仪器装置要求严密不漏气，如发现漏气现象，应立即暂停实验，改正后再继续进行。

[3] 环己醇熔点为 24 °C，熔融时为黏稠液体。为减少转移时的损失，可用少量水冲洗量筒，并入滴液漏斗中。在室温较低时，这样做还可降低其熔点，以免堵住漏斗。

[4] 此反应为强烈放热反应，切不可大量加入，以避免反应过剧，引起爆炸。

[5] 不同温度下己二酸的溶解度如表 4.2 所示。粗产物须用冰水洗涤，如浓缩母液可回收少量产物。

表 4.2 己二酸的溶解度

温 度/°C	15	34	50	70	87	100
溶解度 /（g/100 g 水）	1.44	3.08	8.46	34.1	94.8	100

实验 23　乙酸乙酯的制备

一、实验目的

（1）了解从有机酸合成酯的一般原理和方法。

（2）掌握可逆反应提高产率的措施。

（3）巩固蒸馏、分液漏斗的使用等操作。

二、实验原理

乙酸乙酯（Ethyl Acetate）又称醋酸乙酯。纯净的乙酸乙酯是无色、透明、有芳香气味的液体，是一种用途广泛的精细化工产品，具有优异的溶解性、快干性。它是一种非常重要的有机化工原料和极好的工业溶剂，广泛用于醋酸纤维、乙基纤维、氯化橡胶、乙烯树脂、合成橡胶、涂料及油漆等的生产。

目前世界上工业乙酸乙酯主要制备方法有乙酸酯化法、乙醛缩合法、乙烯加成法和乙醇脱氢法等。传统的乙酸酯化法工艺在国外被逐步淘汰，而大规模生产主要是乙醛缩合法和乙醇脱氢法，在乙醛原料较丰富的地区万吨级以上的乙醛缩合法装置得到了广泛的应用。乙醇脱氢法是近年开发的新工艺，在乙醇丰富且低成本的地区得到了推广。最新的乙酸乙酯生产方法是乙烯加成法，1998 年在印度尼西亚迈拉库地区采用日本昭和电工专利技术建成了 50 kt/a 的生产装置。

酸催化直接酯化是工业和实验室制备羧酸酯最重要的方法，常用的催化剂有硫酸、氯化氢和对甲苯磺酸等。例如

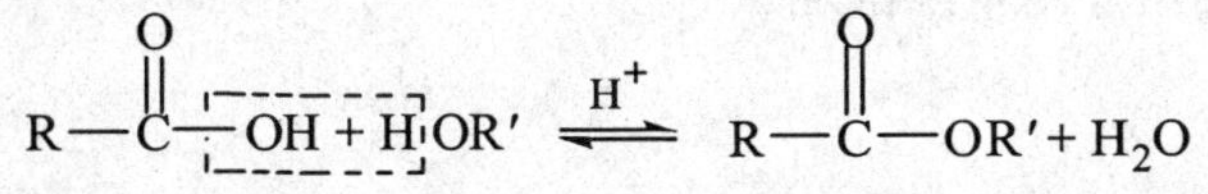

酸的作用是使羰基质子化，从而提高羰基的反应活性，反应原理如下所示

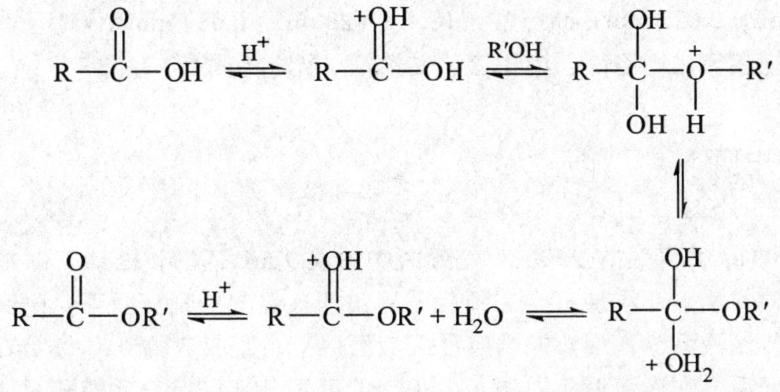

整个反应是可逆的，为了使平衡向有利于生成酯的方向移动，通常采用过量的羧酸或

醇，或者除去反应中生成的酯或水，或者二者同时采用。

根据质量作用定律，酯化反应平衡混合物的组成可表示为

$$K_{\mathrm{E}}=\frac{[\text{酯}]\cdot[\text{水}]}{[\text{酸}]\cdot[\text{醇}]}$$

对于乙酸和乙醇作用生成乙酸乙酯的反应，平衡常数 K_{E} 约等于 4，即用等物质的量的原料进行反应，达到平衡后只有 2/3 的羧酸和醇转变为酯。

由于平衡常数在一定温度下为定值，故增加羧酸和醇的用量无疑会增加酯的产量，但究竟使用过量的酸还是过量的醇，则取决于原料是否易得、价格及过量的原料与产物容易分离与否等因素。

理论上催化剂不影响平衡混合物的组成，但实验表明，加入过量的酸，可以增大反应的平衡常数。因为过量酸的存在，改变了体系的环境，并通过水合作用除去了反应中生成的部分水。

在实践中，提高反应收率常用的方法是除去反应生成的水，特别是大规模的工业制备中。在某些酯化反应中，醇、酯和水之间可以形成二元或三元最低恒沸物，也可以在反应体系中加入能与水、醇形成恒沸物的第三组分，如苯、四氯化碳等，以除去反应中不断生成的水，达到提高酯产量的目的。这种酯化方法，一般称为共沸酯化。究竟采取什么措施，要根据反应物和产物的性质来确定。

在浓硫酸催化下，乙酸和乙醇生成乙酸乙酯：

$$CH_3COOH + CH_3CH_2OH \underset{110\sim120\ ℃}{\xrightleftharpoons{\text{浓}\ H_2SO_4}} CH_3COOCH_2CH_3 + H_2O$$

为了提高酯的产量，本实验采取加入过量乙醇及不断把反应中生成的酯和水蒸出的方法。在工业生产中，一般采用加入过量的乙酸，以便使乙醇转化完全，避免由于乙醇和水及乙酸乙酯形成二元或三元恒沸物给分离带来困难。

三、实验试剂

15 g（14.3 mL，0.025 mol）冰醋酸，18.4 g（23 mL，0.037 mol）95%乙醇，浓硫酸，饱和碳酸钠溶液，饱和氯化钙溶液，饱和氯化钠溶液，无水硫酸镁。

四、实验步骤

（1）如图 4.5（a）所示，在 250 mL 三颈瓶中加入 9 mL 乙醇，摇动下慢慢加入 12 mL 浓硫酸使混合均匀，并加入几粒沸石。三颈瓶一侧口插入温度计到液面下，中间口连接蒸馏装置，另一侧口安装滴液漏斗，漏斗末端应浸入液面以下，距瓶底约 0.5～1 cm。

（2）仪器装好后，在滴液漏斗内加入由 14 mL 乙醇和 14.3 mL 冰醋酸组成的混合液，先向瓶内滴入 3～4 mL，然后将三颈瓶在石棉网上用小火加热到 110～120 °C，这时蒸馏管口应

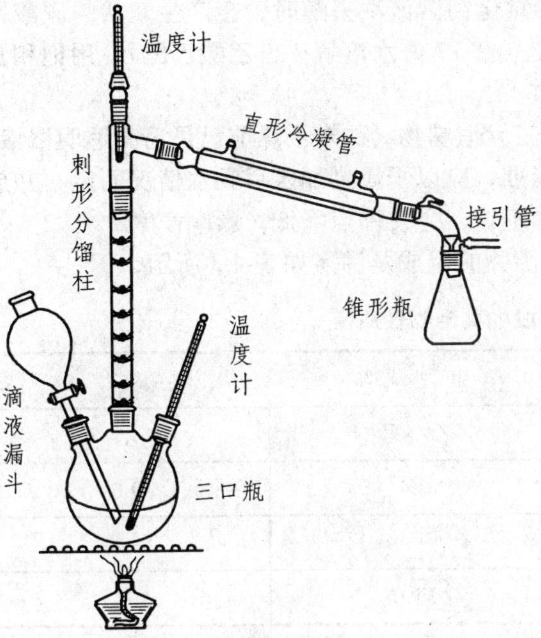

（a）反应装置

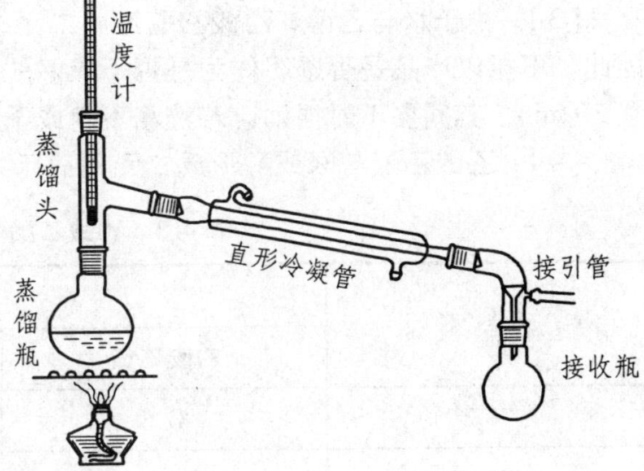

（b）蒸馏装置

图 4.5 乙酸乙酯制备实验装置

有液体流出，再自滴液漏斗慢慢滴入其余的混合液，控制滴加速度和馏出速度大致相等，并维持反应液温度在 110～120 °C之间[1]。滴加完毕后，继续加热 15 min，直至温度升高到 130 °C不再有馏出液为止。

（3）馏出液中含有乙酸乙酯及少量乙醇、乙醚、水和醋酸，在摇动下，慢慢向粗产物中加入饱和碳酸钠溶液（约 10 mL），至无二氧化碳气体逸出，酯层对 pH 试纸试验呈中性。移入分液漏斗，充分摇振（注意及时放气！）后静置，分去下层水相。酯层用 10 mL 饱和食盐水洗涤后[2]，再每次用 10 mL 饱和氯化钙溶液洗涤两次。弃去下层液，酯层自漏斗上口倒入干燥的锥形瓶中，用无水硫酸镁干燥[3]。

（4）将干燥好的粗乙酸乙酯滤入 25 mL 蒸馏瓶中，加入沸石后在水浴上进行蒸馏［如图 4.5（b）］，收集 73～78 °C 馏分[4]，产量 10～12 g。

纯粹乙酸乙酯的沸点为 77.06 °C，折光率 $n_D^{20} = 1.3727$。

五、思考题

（1）本实验根据什么原理来提高乙酸乙酯产率？

（2）本实验可能有哪些副反应发生？

（3）如果采用醋酸过量是否可以？为什么？

【注释】

［1］温度不宜过高，否则会增加副产物乙醚的含量。滴加速度太快会使醋酸和乙醇来不及作用而被蒸出。

[2] 碳酸钠必须洗去，否则下一步用饱和氯化钙溶液洗去醇时，会产生絮状的碳酸钙沉淀，造成分离困难。为减少酯在水中的溶解度（每 17 份水溶解 1 份乙酸乙酯），用饱和食盐水洗。

[3] 由于水与乙醇、乙酸乙酯形成二元或三元恒沸物，在未干燥前已是清亮透明溶液，因此，不能以产品是否透明作为是否干燥好的标准，应以干燥剂加入后吸水情况而定，并放置 30 min，其间要不时摇动。若洗涤不净或干燥不够，会使沸点降低，影响产率。

[4] 乙酸乙酯与水或醇形成二元和三元共沸物的组成及沸点如表 4.3 所示：

表 4.3 乙酸乙酯形成的共沸物性质

沸点/°C	组成/%		
	乙酸乙酯	乙醇	水
70.2	82.6	8.4	9.0
70.4	91.9		8.1
71.8	69.0	31.0	

实验 24 甲基橙的制备

一、实验目的

（1）通过甲基橙的制备学习重氮化反应和偶合反应的实验操作。
（2）巩固盐析和重结晶的原理和操作。

二、实验原理

甲基橙是典型的偶氮染料之一，它是由对氨基苯磺酸重氮盐与 *N*, *N*-二甲基苯胺的醋酸盐，在弱酸性介质中偶合得到的。偶合首先得到的是亮红色的酸式甲基橙，称为酸性黄，在碱中酸性黄转变为橙黄色的钠盐，即甲基橙。

偶氮染料迄今为止仍然是普遍使用的最重要的染料之一。它是指偶氮基（—N═N—）连接两个芳环形成的一类化合物。为了改善颜色和提高染色效果，偶氮染料必须含有成盐的基因如酚羟基、氨基、磺酸基和羧基等。但是由于这种染料可能被还原成 20 种对人体或动植物有致癌作用的芳香胺，目前德国、日本、法国、捷克、奥地利、荷兰等国已明确规定禁止生产和进口使用偶氮染料的纺织品及其他日用消费品。

偶氮染料可通过重氮基与酚类或芳胺发生偶联反应来制备，反应速率受溶液 pH 影响较大。重氮盐与芳胺偶联时，在高 pH 介质中，重氮盐易变成重氮酸盐，而在低 pH 介质中，游离芳胺则容易转变为铵盐，二者都会降低反应物的浓度。

$$ArN_2^+ + H_2O \rightleftharpoons ArN{=}N{-}O^- + 2H^+$$
$$ArNH_2 + H^+ \rightleftharpoons Ar\overset{+}{N}H_3$$

只有溶液的 pH 在某一范围内使两种反应物都有足够的浓度时，才能有效地发生偶联反应。胺的偶联反应，通常在中性或弱酸性介质（pH＝4～7）中进行，通过加入缓冲剂醋酸钠来加以调节；酚的偶联反应与胺相似，为了使酚成为更活泼的酚氧基负离子与重氮盐发生偶联，反应需在中性或弱碱性介质（pH＝7～9）中进行。例如：

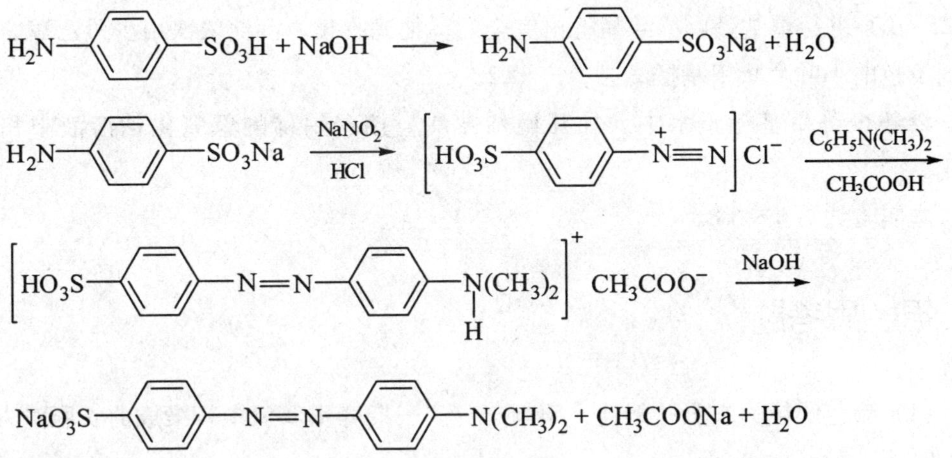

芳香族伯胺在酸性介质中和亚硝酸钠作用生成重氮盐，重氮盐与芳香叔胺偶联，生成偶氮染料。

三、实验试剂

2.1 g（0.01 mol）对氨基苯磺酸晶体（ 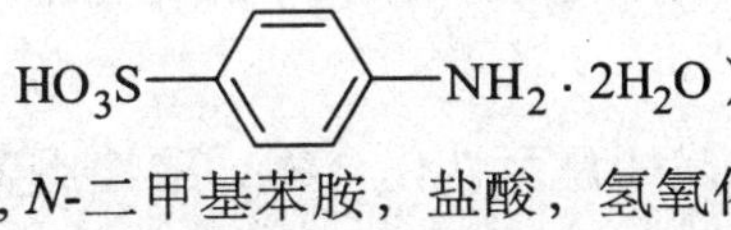 ），0.8 g（0.11 mol）亚硝酸钠，1.2 g（约 1.3 mL，0.01 mol）*N*, *N*-二甲基苯胺，盐酸，氢氧化钠，乙醇，乙醚，冰醋酸，淀粉-碘化钾试纸。

四、实验步骤

1. 重氮盐的制备

在烧杯中放置 10 mL 5%氢氧化钠溶液及 2.1 g 对氨基苯磺酸[1]晶体，温热使溶解。另溶 0.8 g 亚硝酸钠于 6 mL 水中，加入上述烧杯内，用冰盐浴冷至 0～5℃。在不断搅拌下，将 3 mL 浓盐酸与 10 mL 水配成的溶液缓缓滴加到上述混合溶液中，并控制温度在 5 °C 以下。滴加完后用淀粉-碘化钾试纸检验[2]。然后在冰盐浴中放置 15 min 以保证反应完全[3]。

2. 偶　合

在试管内混合 1.2 g *N*, *N*-二甲基苯胺和 1 mL 冰醋酸，在不断搅拌下，将此溶液慢慢加到上述冷却的重氮盐溶液中。加完后，继续搅拌 10 min，然后慢慢加入 25 mL 5%氢氧化钠溶液，直至反应物变为橙色。这时反应液呈碱性，粗制的甲基橙呈细粒状沉淀析出[4]。将反应物在沸水浴上加热 5 min，冷至室温后，再在冰水浴中冷却，使甲基橙晶体析出完全。抽滤收集结晶，依次用少量水、乙醇、乙醚洗涤，压干。

若要得到较纯的产品，可用溶有少量氢氧化钠（约 0.1～0.2 g）的沸水（每克粗产物约需 25 mL）进行重结晶。待结晶析出完全后，抽滤收集，沉淀依次用少量乙醇、乙醚洗涤[5]。得到橙色的小叶片状甲基橙结晶，产量 2.5 g。

溶解少许甲基橙于水中，加几滴稀盐酸，接着用稀的氢氧化钠溶液中和，观察颜色变化。

本实验约需 4～6 h。

五、思考题

（1）颜色鲜艳的衣服总能让人眼前一亮，长期穿用偶氮染料染成的衣服对人体健康有何影响?

（2）什么叫偶联反应？试结合本实验讨论一下偶联反应的条件。

（3）在本实验中，制备重氮盐时为什么要把对氨基苯磺酸变成钠盐？本实验若改成下列操作步骤：先将对氨基苯磺酸与盐酸混合，再滴加亚硝酸钠溶液进行重氮化反应。可以吗?为什么?

（4）试解释甲基橙在酸、碱介质中的变色原因，并用反应式表示。

【注释】

[1] 对氨基苯磺酸是两性化合物，酸性比碱性强，以酸性内盐存在，所以它能与碱作用成盐而不能与酸作用成盐。

[2] 若试纸不显蓝色，尚需补充亚硝酸钠溶液。

[3] 在此时往往析出对氨基苯磺酸的重氮盐。这是因为重氮盐在水中可以电离，形成中性内盐（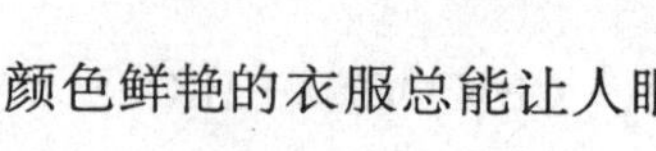），在低温时难溶于水而形成细小晶体析出。

[4] 若反应物中含有未作用的 *N*, *N*-二甲基苯胺醋酸盐，在加入氢氧化钠后，就会有难溶于水的 *N*, *N*-二甲基苯胺析出，影响产物的纯度。湿的甲基橙在空气中受光的照射后，颜色很快变深，所以一般得紫红色粗产物。

[5] 重结晶操作应迅速，否则由于产物呈碱性，在温度高时易变质，颜色变深。用乙醇、乙醚洗涤的目的是使其迅速干燥。

实验 25 肉桂酸的制备

一、实验目的

（1）通过肉桂酸的制备学习并掌握 Perkin 反应及其基本操作。

（2）掌握水蒸气蒸馏的原理和操作。

（3）学习并掌握固体有机化合物的提纯方法：脱色、重结晶。

二、实验原理

肉桂酸为白色或微黄色单斜结晶体，具有爽快的淡甜酯香味，几乎不溶于水，溶于乙醇、苯、丙酮和精油，熔点 133 °C，沸点 300 °C，相对密度（15 °C）1.245～1.280。

肉桂酸为允许使用的食用香料，主要用于配制香辛料，樱桃、杏、蜂蜜等型香料；作为有机合成中间体，主要用于医药行业，可用于生产甜味剂阿斯巴甜的主原料 L-苯丙氨酸；在农药方面，可作为生长促进剂和长效杀菌剂而用于果品和蔬菜的防腐。

芳香醛和酸酐在碱性催化作用下，可以发生类似羟醛缩合的反应，生成α,β-不饱和芳香醛，称为 Perkin 反应。催化剂通常是相应酸酐的羧酸钾或钠盐，有时也可用碳酸钾或叔胺代替，典型的例子是肉桂酸的制备，反应式如下

$$C_6H_5CHO + (CH_3CO)_2O \xrightarrow[110\sim120\ ℃]{CH_3COOK} C_6H_5CH{=}CHCOOK + CH_3COOH$$

碱的作用是促使酸酐烯醇化，生成醋酸酐碳负离子，接着碳负离子与芳醛发生亲核加成，第三步是中间产物的氧酰基交换产生更稳定的β-酰氧基丙酸负离子，最后经β-消去产生肉桂酸盐。用碳酸钾代替醋酸钾，反应周期可明显缩短。反应过程可表示如下：

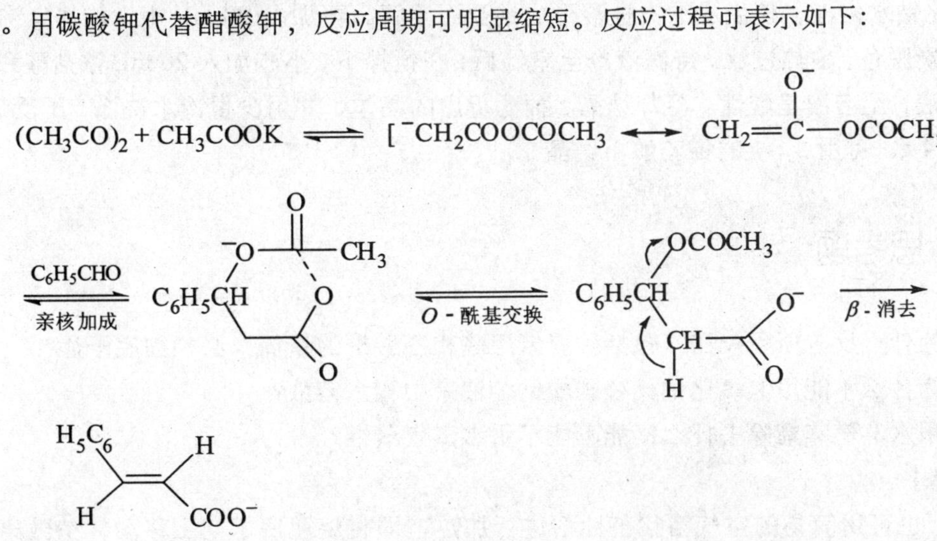

有趣的是，虽然理论上肉桂酸存在顺反异构体，但 Perkin 反应只得到反式肉桂酸（熔点

133 °C），顺式异构体（熔点 68 °C）不稳定，在较高的反应温度下很容易转变为热力学更稳定的反式异构体。

由于乙酐遇水易水解，催化剂乙酸钾易吸水，故要求反应器是干燥的。如有条件，乙酐和苯甲醛最好用新蒸馏的。

本实验中，反应物苯甲醛和乙酐的反应活性都较小，反应速率慢，必须提高反应温度来加快反应速率。但反应温度又不宜太高，一方面由于乙酐和苯甲醛的沸点分别为 140 °C 和 178 °C，温度太高会导致反应物的挥发；另一方面，温度太高易引起脱羧、聚合等副反应，故反应温度一般控制在 150～170 °C 左右。

三、实验试剂

5.3 g（5 mL，0.0 mol）苯甲醛（新蒸），15 g（14 mL，0.014 5 mol）醋酸酐（新蒸），7 g 无水碳酸钾，10%氢氧化钠，浓盐酸。

四、实验步骤

（1）在 250 mL 圆底烧瓶中加入 7 g 研细的无水碳酸钾、5 mL 苯甲醛和 14 mL 醋酸酐，三口烧瓶中间口接上空气冷凝管，侧口其一装上温度计，另一个用塞子塞上，将混合物在 170～180 °C 的油浴[1]中加热回流 45 min。由于有二氧化碳逸出，反应开始时会出现泡沫。

（2）冷却反应混合物，加入 40 mL 水浸泡几分钟，用玻璃棒或不锈钢刮刀轻轻捣碎瓶中的固体，进行水蒸气蒸馏（蒸去什么？），直至无油状物蒸出为止。将烧瓶冷却后，加入 40 mL 10%氢氧化钠水溶液，使生成的肉桂酸形成钠盐而溶解。再加入 90 mL 水，加热煮沸后加入少量活性炭脱色，趁热过滤。待滤液冷至室温后，在搅拌下，小心加入 20 mL 浓盐酸和 20 mL 水的混合液，至溶液呈酸性。冷却结晶，抽滤析出的晶体，并用少量冷水洗涤，干燥后称量，粗产物约 4 g。可用 3∶1 的稀乙醇重结晶。

五、思考题

（1）为什么反应所用仪器（包括称取苯甲醛和乙酸酐的量筒）必须彻底干燥？

（2）为什么不能用氢氧化钠代替碳酸钠溶液来中和水溶液？

（3）用水蒸气蒸馏除去什么？能不能不用水蒸气蒸馏？

【注释】

[1] 也可用简易的空气浴代替油浴进行加热，即将烧瓶底部向上移动，稍微离开石棉网进行加热回流。

实验 26 苯甲醇和苯甲酸的制备

一、实验目的

(1) 学习由苯甲醛制备苯甲酸的原理和方法，从而加深对 Cannizzaro 反应的认识。
(2) 熟练掌握液体有机物的洗涤和干燥等基本操作。
(3) 掌握低沸点、易燃有机溶剂的蒸馏操作。
(4) 掌握有机酸的分离方法。

二、实验原理

坎尼扎罗（Cannizzaro）反应，也译作康尼查罗反应、康尼扎罗反应、卡尼扎罗反应，是芳醛和其他无 α-活泼氢的醛（如甲醛、三甲基乙醛等）与浓的强碱溶液作用时，发生自身氧化还原反应，一分子醛被还原为醇，另一分子醛被氧化为酸的有机歧化反应。意大利化学家斯塔尼斯拉奥·坎尼扎罗通过用草木灰处理苯甲醛，得到了苯甲酸和苯甲醇，首先发现了这个反应，反应名称也由此得来。例如：

$$2C_6H_5CHO \xrightarrow{\text{浓 KOH}} C_6H_5CH_2OH + C_6H_5COOK$$

Cannizzaro 反应的实质是羰基的亲核加成。反应涉及羟基负离子对一分子芳香醛的亲核加成，加成物的负氢向另一分子苯甲醛的转移和酸碱交换反应，其机理可表示如下：

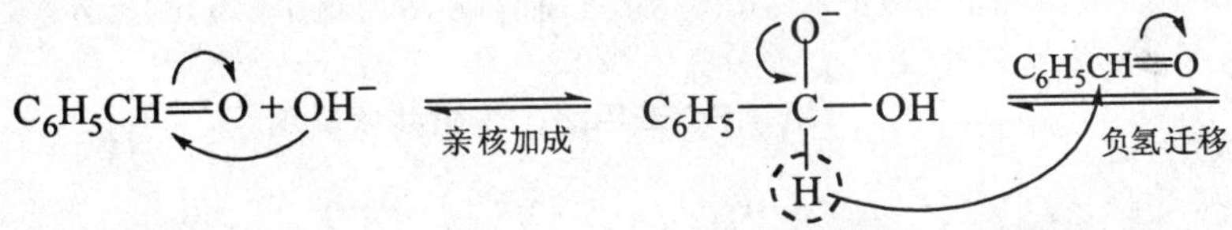

$$C_6H_5\overset{O}{\overset{\|}{C}}—OH + {}^-OCH_2C_6H_5 \xrightarrow{\text{酸碱交换}} C_6H_5\overset{O}{\overset{\|}{C}}—O^- + C_6H_5CH_2OH$$

苯甲醛在低温和过量碱存在下反应，产物中可分离出苯甲酸苄酯，这可能是由于苯甲醇在碱溶液中形成苄氧基负离子（$C_6H_5CH_2O^-$），对苯甲醛发生亲核加成反应的结果。

在 Cannizzaro 反应中，通常使用 50%的浓碱，其中碱的物质的量比醛的物质的量多一倍以上；否则反应不完全，未反应的醛与生成的醇混在一起，通过一般蒸馏很难分离。

芳醛与甲醛在浓碱存在下发生交叉的 Cannizzaro 反应，更活泼的甲醛作为氢的受体。当使用过量甲醛时，芳醛几乎可全部转化为芳醇，过量的甲醛被转化为甲酸盐和甲醇。

$$2C_6H_5CHO + KOH \longrightarrow C_6H_5CH_2OH + C_6H_5COOK$$

$$C_6H_5COOK \xrightarrow{H^+} C_6H_5COOH$$

本实验为苯甲醛在浓氢氧化钾作用下，生成苯甲醇和苯甲酸钾。反应混合物加水溶解后，用乙醚萃取，乙醚层经洗涤、干燥、蒸馏，得到苯甲醇，水层经酸化得到苯甲酸。

本实验涉及的部分有机物的各种谱图如图 4.6 至图 4.8 所示。

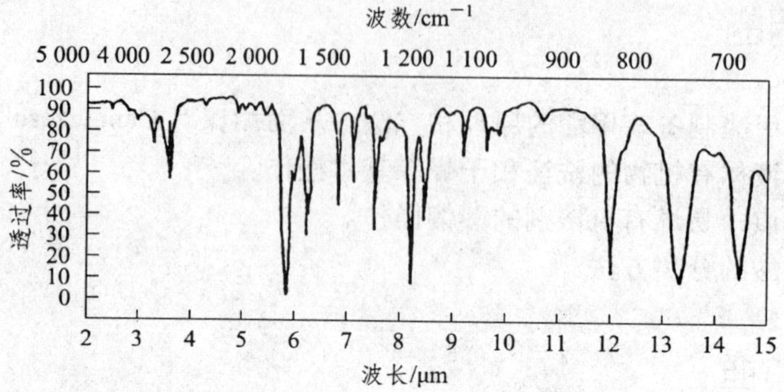

图 4.6 苯甲醛的红外光谱图

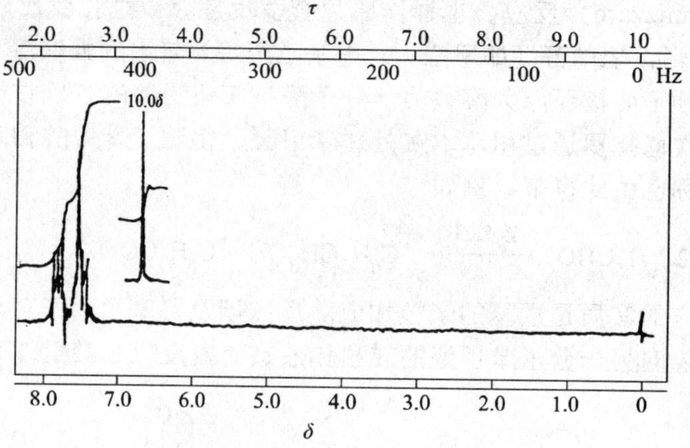

图 4.7 苯甲醛的核磁共振谱图

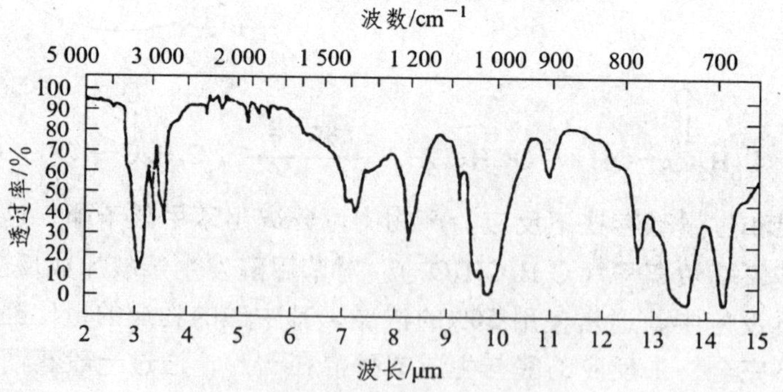

图 4.8 苄醇的红外光谱图

三、实验试剂

21 g（20 mL，0.2 mol）苯甲醛（新蒸），18 g（0.32 mol）氢氧化钾，乙醚，浓盐酸，硫酸镁，10%碳酸钠溶液。

四、实验步骤

实验装置如图 4.9。

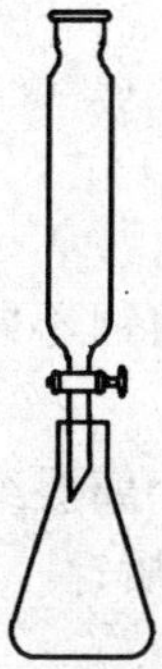

（a）萃取分液装置

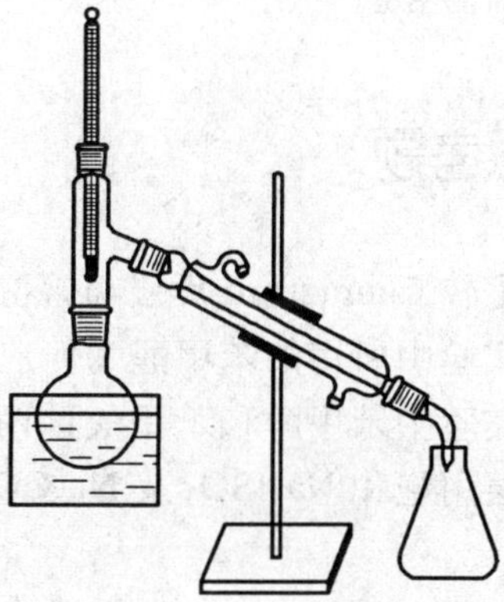

（b）蒸馏乙醚装置

（c）减压抽滤装置

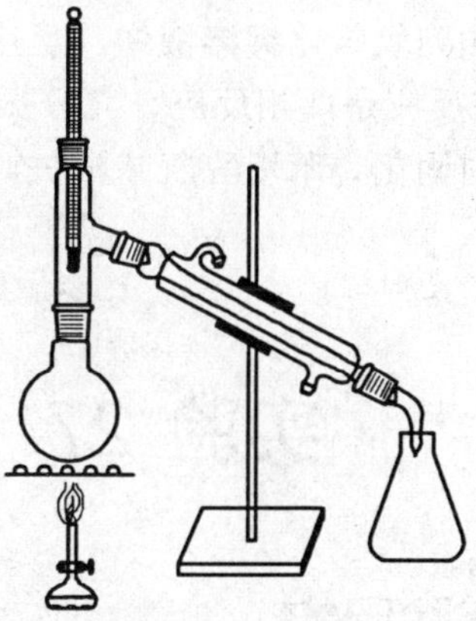

（d）蒸馏苯甲醇装置

图 4.9 苯甲醇和苯甲酸的制备装置

(1) 加料，歧化反应：在 250 mL 锥形瓶中加入 18 g 氢氧化钾和 18 mL 水，冷至室温后，分批加入 20 mL 新蒸馏过的苯甲醛[1]，每次约加 3 mL，每加一次后，都应塞紧瓶塞，用力摇动锥形瓶[2]，使反应物充分混合，若温度过高，可将锥形瓶放入冷水浴中冷却片刻，最后成为白色糊状物，放置 24 h 以上。

(2) 萃取，分离：向反应混合物中逐渐加入足够量的水（约 60 mL），不断振摇使其中的苯甲酸盐全部溶解。将溶液倒入分液漏斗，每次用 20 mL 乙醚萃取水层三次（萃取出什么？）。合并乙醚萃取液备用，水层也保留备用。

(3) 洗涤醚层：乙醚萃取液依次用 5 mL 饱和亚硫酸氢钠溶液，10 mL 10%碳酸钠溶液及 10 mL 水洗涤。

(4) 干燥，蒸馏：最后用无水硫酸镁或无水碳酸钾干燥。干燥后的乙醚溶液，先蒸去乙醚，再蒸馏苯甲醇，收集 204～206 °C 的馏分，产量约 8 g。

纯粹苯甲醇的沸点为 205.35 °C，折光率 $n_D^{20}=1.539\,6$ 。

(5) 酸化，重结晶：乙醚萃取后的水溶液，用浓盐酸酸化至使刚果红试纸变蓝。充分冷却使苯甲酸析出完全，抽滤，粗产物用水重结晶，得苯甲酸 8～9 g，熔点 121～122 °C。

纯粹苯甲酸的熔点为 122.4 °C。

本实验约需 8 h。

五、思考题

(1) 试比较 Cannizzaro 反应与羟醛缩合反应在醛的结构上有何不同?

(2) 本实验中所用的苯甲醛为何应新蒸馏?

(3) 本实验中苯甲醇和苯甲酸这两种产物是根据什么原理分离提纯的?

(4) 醚层用饱和 $NaHSO_3$ 及 Na_2CO_3 溶液洗涤，洗去什么杂质?

【注释】

[1] 由反应机理可知，歧化反应速率由产生氢负离子这一步决定，适当提高碱的浓度可以加速歧化反应，而碱的浓度升高使反应混合物黏稠性增大，搅拌困难，采用反加法，即将苯甲醛滴加到氢氧化钾溶液中，反应较易控制，产率与顺加法相同。

[2] 该反应是两相反应，充分振摇是反应成功的关键。若混合充分，放置 24 h 后混合物通常在瓶内固化，苯甲醛气味消失。

实验 27　阿司匹林的合成

一、实验目的

(1) 了解乙酰水杨酸的应用价值。

(2) 通过了解阿司匹林合成的原理和方法，加深对酰基化反应的理解。

(3) 掌握减压过滤、重结晶等基本操作。

二、实验原理

乙酰水杨酸，通常称为阿司匹林（Aspirin），是由水杨酸（邻羟基苯甲酸）和乙酸酐合成的。早在 18 世纪，人们已从柳树皮中提取了水杨酸，并注意到它可以作为止痛、退热和抗炎药，不过对肠胃刺激作用较大。1859 年，Kolbe 使用干燥的苯酚钠盐粉末和二氧化碳在 4～7 atm（1 atm＝101.325 kPa）下进行反应，制备廉价的水杨酸，现在工业上都用 Kolbe 合成法生产水杨酸。19 世纪末，人们终于成功地合成了可以替代水杨酸的有效药物——乙酰水杨酸。直到目前，阿司匹林仍然是一种使用最多、使用时间长的解热、镇痛和消炎药物，能抑制体温调节中枢的前列腺素合成酶，使前列腺素合成、释放减少，从而恢复体温中枢的正常反应性，使外周血管扩张并排汗，使体温恢复正常。阿司匹林还具有抗炎、抗风湿作用，并促进人体内所合成的尿酸的排泄，对抗血小板的聚集，适用于解热，减轻中度疼痛如关节炎、神经痛、肌肉痛、头痛、偏头痛、痛经、牙痛、咽喉痛、感冒及流感症状。

乙酰水杨酸为白色针状或板状结晶，无臭，微带酸味，易溶于乙醇（1 g 溶于 5 mL 乙醇中），溶于氯仿和醚，不易溶于水（1 g 溶于 300 mL 水中），碱性水溶液中易溶，但同时水解。其化学名为 2-乙酰氧基苯甲酸，其结构式为

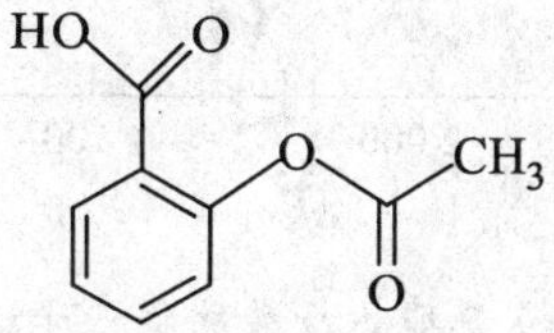

水杨酸是一种具有双官能团的化合物，一个是酚羟基，另一个是羧基。羟基和羧基都会发生酯化，而且还可以形成分子内氢键，阻碍酰化和酯化反应的发生。当水杨酸与乙酸酐作用时，可以得到乙酰水杨酸，即阿司匹林；与过量的甲醇反应，生成水杨酸甲酯，它是第一个作为冬青树的香味成分被发现的，因此通称为冬青油。本实验将进行前一个反应的试验，反应如下。

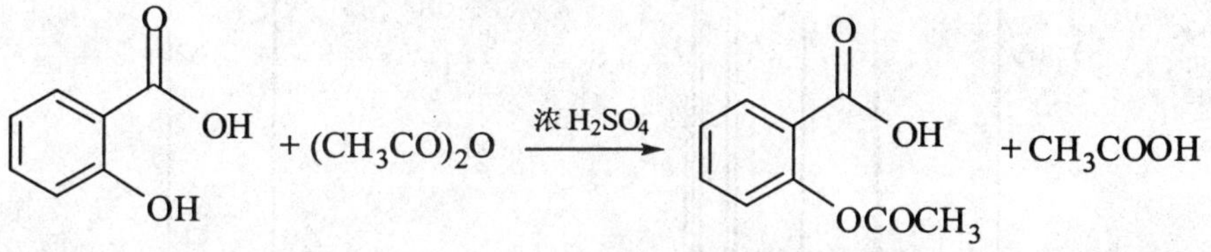

在生成乙酰水杨酸的同时，水杨酸分子之间可以发生缩合反应，生成少量的聚合物。

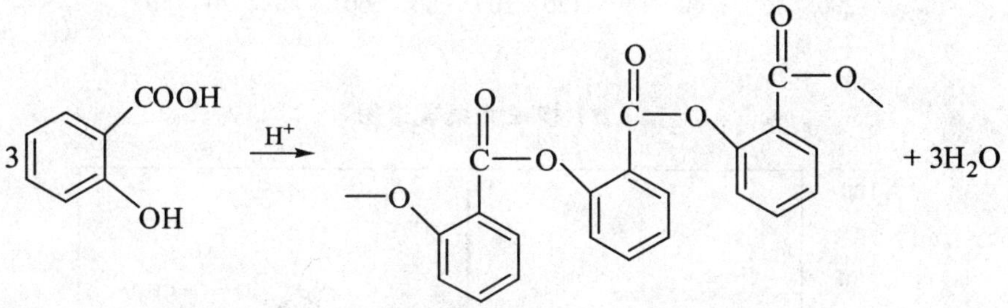

乙酰水杨酸能与碳酸氢钠反应生成水溶性钠盐，而副产物聚合物不能溶于碳酸氢钠溶液，这种性质上的差别可用于阿司匹林的纯化。

可能存在于最终产物中的杂质是水杨酸本身，这是由于乙酰化反应不完全或产物在分离步骤中发生水解造成的。它可以在各步纯化过程和产物的重结晶过程中被除去。与大多数酚类化合物一样，水杨酸可与三氯化铁形成深色配合物；阿司匹林因酚羟基已被酰化，不再与三氯化铁发生颜色反应，因此杂质很容易被检出。

阿司匹林的鉴定：

（1）外观及熔点。

纯乙酰水杨酸为白色针状或片状晶体，m.p.135～136 °C，但由于它受热易分解，因此熔点难以准确测量。

（2）各种谱图（图 4.10）。

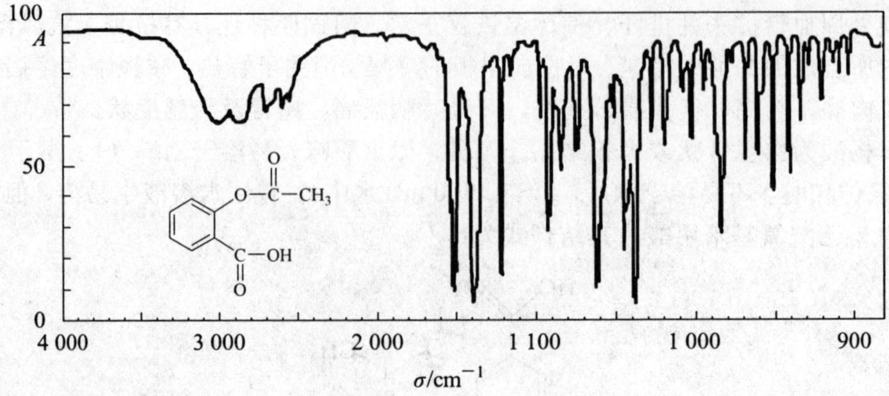

（a）乙酰水杨酸的红外光谱图

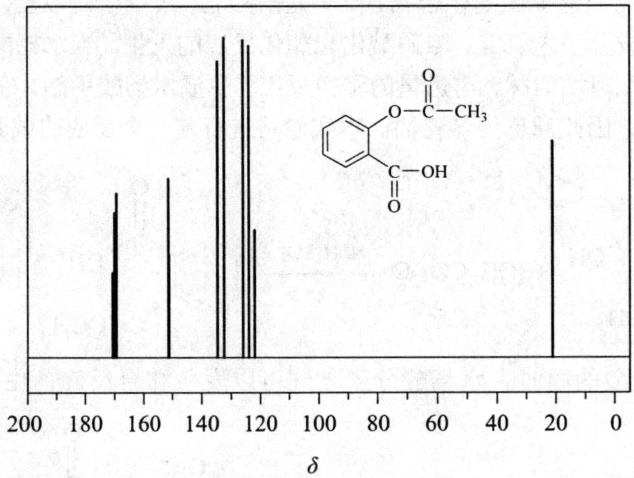

（b）核磁共振碳谱图

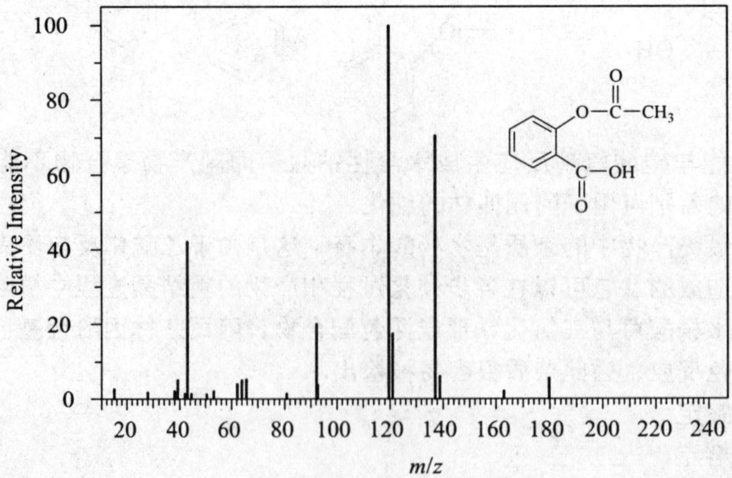

（c）质谱图

图 4.10　乙酰水杨酸的鉴定谱图

三、实验试剂

2 g（0.014 mol）水杨酸，5.4 g（5 mL，0.05 moL）乙酸酐，饱和碳酸氢钠水溶液，1%三氯化铁溶液，乙酸乙酯，浓硫酸，浓盐酸。

四、实验步骤

（1）在 250 mL 锥形瓶中加入 2 g 水杨酸、5 mL 乙酸酐[1]和 5 滴浓硫酸，旋摇锥形瓶使水杨酸全部溶解后，在水浴上加热 5～10 min，控制浴温在 85～90 °C[2]。冷至室温，即有乙酰水杨酸结晶析出。若无结晶，可用玻璃棒摩擦瓶壁并将反应物置于冰水中冷却使析出结晶。加入 50 mL 水，将混合物继续在冰水浴中冷却使结晶完全。减压过滤，用滤液反复淋洗锥形瓶，直至所有晶体被收集到布氏漏斗中。每次用少量冷水洗涤结晶几次，继续抽吸将溶剂尽量抽干。粗产物转移至表面皿上，在空气中风干，称量，粗产物约 1.8 g。

（2）将粗产物转移至 150 mL 烧杯中，在搅拌下加入 25 mL 饱和碳酸氢钠溶液，加完后继续搅拌几分钟，直至无二氧化碳气泡产生。抽气过滤，副产物聚合物应被滤出，用 5～10 mL 水冲洗漏斗，合并滤液，倒入预先盛有 4～5 mL 浓盐酸和 10 mL 水配成溶液的烧杯中，搅拌均匀，即有乙酰水杨酸沉淀析出。将烧杯置于冰浴中冷却，使结晶完全。减压过滤，用洁净的玻璃塞挤压滤饼，尽量抽去滤液，再用冷水洗涤 2～3 次，抽干水分。将结晶移至表面皿上，干燥后约 1.5 g，熔点 133～135 °C[3]。

（3）取几粒结晶加入盛有 5 mL 水的试管中，加入 1～2 滴 1%三氯化铁溶液，观察有无颜色反应。

（4）为了得到更纯的产品，可将上述结晶的一半溶于最少量的乙酸乙酯中（约需 2～3 mL），溶解时应在水浴上小心地加热。若有不溶物出现，可用预热过的玻璃漏斗趁热过滤。将滤液冷至室温，即有阿司匹林晶体析出。若无结晶析出，可在水浴上稍加浓缩，并将溶液置于冰水中冷却，或用玻璃棒摩擦瓶壁，抽滤收集产物，干燥后测熔点。

乙酰水杨酸为白色针状晶体，熔点 135～136 °C。

本实验约需 4 h。

五、思考题

（1）反应容器为什么要干燥无水？

（2）制备阿司匹林时，加入浓硫酸的目的何在？

（3）反应中有哪些副产物？如何除去？

（4）水杨酸可以在各步纯化过程和产物的重结晶过程中被除去，如何检验水杨酸已被除尽？

【注释】

[1] 仪器要全部干燥，药品也要经干燥处理，醋酸酐要使用新蒸馏的，收集 139～140 °C 的馏分。

[2] 由于分子内氢键的作用，水杨酸与醋酸酐直接反应需在 150～160 °C 才能生成乙酰水杨酸。加入浓硫酸的目的主要是破坏氢键的存在，使反应在较低的温度（90 °C）下就可以进行，而且可以大大减少副产物。

[3] 乙酰水杨酸易受热分解，因此熔点不很明显，它的分解温度 128～135 °C。测定熔点时，应先将热载体加热至 120 °C 左右，然后放入样品测定。

5 天然产物的提取

凡从天然植物或动物资源衍生出来的物质称为天然产物。人类对存在于自然界的有机化合物一直有着浓厚的兴趣，许多天然产物显示了惊人的生理效能，可以作为药物。例如，从植物中提取出的生物碱——奎宁曾经从疟疾的肆虐中拯救了千百万人的生命，吗啡碱是一种最早使用的镇痛剂，另一些植物则产生有价值的调味品、香料和染料。早期有机化学的研究主要是围绕天然产物的分离和鉴定展开的，即使在今天，寻求具有特殊结构与性质并特别用于人类健康的天然产物仍然是有机化学一个十分活跃的领域。

天然产物种类繁多，根据它们的结构特征一般可分为四大类，即碳水化合物、类脂化合物、萜类和甾族化合物及生物碱，其中生物碱是种类和变化最多的含氮碱性有机化合物。

天然产物的分离、提纯和鉴定是一项颇为复杂的工作。有机化学中常用的萃取、蒸馏、结晶等提纯方法曾经在分离天然产物过程中发挥了重要的作用，现在各种色谱手段如薄层层析、柱层析、气液色谱及高压液相色谱等已越来越多地用于天然产物粗品的分离。各种波谱技术与化学方法结合，已使天然产物结构测定大为方便。仿效天然产物进行的各种合成也取得了令人注目的成果。

我国有着极为丰富的中草药资源，为了有效合理地利用这一资源，对中草药有效成分的研究就显得十分必要，在这方面我国科学工作者已取得了可喜的进展。

为了使学生对天然产物的分离提取有一个初步的概念，本节选入了从橙皮中提取橙油、黄连中黄连素的提取、菠菜色素的提取和色素分离及从烟叶中提取烟碱等实验供大家学习。

实验 28 从橙皮中提取橙油

一、实验目的

(1) 学习从橙皮中提取橙油的原理和方法。

(2) 了解并掌握水蒸气蒸馏的原理及基本操作。

(3) 巩固分液漏斗的使用方法。

二、实验原理

精油是植物组织经水蒸气蒸馏得到的挥发性成分的总称，大部分具有令人愉快的香味，主要组成为单萜类化合物。在工业上经常用水蒸气蒸馏的方法收集精油（有关水蒸气蒸馏的原理见实验 8）。橙油是一种常见的天然香精油，主要存在于柠檬、橙子和柚子等水果的果皮中。橙油中含有多种分子式为 $C_{10}H_{16}$ 的物质，它们均为无色液体，沸点、折光率都很相近，多具有旋光性，不溶于水，溶于乙醇和冰醋酸。橙油的主要成分（90%以上）是柠檬烯。柠檬烯是多种水果（主要为柑橘类）、蔬菜及香料中存在的天然成分，在柑橘类水果（特别是果皮）、香料和草药的精油中含量较高。橙皮精油中柠檬烯含量高达 90%～95%（质量分数）。食品调料、葡萄酒和植物油（大麦油、米糠油、橄榄油、棕榈油）都是该类化合物的丰富来源。

柠檬烯属于萜类化合物。萜类化合物是指基本骨架可看做由两个或更多的异戊二烯以头尾相连而构成的一类化合物。根据分子中的碳原子数目可以分为单萜、倍半萜和多萜等。柠檬烯是一环状单萜类化合物，它的结构式如下：

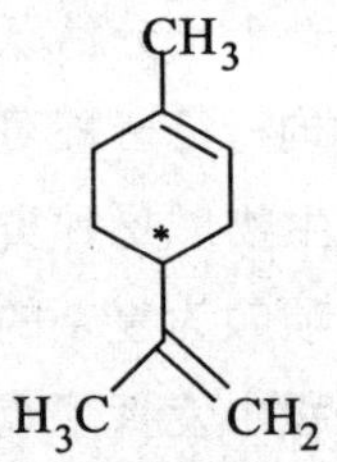

分子中有一手性碳原子，故存在光学异构体。存在于水果果皮中的天然柠檬烯是以（+）或 *d*-的形式出现。通常称为 *d*-柠檬烯，它的绝对构型是 *R* 型。

本实验中，我们将从橙皮中提取柠檬烯，将橙皮进行水蒸气蒸馏，用二氯甲烷萃取馏出液，然后蒸去二氯甲烷，留下的残液为橙油，主要成分是柠檬烯。分离得到的产品可以通过测定折射率、旋光度和红外、核磁共振谱进行鉴定，同时用气相色谱分析分离产品的纯度。

三、实验试剂

新鲜橙子皮，二氯甲烷，无水硫酸钠。

四、实验步骤

（1）将 2～4 个橙皮[1]剪成极小碎片，称量后置于 500 mL 圆底烧瓶中，加入 250 mL 热水。安装水蒸气蒸馏装置，进行水蒸气蒸馏。控制馏出速度为 1 滴/s[2]，收集馏出液 100～150 mL。这时可观察到馏出液水面上浮着一层薄薄的油层。

（2）将馏出液移至分液漏斗中，用 10 mL 二氯甲烷萃取两至三次，弃去水层，合并萃取液，然后用 1 g 无水硫酸钠进行干燥。

（3）将干燥液滤入 50 mL 圆底烧瓶中，配上蒸馏头，用普通蒸馏方法水浴蒸去大部分溶剂，将剩余液体移至一支试管（预先称量）中，继续在水浴上小心加热，浓缩至完全除净溶剂为止[3]。揩干试管外壁，称量，以所用橙皮的质量为基准，计算橙油的回收率。

（4）测定纯柠檬烯的折射率。

纯柠檬烯的沸点为 176 °C，折射率 $n_D^{20}=1.4727$。

五、思考题

（1）能用水蒸气蒸馏提纯的物质应具备什么条件?

（2）在水蒸气蒸馏过程中，出现安全管的水柱迅速上升，并从管上口喷出来等现象，这表现蒸馏体系中发生了什么故障?

（3）在水蒸气发生器与蒸馏器之间需连接一个 T 形管，在 T 形管下口再接一根带有螺旋夹的橡皮管，请说明此装置有何用途。

（4）在停止水蒸气蒸馏时，为什么一定要先打开螺旋夹，然后再停止加热?

【注释】

[1] 橙子皮要新鲜，剪成小碎片。

[2] 蒸馏速度不宜太快，以 1 滴/s 为宜，这样可有足够时间将橙油带出。

[3] 产品中二氯甲烷一定要除净，否则会影响产品的纯度。也可用水泵减压抽去残余的二氯甲烷，瓶中留下少量橙黄色液体即为橙油。

实验 29 黄连中黄连素的提取

一、实验目的

（1）掌握生物碱提取的原理和方法。

（2）熟练掌握回流、减压蒸馏等操作技术。

二、实验原理

黄连为我国名产药材之一，抗菌力很强，对急性结膜炎、口疮、急性细菌性痢疾、急性肠胃炎等均有很好的疗效。黄连中含有多种生物碱，除以黄连素（俗称小檗碱，Berberine）为主要有效成分外，还含有黄连碱、甲基黄连碱、棕榈碱和非洲防己碱等。随野生和栽培及产地不同，黄连中黄连素的含量为 4%～10%。含黄连素的植物很多，如黄柏、三颗针、伏牛花、白屈菜、南天竹等均可作为提取黄连素的原料，但黄连和黄柏含量较高。

黄连素又名小檗碱，临床上主要用它的盐酸盐制剂——盐酸黄连素片（盐酸小檗碱）。黄连素是止泻类非处方药药品，对细菌只有微弱的抑制作用，但对痢疾杆菌、大肠杆菌引起的肠道感染十分有效，因此临床主要用于治疗肠道感染、腹泻。

黄连素是黄色针状晶体，微溶于水和乙醇，较易溶于热水和热乙醇中，几乎不溶于乙醚。黄连素在水溶液中存在三种互变异构体，但自然界多以较稳定的季铵碱的形式存在。黄连素的盐酸盐、氢碘酸盐、硫酸盐、硝酸盐均难溶于冷水，易溶于热水，故可用水对其进行重结晶，从而达到纯化目的。

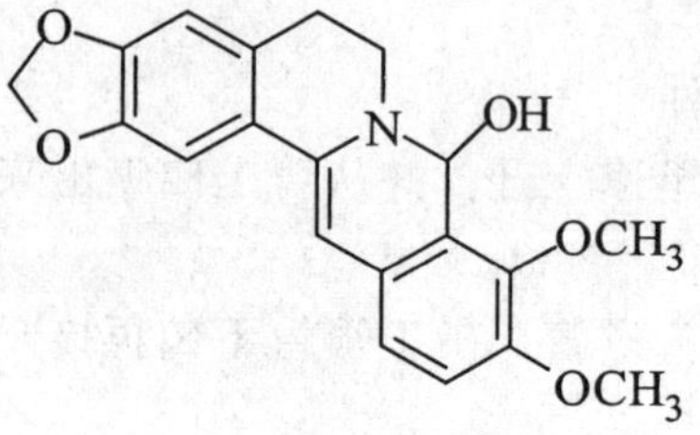

（醇式）

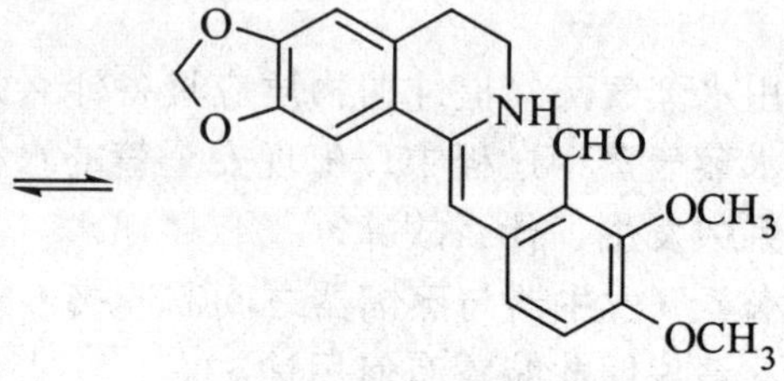

（醛式）

（季铵碱式）

小檗碱盐酸盐（Berberine Chloride）分子式为 $C_{20}H_{18}ClNO_4 \cdot xH_2O$，熔点 205 °C（分解），微溶于冷水，较易溶于沸水；其硝酸盐及氢碘酸盐极难溶于水（冷水约 1∶2 000）；其中性硫酸盐、磷酸盐、醋酸盐在水中溶解度较大。小檗碱的盐类在水中的溶解度具体为：盐酸小檗碱 1∶500，硫酸小檗碱 1∶30（酸性盐 1∶100），枸橼酸小檗碱 1∶125，磷酸小檗碱 1∶15。

从黄连中提取黄连素，往往采用适当的溶剂（如乙醇、水、硫酸等），在脂肪提取器中连续抽提（也可利用简单回流装置进行 2～3 次加热回流，每次约半小时，回流液体合并使用即可），然后浓缩，再用酸酸化，得到相应的盐。粗产品可以采取重结晶等方法进一步提纯。

三、实验试剂

黄连、乙醇、1%醋酸、浓盐酸。

四、实验步骤

（1）称取 10 g 中药黄连切碎、磨烂，放入 250 mL 圆底烧瓶中，加入 100 mL 乙醇，装上回流冷凝管，热水浴加热回流 0.5 h[1]，冷却并静置浸泡 0.5 h，抽滤，滤渣重复上述处理 1～2 次，合并滤液。

(2) 在水泵减压下蒸出乙醇（回收），直到残留物呈棕红色糖浆状。

(3) 加入 1%醋酸（约 30～40 mL）于糖浆中，加热溶解，趁热抽滤以除去不溶物[2]，然后在滤液中滴加浓盐酸至溶液浑浊为止（约需 10 mL），放置冷却（最好用冰水冷却），即有黄色针状的黄连素盐酸盐析出（若晶体不好，可用水重结晶一次[3]）。

(4) 抽滤，结晶用冰水洗涤两次，再用丙酮洗涤一次，加速干燥，烘干称量。产品待鉴定。

五、思考题

(1) 从黄连中提取黄连素可采用哪些方法?

(2) 根据黄连素的性质，除用乙醇回流提取外，还可用哪些提取方法?

【注释】

[1] 本实验也可用 Soxhlet 提取器连续提取。

[2] 滴加浓盐酸前，不溶物要去除干净，否则影响产品的纯度。

[3] 得到纯净的黄连素晶体比较困难。将黄连素盐酸盐加热水至刚好溶解，煮沸，用石灰乳调节 pH＝8.5～9.8，冷却后滤去杂质，滤液继续冷却到室温以下，即有针状的黄连素析出，抽滤，将结晶在 50～60 °C 下干燥，熔点 145 °C。

实验 30 菠菜中色素的提取和分离

一、实验目的

(1) 通过绿色植物色素的提取和分离，了解天然物质分离、提纯的方法。

(2) 了解柱层析和薄层色谱分离的基本原理，掌握柱层析和薄层色谱分离的操作技术。

(3) 通过柱色谱和薄层色谱分离操作，加深了解微量有机物色谱分离鉴定的原理。

二、实验原理

绿色植物如菠菜叶中的叶绿体含有绿色素（包括叶绿素 a 和叶绿素 b）和黄色素（包括胡萝卜素和叶黄素）两大类天然色素。这两类色素都不溶于水，而溶于有机溶剂，故可用乙醇或丙酮等有机溶剂提取。

叶绿素存在两种结构相似的形式即叶绿素 a（$C_{55}H_{72}O_5N_4Mg$）和叶绿素 b（$C_{55}H_{70}O_6N_4Mg$），其差别仅是 a 中一个甲基被 b 中的甲酰基所取代。它们都是吡咯衍生物与金属镁的配合物，是植物进行光合作用所必需的催化剂。植物中叶绿素 a 的含量通常是 b 的 3 倍。尽管叶绿素分子中含有一些极性基团，但大的烃基结构使它易溶于醚、石油醚等一些非极性溶剂。

胡萝卜素（$C_{40}H_{56}$）是具有长链结构的共轭多烯。它有三种异构体，即α-胡萝卜素、β-胡萝卜素和γ-胡萝卜素，其中β-胡萝卜素含量最多，也最重要。在生物体内，β-胡萝卜素受酶催化氧化形成维生素 A。目前β-胡萝卜素已可进行工业生产，可作为维生素 A 使用，也可作为食品工业中的色素。

叶黄素（$C_{40}H_{56}O_2$）是胡萝卜素的羟基衍生物，它在绿叶中的含量通常是胡萝卜素的 2 倍。与胡萝卜素相比，叶黄素较易溶于醇而在石油醚中溶解度较小。

4 种色素及维生素的结构如下所示：

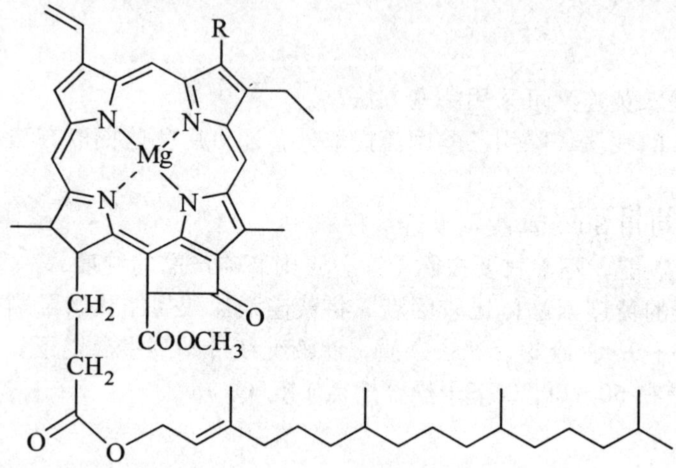

叶绿素 a (R = —CH_3)　　叶绿素 b (R = —CHO)

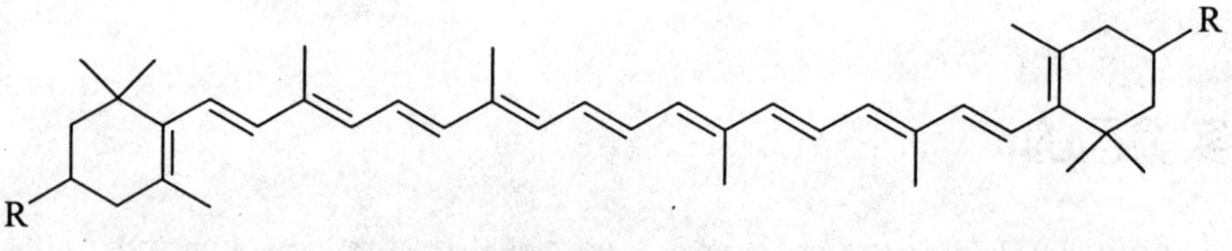

β-胡萝卜素 (R = —H)　　叶黄素 (R = —OH)

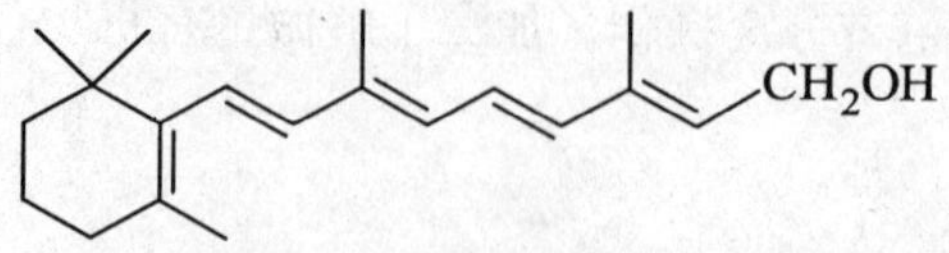

维生素 A

石油醚是一种脂溶性很强的有机溶剂。叶绿体中的 4 种色素在石油醚中的溶解度是不同的：溶解度最大的是胡萝卜素，它随石油醚在滤纸上扩散得最快；叶黄素和叶绿素 a 的溶解度次之；叶绿素 b 的溶解度最低，扩散得最慢。这样，四种色素就在扩散过程中分离开来。

同样，提取液可用色层分析的原理加以分离。因吸附剂对不同物质的吸附力不同，当用适当的溶剂推动时，混合物中各成分在两相（流动相和固定相）间具有不同的分配系数，所以它们的移动速度不同，经过一定时间层析后，可将混合色素分离。

本实验是用活性氧化铝做吸附剂，从菠菜中提取上述几种色素，并通过薄层层析和柱层析进行分离。有条件的，可进行β-胡萝卜素紫外光谱测定。

三、实验试剂

硅胶 G，中性氧化铝，95%乙醇，石油醚（60～90 °C），丙酮，乙酸乙酯，菠菜叶。

四、实验步骤

1. 菠菜色素的提取

（1）称取 20 g 洗净后用滤纸吸干的新鲜（或冷冻）菠菜叶[1]，用剪刀剪碎并与 20 mL 甲醇拌匀，在研钵中研磨约 5 min[2]，然后用布氏漏斗抽滤菠菜汁，弃去滤液。

（2）将菠菜汁放回研钵，每次用 20 mL 3∶2（体积比）的石油醚－甲醇混合液萃取两次，每次需加以研磨并且抽滤。合并深绿色萃取液，转入分液漏斗，每次用 10 mL 水洗涤两次，以除去萃取液中的甲醇。洗涤时要轻轻旋荡，防止产生乳化。弃去水-甲醇层，石油醚层用无水硫酸钠干燥后滤入圆底烧瓶，在水浴上蒸去大部分石油醚至体积约为 1 mL 为止。

2. 薄层层析

（1）取四块显微载玻片，用硅胶 G 经 0.5%羧甲基纤维素钠调制后制板，晾干后在 110 °C 活化 1 h。

展形剂：（a）石油醚-丙酮 8∶2（体积比）

（b）石油醚-乙酸乙酯＝6∶4（体积比）

（2）取活化后的层析板，点样后，小心放入预先加好选定展开剂的广口瓶内。瓶的内壁贴一张高 5 cm，绕周长约 4/5 的滤纸，下部浸入展开剂中，盖好瓶盖。待展开剂上升至规定高度时，取出层析板，在空气中晾干，用铅笔作出标记。

（3）分别用展开剂 a 和 b 展开，比较不同展开剂系统的展开效果。观察斑点在板上的位置并排列出胡萝卜素、叶绿素和叶黄素的 R_f 值的大小顺序。

注意：更换展开剂时，必须干燥层析瓶，不允许前一种展开剂带入后一系统。

3. 柱层析

（1）在 20×10 cm 的层析柱中，加 15 cm 高的石油醚。另取少量脱脂棉，先在小烧杯内用石油醚浸湿，挤压以驱除气泡，然后放在层析柱底部，在它上面加一片直径比柱略小的圆形滤纸。将 20 g 层析用的中性氧化铝（150～160 目）从玻璃漏斗中缓缓加入，小心打开柱下活塞，保持石油醚高度不变，流下的氧化铝在柱子中堆积。必要时用装在玻璃棒上的橡皮塞轻轻敲击层析柱的周围，使吸附剂装得平整致密。柱中溶剂面由下端活塞控制，不能满溢，也不能放干。装完后，上面再加一片圆形滤纸，打开下端活塞，放出溶剂，直到氧化铝表面剩下 1～2 mm 高为止。

注意：在任何情况下，氧化铝表面不得露出液面。

(2) 将上述菠菜色素的浓缩液用滴管小心地加到层析柱顶部，加完后，打开下端活塞，让液面下降到柱面以下 1 mm 左右，关闭活塞，加数滴石油醚，打开活塞，使液面下降，经几次反复，使色素全部进入柱体。

(3) 待色素全部进入柱体后，在柱顶小心加约 1.5 cm 高的洗脱剂——9∶1（体积比）的石油醚-丙酮溶液。然后在层析柱上面装一滴液漏斗，内装 15 mL 洗脱剂。打开上下两个活塞，让洗脱剂逐滴放出，层析即开始进行，用锥形瓶收集[3]。当第一个有色成分即将滴出时，取另一锥形瓶收集，得橙黄色溶液，它就是胡萝卜素，用洗脱剂约 50 mL。用石油醚稀释后，作紫外光谱测定。

(4) 如时间和条件允许，可用 7∶3（体积比）石油醚-丙酮做洗脱剂，分出第二个黄色带，它是叶黄素。再用 3∶1∶1（体积比）丁醇-乙醇-水洗脱叶绿素 a（蓝绿色）和叶绿素 b（黄绿色）。并将分离后的色素进行 TLC 分析。

五、思考题

试比较叶绿素、叶黄素和胡萝卜素三种色素的极性，为什么胡萝卜素在层析柱中移动最快？

【注释】

[1] 选材时要注意选取新鲜、颜色深的叶片。

[2] 甲醇和层析液都是易挥发且有一定毒性的有机溶剂，所以研磨时要快，收集的滤液要用塞子塞住，层析时要加盖，减少有机溶剂的挥发。

[3] 洗脱流速不宜过快，避免因此压紧凝胶，色素分离不开；也不要过慢，使柱装得太松，导致层析过程中凝胶床高度下降，色素洗脱很慢。因此应控制洗脱流速，以每分钟 60～80 滴为宜。

实验 31 从烟叶中提取烟碱

一、实验目的

(1) 掌握从烟叶中分离提取烟碱（尼古丁）的基本原理。
(2) 掌握烟碱的萃取，溶剂的蒸馏回收，烟碱二苦味酸盐的提纯技术。

二、实验原理

烟碱又名尼古丁，是存在于烟草中主要的生物碱，于 1928 年首次被分离出来，它是具有吡啶和吡咯两种杂环的含氮碱，天然尼古丁是左旋体，结构如下。

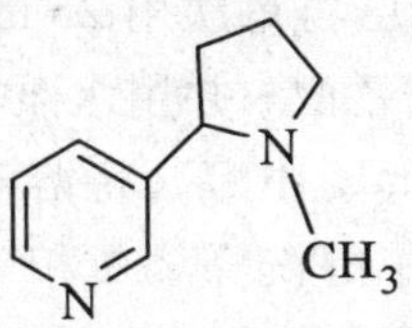

烟碱在商业上用做杀虫剂以及兽医药剂中寄生虫的驱除剂。烟碱有剧毒，它对人类的毒害很大，是导致吸烟者成瘾的重要物质，吸烟者通常所说的“烟劲”与每口烟气中烟碱含量有直接关系，当吸烟者吸烟时烟碱进入血液并被输送到大脑的时间仅为 7～9 s，此时吸烟者会产生快感等一系列生理反应。

烟碱为无色油状液体，沸点 246 °C，无臭，味极辛辣，一经日光照射即被分解，转变为棕色并有特殊的烟嗅。在 60 °C 以下与水结合成水合物，故可与水以任意比混溶，易溶于酒精、乙醚等许多有机溶剂，能随水蒸气挥发而不分解。由于分子中两个氮都显碱性，故一般能与 2 mol 的酸成盐。

本实验将从干燥的烟叶（一支雪茄）中离析出烟碱，它在烟叶中含量为 2%～3%，并与柠檬酸及苹果酸结合在一起。用强碱（5%氢氧化钠）溶液萃取烟叶，使产生游离碱，然后再用乙醚将它从碱溶液中萃取出来，并进一步精制。由于烟碱是液体，并且从一支雪茄烟中离析出的量很少，不易纯化和操作，因此在萃取后的溶液中加入苦味酸，使烟碱成为二苦味酸盐的结晶而离析出来，并通过测定衍生物的熔点加以鉴定。反应式如下：

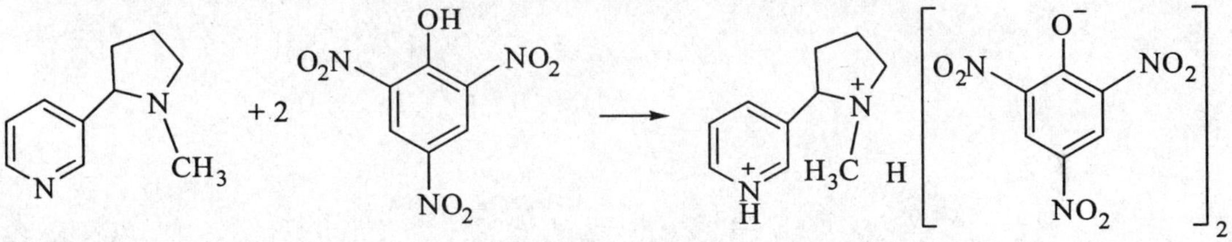

三、实验试剂

烟叶，5%氢氧化钠溶液，乙醚，饱和苦味酸甲醇溶液，甲醇。

四、实验步骤

（1）在 400 mL 烧杯中加入 8.5 g 研碎的雪茄烟叶[1]和 100 mL 5%氢氧化钠溶液，搅拌 5 min。然后用布氏漏斗抽气过滤。勿放置滤纸（滤纸在碱液中会立即膨胀并失去作用），用干净的玻璃塞或小烧杯的底部挤压过滤的烟叶以挤出所有的碱提取液，接着用 20 mL 水洗涤烟叶，并再次抽滤挤压。将抽滤后的碱提取液通过在颈口放置有玻璃毛的短颈漏斗过滤，以除去少量穿过漏斗的烟叶碎片，用少量水洗涤玻璃毛并将洗涤液合并至碱提取液中。

（2）将黑褐色的过滤液移入 250 mL 分液漏斗中，用 25 mL 乙醚萃取。萃取时应轻轻旋荡，但不要振荡漏斗，以免形成乳浊液而难以分层。分出下层水相于烧杯中并予以保留。当醚层趋近活塞时，可能在漏斗尖底部出现少量黑色乳状液，小心从漏斗上口将醚层倾于 100 mL 圆底烧瓶中与乳浊液分离，水层再每次用 25 mL 乙醚萃取两次。

(3) 合并醚萃取液，在水浴上蒸去乙醚，并用水泵将溶剂抽干。残余物[2]中加入 1 mL 水，并轻轻旋摇使残渣溶解。然后加入 4 mL 甲醇，将溶液通过放有玻璃毛（或一小团棉花的短颈漏斗过滤到小烧杯中，并用 5 mL 甲醇洗涤烧瓶和玻璃毛，合并至小烧杯中。此时溶液应是清亮的，否则需重新过滤。在搅拌下向烧杯中加入 10 mL 饱和苦味酸盐的甲醇溶液，立即析出浅黄色的二苦味酸烟碱盐沉淀。用玻璃钉漏斗过滤，干燥后测定熔点。按此操作得到的二苦味酸烟碱盐熔点为 217～220 °C，称量并计算所提取的烟碱的产率。

(4) 用刮刀将粗产物移入 50 mL 锥形瓶中，加入 20 mL 50%（体积比）乙醇-水溶液，小心加热至沸使粗产物溶解，放置让其自然冷却。注意亮黄色长形棱状结晶的生成。结晶过程有时较缓慢，可用刮刀摩擦瓶壁促使结晶或塞住瓶子放置至下次实验。抽滤，干燥后称量并测定熔点，纯二苦味酸烟碱盐的熔点为 222～223 °C。

【注释】

[1] 也可用普通香烟烟丝代替雪茄，由于大多数烟厂都试图去除烟草中的尼古丁，因此雪茄烟或市售的干燥烟叶是更理想的提取烟碱原料。

[2] 烟碱有剧毒，致死量为 60 mg，操作时务必小心。若不慎手上沾上烟碱提取液，应用水冲洗后用肥皂擦洗。

6　综合设计性实验

有机化学综合设计性实验是在有机化学理论课和实验课数学完成之后，在学生已初步掌握有机化学的基本理论知识和基本实验操作技能的基础上，集中进行的实验操作训练。

综合设计型实验的目的在于，促进学生把已学的理论知识和基础实验技能相结合，并将这些知识灵活运用，使学生体会并掌握分析问题、设计实验的思路和方法，培养学生的创新能力，让学生自已独立动脑，从设计到实践完成一个完整的实验。

传统的实验教学都是“以教师为中心”，由教师设计好实验，给出方案、条件，学生围绕着教师，看教师怎么说、怎么做；而设计性实验是每组学生自行独立设计，教师只是组织者、指导者，学生才是整个学习过程的中心，这将有利于学生个性的发展，调动其学习的主动性和积极性。

学生根据教师的实验任务要求，查阅相关文献，根据所学理论知识，设计实验方案，在进入实验室前上交计划，教师分析所设计路线的可行性，结合实验室条件做一定的讲解和修改，让学生开始实验。

实验 32　从茶叶中提取咖啡因的研究

一、实验目的

（1）学习和掌握从茶叶中提取咖啡因的原理和方法。
（2）掌握脂肪提取器的原理和使用方法。
（3）学习和掌握用升华方法提纯天然有机化合物的操作技术。

二、实验原理

咖啡因（Caffeine）是一种作用于中枢神经的药物，具有强心、利尿、兴奋和刺激胃液分泌等作用，可用于配制茶碱、氨茶碱和荷尔蒙等药物，由于它在各类植物中含量较少，提取比较困难，一直是一种紧俏的药物原料。但近年来，天然绿色产品越来越受重视，从含量相对较高的茶叶（1%～5%）中提取咖啡因也因此备受关注。

茶叶中含有多种生物碱，其中以咖啡碱（又称咖啡因）为主，占 1%～5%，另外还含有 11%～12%的丹宁酸（又名鞣酸），0.6%的色素，纤维素，蛋白质等。咖啡碱是弱碱性化合物，易溶于氯仿（12.5%）、水（2%）及乙醇（2%）等。在苯中的溶解度为 1%（热苯为 5%）。丹宁酸易溶于水和乙醇，但不溶于苯。

咖啡因属杂环化合物嘌呤的衍生物，它的化学名称为 1, 3, 7-三甲基-2, 6-二氧嘌呤，结构如下：

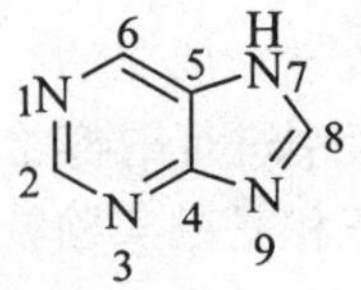

嘌呤

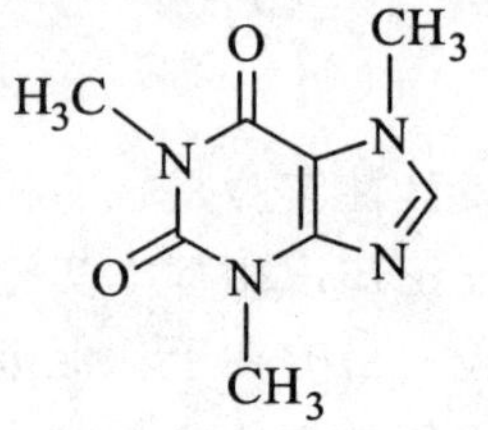

咖啡因（1, 3, 7-三甲基-2, 6-二氧嘌呤）

含结晶水的咖啡因是无色针状结晶，味苦，能溶于水、乙醇、氯仿等。在 100 °C 时即失去结晶水，并开始升华，120 °C 时升华相当显著，至 178 °C 时升华很快。无水咖啡因的熔点为 234.5 °C。

从茶叶中提取咖啡因传统的方法有乙醇回流法和碳酸钠溶液煮沸法。乙醇回流法是利用适当的溶剂（氯仿、乙醇、苯等）在脂肪提取器中连续抽提，然后蒸去溶剂，即得粗咖啡因，粗咖啡因中还含有其他一些生物碱和杂质，利用升华可进一步提纯。但缺点是需在 Soxhlet 萃取器中回流约 2.5 h 以上，生产周期较长，醇耗、能耗较大，不利于工业化生产。碳酸钠溶液煮沸法虽只需煮沸 20 min，但煮沸后溶液呈胶泥状，影响过滤和萃取，致使产品回收率较低。

微波萃取的原理就是利用不同结构物质吸收微波能力的差异，使基体物中的目标组分被选择性加热，物料内部温度上升，增大目标组分的溶解度；加速目标组分向萃取溶剂界面扩散，缩短目标组分的分子由物料内部扩散到萃取溶剂界面的时间而使萃取速率提高。目前微波辐射已迅速发展成为一项新兴的天然产物提取技术。和乙醇回流法和碳酸钠溶液煮沸法等传统方法相比，微波辐射法从茶叶中提取咖啡因具有省时、节能、溶剂消耗少和提取率高、产品纯度高等优点。

工业上，咖啡因主要通过人工合成制得。它具有刺激心脏、兴奋大脑神经和利尿等作用，因此可作为中枢神经兴奋药。它也是复方阿司匹林（APC）等药物的组分之一。

咖啡因可以通过测定熔点及光谱法加以鉴别。此外，还可以通过制备咖啡因水杨酸盐衍生物进一步得到确证。咖啡因作为碱，可与水杨酸作用生成水杨酸盐，此盐的熔点为 137 °C。

实验方法（一）索氏提取法

三、实验试剂

15 g 茶叶，95%乙醇，生石灰。

四、实验步骤

按图 6.1 装好提取装置[1]。称取 15 g 茶叶末，放入脂肪提取器的滤纸套筒中[2]，在圆底烧瓶中加入 120 mL 95%乙醇，用水浴加热，连续提取 2～3 h[3]。待冷凝液刚刚虹吸下去时，立即停止加热。稍冷后，改成蒸馏装置，回收提取液中的大部分乙醇[4]。趁热将瓶中的残液倾入蒸发皿中，拌入 5～6 g[5]生石灰粉，使成糊状，在蒸气浴上蒸干，其间应不断搅拌，并压碎块状物。最后将蒸发皿放在石棉网上，用小火焙炒片刻，务必将水分全部除去。冷却后，擦去沾在边上的粉末，以免在升华时污染产物。取一只口径合适的玻璃漏斗，罩在隔以刺有许多小孔的滤纸的蒸发皿上，用砂浴小心加热升华[6]，控制砂浴温度在 220 °C 左右。当滤纸上出现许多白色毛状结晶时，暂停加热，让其自然冷却至 100 °C 左右。小心取下漏斗，揭开滤纸，用刮刀将纸上和器皿周围的咖啡因刮下。残渣经拌和后用较大的火再加热片刻，使升华完全。合并两次收集的咖啡因，称量并测定熔点。

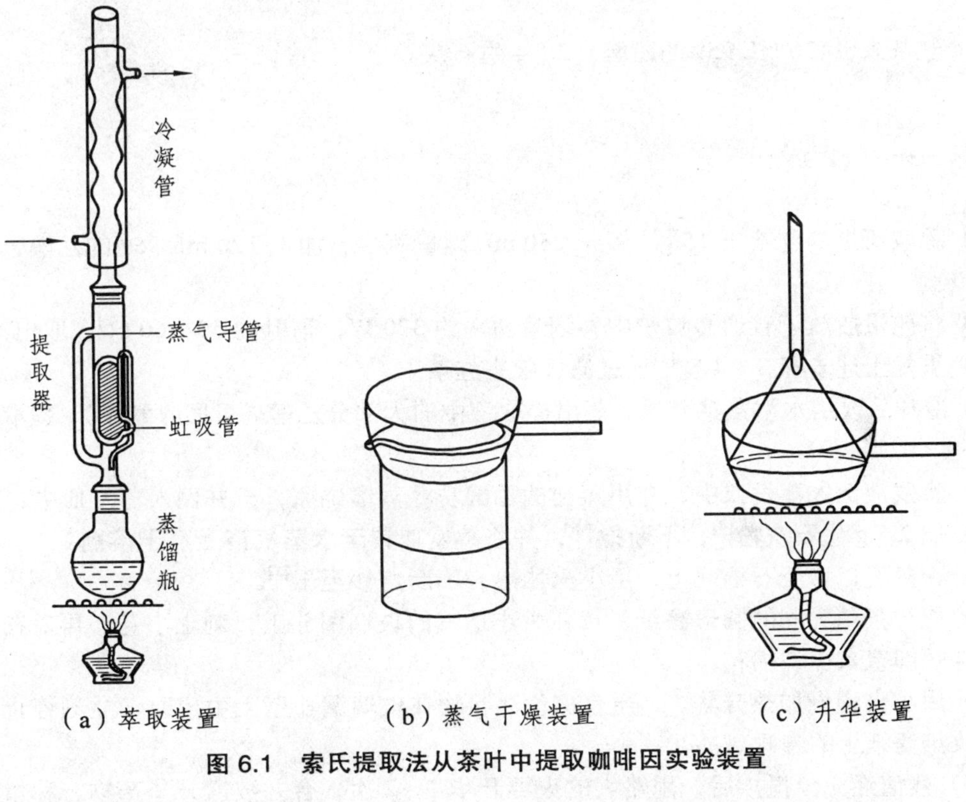

（a）萃取装置　　（b）蒸气干燥装置　　（c）升华装置

图 6.1　索氏提取法从茶叶中提取咖啡因实验装置

纯粹咖啡因的熔点为 234.5 °C。

本实验约需 4～6 h。

【注释】

[1]　脂肪提取器的虹吸管极易折断，装置仪器和取拿时必须特别小心。

[2]　滤纸套大小既要紧贴器壁，又能方便取放，其高度不得超过虹吸管；滤纸包茶叶末时要严谨，防止漏出堵塞虹吸管；纸套上面折成凹形，以保证回流液均匀浸润被萃取物。

[3]　提取液颜色很淡时，即可停止提取。

[4] 注意烧瓶中乙醇不可蒸得太干，否则残液很黏，转移时损失较大。

[5] 生石灰起吸水和中和作用，以除去部分酸性杂质。

[6] 在萃取回流充分的情况下，升华操作是实验成败的关键。升华过程中，始终都需用小火间接加热。如温度太高，会使产物发黄（分解）。注意温度计应放在合适的位置，正确反映出升华的温度。

如无砂浴，也可用简易空气浴加热升华，即将蒸发皿底部稍离开石棉网进行加热，并在附近悬挂温度计指示升华温度。

实验方法（二）微波辐射法[1]

三、实验试剂

15 g 红茶末，120 mL 95%的乙醇，2.5 g 生石灰。

四、实验步骤

(1) 称取研细的红茶末 15 g，置于 250 mL 碘量瓶中，加入 120 mL 95%的乙醇，放入沸石 2～3 粒。

(2) 将碘量瓶放于普通微波炉中，调节功率约 320 W，辐射约 50～60 s[2]，取出冷却。

(3) 重复上述步骤 3～4 次[3]，过滤，除去红茶末。

(4) 冷却后改用水浴蒸馏装置，蒸出提取液中的大部分乙醇（可回收利用），提取液的残液为 5～8 mL。

(5) 将残液倒入蒸发皿中，并用蒸出的乙醇洗涤蒸馏烧瓶，一并倒入蒸发皿中。

(6) 加 2.5 g 生石灰粉[4]，不断搅拌，并将蒸发皿置于水蒸气浴上蒸干溶剂。

(7) 将蒸发皿移至石棉网上，用小火加热，不断焙炒至干[5]。

(8) 取一张稍大些的圆形滤纸，罩在大小适宜的玻璃漏斗上，刺上小孔，再盖在蒸发皿上，漏斗颈部塞入少许棉花。

(9) 用小火慢慢加热升华[6]，当有棕色油状物在玻璃漏斗壁上生成时，立刻停止加热，冷却，收集滤纸上的咖啡碱晶体。

(10) 残渣经充分搅拌后，用略大的火再升华 1～2 次，合并数次升华产物，称量，产量约 70～80 mg。咖啡碱为白色或略带微黄色的针状晶体，m.p. 238 °C

五、思考题

(1) 脂肪萃取器的萃取原理是什么？它比一般浸泡萃取有哪些优点？

(2) 从茶叶中提取的咖啡因有时带有绿色光泽，为什么？

(3) 生石灰的作用是什么？

(4) 本实验进行升华操作时，应注意什么？

(5) 升华装置中，为什么要在蒸发皿上覆盖刺有小孔的滤纸 ，漏斗颈为什么塞棉花？

【注释】

[1] 微波萃取法比其他方法所需的实验时间可缩短 2 h 左右。

[2] 微波辐射时间以不使溶液暴沸冲出为原则。

[3] 重复微波辐射要先冷却。

[4] 生石灰起中和作用，以除去丹宁酸等酸性物质。

[5] 若残留少量水分，下一步升华开始时会在漏斗壁上呈现水珠。若有此现象，则应撤去火源，迅速擦去水珠，然后继续升华。

[6] 升华操作直接影响产物的质量与产量，升华的关键是控制温度。温度过高，将导致被烘物冒烟碳化，或产物变黄，造成损失。

实验 33 橘皮中果胶的提取

一、实验目的

(1) 通过对橘皮中果胶的提取，掌握天然产物的提取技术。

二、实验类型

设计实验，2 人/组。

三、实验要求

学生查阅资料，自己设计橘皮中果胶提取的实验方案。

四、实验学时

8～12 学时。

五、参考实验步骤

(1) 原料预处理：称取新鲜柑橘皮 40 g（干晶为 8 g）用清水洗净以后，放入 500 mL 烧杯中，加 120 mL 水，加热至 90 °C，保持 10 min，使酶失活，用水冲洗后切成 3～5 mm 大小的颗粒，用 50 °C 左右的热水漂洗，直至水为无色，果皮无异味为止，每次漂洗必须把果皮用尼龙布挤干，再进行下一次漂洗。

（2）酸水解萃取：将预处理过的果皮粒放入烧杯中，加 0.25%盐酸约 120 mL，以浸没果皮为度，pH 调节在 2.0～2.5 之间，加热至 90 °C，煮 45 min，趁热用尼龙布（100 目）或四层纱布过滤。

（3）脱色：在滤液中加入 0.5%的活性炭于 80 °C 加热 20 min 进行脱色和除异味，趁热抽滤，如抽滤困难可加入 2%～4%的硅藻土做助滤剂，若柑橘皮漂洗干净，萃取液清澈透明，则不用脱色。

（4）沉淀：待萃取液冷却后，用稀氨水调节至 pH 为 3～4，在不断搅拌下加入 95% 乙醇，加入乙醇的量约为原体积的 1.3 倍，使酒精浓度达 50%～60%，可用酒精计测定，静置 10 min。

（5）过滤，洗涤，烘干：用尼龙布过滤，果胶用 95%乙醇洗涤两次，在 60～70 °C 烘干。

实验 34　室内空气质量的检测

一、实验目的

（1）了解甲醛等室内污染源的危害及防治。

（2）对实际建筑物的室内空气质量进行检测，主动学会使用各种室内检测仪器，并根据国家标准，分析室内空气质量是否符合国家标准。

二、实验原理

甲醛在世界范围内被大规模地运用于生产、生活中。我国目前甲醛的年产量、使用量与美国相当，但生产厂家是美国的近 3 倍，生产规模小、工艺落后，出现的甲醛职业危害也非常广泛，如塑料和涂料的制造、木材、纺织物和工业化学品的生产。通常情况下，包括车辆气体排放，夹层板和类似的建筑材料、地毯、油漆和清漆、食物和烹饪、烟草烟等都含有大量的甲醛。

虽然国家《室内空气质量》和《民用建筑室内环境污染控制规范》规定每立方米室内空气中甲醛释放量不得大于 0.1 和 0.08 mg 标准，但在实际生活中，仅在北京地区千户新装修家庭的抽检中，就显示甲醛超标率达 60%以上。国内很多装修家庭中，甲醛这一问题在很大程度上未引起消费者的充分关注。对于普通老百姓来讲，在人们最常接触的家装材料里，质量不好的复合地板、做家具的大芯板、胶合板、刨花板、密度板、涂墙和家具的涂料和墙纸等都可能含有大量有害的甲醛，而且这些材料里的甲醛能持续释放 3～15 年。业内人士指出，只要有家装，就会有装修污染。由于技术、工艺难题，在 10 年内还无法生产出不含甲醛的人造板，这个问题不仅在我国存在，在许多发达国家和地区如日本、美国、加拿大、欧洲都普遍存在，是一个世界性难题。另外，在日本、加拿大、美国等地，治理室内甲醛污染的产品也是近年才开始兴起的。环保专家指出，继“煤烟型”“化学烟雾型”污染后，现代人正进入以“室内装修污染”为标志的第三污染时期。

人们大部分时间处于室内，室内空气质量直接影响人们的身体健康。当前，室内空气污染已成为社会关注的热点问题，醛（HCHO）含量高低是室内空气质量（IAQ）好坏的重要指标。

三、教学内容

(1) 该实验为设计性试验，它综合运用了国家标准《室内空气质量标准》、建筑环境学中的相关知识。要求学生设计室内测点，自选测量仪器，在实验室教师的指导下进行实验设计。

(2) 结合现场情况，选取符合国家标准的测量点。

(3) 结合现场情况，选取测量的项目。

(4) 结合仪器说明书，在教师指导下，进行数据测量。

(5) 结合国家标准，分析测量结果。

四、实验类型

设计实验，2 人/组。

五、实验要求

查阅资料，自己设计室内空气质量检测的实验方案。

六、实验学时

8～12 学时。

实验 35 农药残留的检测

一、实验目的

(1) 了解农药残留的危害及预防方法。

（2）通过对食品、中药中农药残留的检测，主动学会使用农药残留检测仪器，并根据国家标准，分析农药残留是否符合国家标准。

二、实验原理

自从人类大量使用化学农药以后，各种农副产品（指各种农作物产品及畜禽鱼奶蛋类）的农药残留问题越来越突出，对人体健康带来了直接或间接的危害。农药残留来源主要有以下三种：

（1）使用农药对作物的直接污染。农田施药后，药剂可能黏附于作物表皮，也可能渗透到作物组织内部并输送到全株，经过一定时间，这些农药将逐渐被降解消失。但如果药剂性能稳定，即可长期残留在植物体内。渗透强的农药不仅残留量大，污染程度也很大，可直达果实内层。用药次数多、用药量大或用药时间间隔短，产品残留量就会增大。

（2）作物从污染环境中对农药的吸收。在农田施药过程中，直接降落在作物上的药量只占一小部分，大部分则散落在土壤中，或飘浮在空气里，或被水流冲刷到塘、湖和河流中，造成了严重的环境污染，有些农药在土壤中残存几年甚至十几年，作物从根部吸收或叶片代谢吸收空气中残留的药剂或用被污染的水源灌溉作物，都会引起农药残留量增大。

（3）由于食物链的作用，农药在生物体内聚集。畜禽鱼类体内农药残留主要是食取大量被农药污染的饲料，造成体内农药聚集。

在中药材的种植中，往往也使用一些农药，包括杀虫剂、杀菌剂、除草剂、生长调节剂等。其中有些农药如六六六、DDT 等，由于其化学性质稳定，在环境中降解缓慢，且脂溶性强，易于在生物体内富聚，而具有惊人的残留毒性。农药对人体的急性毒性一般在中药残留中较少发现，但长期使用农药残留量高的中药对人体的危害将是巨大的，主要有神经毒性、致癌、致畸等。为了最好地控制中药饮片和中成药的质量，让病人吃上放心的“绿色”中药，近年来中药中农药残余量的检测技术得到了迅猛发展。

三、教学内容

（1）该实验为设计性试验。要求学生设计方案，在实验室教师的指导下进行实验设计。

（2）结合仪器说明书，在教师指导下，进行数据测量。

（3）结合国家标准，分析测量结果。

四、实验类型

设计实验，2 人/组。

五、实验要求

查阅资料，自己设计农药残留检测的实验方案。

六、实验学时

8～12 学时。

附　录

附录 A　常用的物理常数

表 A.1　常用元素相对原子质量

元素		相对原子质量	元素		相对原子质量
名称	化学符号		名称	化学符号	
银	Ag	107.87	锂	Li	6.941
铝	Al	26.98	镁	Mg	24.31
硼	B	10.81	锰	Mn	54.938
钡	Ba	137.34	钼	Mo	95.94
溴	Br	79.904	氮	N	14.007
碳	C	12.00	钠	Na	22.99
钙	Ca	40.08	镍	Ni	58.71
氯	Cl	35.15	氧	O	15.999
铬	Cr	51.996	磷	P	30.97
铜	Cu	63.54	铅	Pb	207.19
氟	F	18.998	钯	Pd	106.4
铁	Fe	55.847	铂	Pt	195.09
氢	H	1.008	硫	S	32.064
汞	Hg	200.59	硅	Si	28.088
碘	I	126.904	锡	Sn	118.69
钾	K	39.10	锌	Zn	65.37

表 A.2　常用有机溶剂的沸点、密度

名　称	沸点/°C	熔点/°C	密度（d_4^{20}）/（g/cm^3）	折光率（n_D^{20}）
甲　醇	64.96	−97.7	0.791 4	1.328 4
乙　醇	78.5	−114.5	0.789 3	1.361 4
乙　醚	34.51	−116.3	0.713 78	1.352 4

续表　A.2

名　称	沸点/°C	熔点/°C	密度（d_4^{20}）/（g/cm³）	折光率（n_D^{20}）
丙　酮	56.2	−94.7	0.789 9	1.358 7
乙　酸	117.9	16.7	1.049 2	1.371 9
乙酸酐	139.55	−73.1	1.082 0	1.390 4
乙酸乙酯	77.06	−83.55	0.900 3	1.372 4
二氧六环	101.1	11.8	1.032 9	1.417 5
苯	80.1	5.5	0.878 65	1.501 1
甲　苯	110.6	−95	0.866 9	1.496 9
氯　仿	61.7	−63.5	1.483 2	1.445 9
四氯化碳	76.54	−23	1.594 0	1.460 7
二硫化碳	46.25	−111.6	1.263 2	1.627 5
硝基苯	210.8	5.8	1.203 7	1.556 2
正丁醇	117.25	−90.2	0.809 8	1.399 3

表 A.3　水的蒸气压（0～100 °C）

t/°C	p/mmHg*	t/°C	p/mmHg	t/°C	p/mmHg	t/°C	p/mmHg
0	4.579	15	12.788	30	31.824	85	433.6
1	4.926	16	13.634	31	33.695	90	525.76
2	5.294	17	14.530	32	35.663	91	546.05
3	5.685	18	15.477	33	37.729	92	566.99
4	6.101	19	16.477	34	39.898	93	588.60
5	6.543	20	17.535	35	42.175	94	610.90
6	7.013	21	18.650	40	55.234	95	633.90
7	7.513	22	19.827	45	71.88	96	657.62
8	8.045	23	21.068	50	92.51	97	682.07
9	8.609	24	22.377	55	118.04	98	707.27
10	9.209	25	23.756	60	149.38	99	733.24
11	9.844	26	25.209	65	187.54	100	760.00
12	10.518	27	26.739	70	233.7		
13	11.231	28	28.349	75	289.1		
14	11.987	29	30.043	80	355.1		

* 1 mmHg≈133 Pa

附录B　危险化学药品的使用与保存

化学工作者经常使用各种各样的化学药品进行工作。根据常用的一些化学药品的危险性，大体可将它们分为易燃、易爆和有毒三类，现分述如下。

一、易燃化学药品

（1）可燃气体：氢、乙胺、氯乙烷、乙烯、煤气、氢气、硫化氢、甲烷、氯甲烷、二氧化硫等。

（2）易燃液体：汽油、乙醚、乙醛、二硫化碳、石油醚、苯、甲苯、二甲苯、丙酮、乙酸乙酯、甲醇、乙醇等。

（3）易燃固体：红磷、三硫化二磷、萘、镁、铝粉等。黄磷为自燃固体。

从以上可以看出，大部分有机溶剂均为易燃物质，若使用或保管不当，极易引起燃烧事故，故需特别注意，有关注意事项。本书实验室一般知识部分及有关章节已经叙述。

二、易爆化学药品

气体混合物的反应速率随成分而异，当反应速率达到一定限度时，即会引起爆炸（易燃气体爆炸极限见表 1.2）。

经常使用的乙醚，不但其蒸气能与空气或氧混合，形成爆炸混合物，放置过久的乙醚被氧化生成的过氧化物在蒸馏时也会引起爆炸。此外四氢呋喃等环醚亦会因产生过氧化物而引起爆炸。

一般说来，易爆物质大多含有以下结构或官能团：

—O—O—　臭氧、过氧化物

—O—Cl　氯酸盐、高氯酸盐

═N—Cl　氮的氯化物

—N═O　亚硝基化合物

—N═N—　重氮及叠氮化合物

—N═C　雷酸盐

—NO_2　硝基化合物（三硝基甲苯、苦味酸盐）

—C≡C—　乙炔化合物（乙炔金属盐）

自行爆炸的有：高氯酸铵、硝酸铵、浓高氯酸、雷酸汞、三硝基甲苯……

混合发生爆炸的有：

（1）高氯酸＋酒精或其他有机物；

（2）高锰酸钾＋甘油或其他有机物；

（3）高锰酸钾＋硫酸或硫；

（4）硝酸＋镁或碘化氢；

（5）硝酸铵＋酯类或其他有机物；

（6）硝酸铵＋锌粉＋水；

(7) 硝酸盐＋氯化亚锡；

(8) 过氧化物＋铝＋水；

(9) 硫＋氧化汞；

(10) 金属钠或钾＋水。

氧化物与有机物接触，极易引起爆炸。在使用浓硝酸、高氯酸及过氧化氢等时，必须特别注意。

防止爆炸除本书第 1 章已叙述的知识外，还必须注意以下几点：

(1) 进行可能爆炸的实验，必须在特殊设计的防爆炸地方进行；使用可能发生爆炸的化学药品时，必须做好个人防护，戴面罩或防护眼镜，在不碎玻璃通风橱中进行操作并尽量减少药品用量或浓度，进行小量试验。对不了解性能的实验，切勿大意。

(2) 苦味酸必须保存在水中，某些过氧化物（如过氧化苯甲酰）必须加水保存。

(3) 易爆炸烈酒必须妥善处理，不得任意乱丢。

三、有毒化学药品

我们日常接触的化学药品，有的有剧毒，使用时必须十分谨慎；有的药品长期接触或接触过多，也会引起急性或慢性中毒，影响健康。但只要掌握使用毒物的规则和防护措施，则可避免或把中毒机会减少到最低程度，并且培养敢于使用毒物的素养和勇气。

有毒化学药品通常由下列途径侵入人体：

(1) 由呼吸道侵入。故有毒实验必须在通风橱内进行，并经常注意室内空气流畅。

(2) 由皮肤黏膜侵入。眼睛的角膜对化学药品非常敏感，故进行实验时，必须戴防护眼镜；进行实验操作时，注意勿使药品直接接触皮肤，手或皮肤有伤口时更须特别小心。

(3) 由消化道侵入。这种情况不多，为防止中毒，任何药品不得用口尝味，严禁在实验室用食，实验结束后必须洗手。

1. 有毒气体

溴、氯、氟、氢氰酸、氟化氢、溴化氢、碘化氢、二氧化硫、硫化氢、光气、氨、一氧化碳等均为窒息性或具刺激性气体。在使用以上气体或进行有以上气体产生的实验，必须在通风良好的通风橱中进行，并设法吸收有毒气体，减少环境污染。若遇大量有害气体逸至室内，应立即关闭气体发生装置，迅速停止实验，关闭火源、电源，离开现场。若发生伤害事故，应视情况及时加以处理。

2. 强酸和强碱

硝酸、硫酸、盐酸、氢氧化钾等均刺激皮肤，有腐蚀作用，造成化学烧伤。吸入强酸烟雾，刺激呼吸道，使用时应加倍小心，并严格按规定的操作进行。

3. 无机化学药品

(1) 氰化物及氢氰酸：毒性极强、致毒作用极快，空气中氰化氢含量达 0.03%，数分钟内即可致人死亡，使用时须特别注意。氰化物必须密封保存；要有严格的领用保管制度，取用时必须戴口罩、防护眼镜及手套，手上有伤时不得进行使用氰化物的实验；研碎氰化物时，必须用有盖研体，在通风橱内进行（不抽风）；使用过的仪器、桌面均须立即收拾，用水冲净；手及脸也应仔细洗净；实验服可能污染，必须及时换洗。

（2）汞：室温下即能蒸发，毒性极强，导致急性或慢性中毒。使用时必须注意室内通风；提纯或处理必须在通风橱内进行；如果泼翻，可用水泵减压收集尽可能收集完全，无法收集的细粒，可用硫黄粉、锌粉或三氯化铁溶液清除。

（3）溴：液溴可致皮肤烧伤，蒸气刺激黏膜，甚至可使眼睛失明。应用时必须在通风橱中进行；盛溴的玻璃瓶须密塞后放在金属罐中，妥善存放，以免撞倒或打翻；若泼翻或打破，应立即用砂掩盖；若皮肤灼伤立即用稀乙醇洗或足量甘油按摩，然后涂以硼酸、凡士林。

（4）金属钠、钾：遇水即发生燃烧爆炸，使用时须小心。钠、钾应保存在液体石蜡或煤油中，装入铁罐中盖好，放在干燥处。

4. 有机化学药品

（1）有机溶剂：有机溶剂均为脂溶性液体，对皮肤黏膜有刺激作用，对神经系统有选择作用。例如，苯不但刺激皮肤，易引起顽固湿疹，对造血系统、中枢神经系统均有严重损害。再如，甲醇对视神经特别有害。在条件许可的情况下，最好用毒性较低的石油醚、醚、丙酮、甲苯、二甲苯代替二硫化碳、苯和卤代烷类。

（2）硫酸二甲酯：吸入及皮肤吸收均可中毒，且有潜伏期，中毒会感到呼吸道灼痛，对中枢神经影响大，滴在皮肤上能引起皮肤坏死、溃疡，恢复慢。

（3）芳香硝基化合物：化合物所含硝基越多毒性越大，在硝基化合物中增加氯原子，也将增加毒性。此类化合物的特点是能迅速被皮肤吸收，中毒后引起顽固性贫血及黄疸病，刺激皮肤引起湿疹。

（4）苯酚：能够灼伤皮肤，引起坏死或皮炎，不慎沾染时应立即用温水及稀酒精洗。

（5）生物碱：大多数具强烈毒性，皮肤也可吸收，少量可导致危险中毒甚至死亡。

（6）致癌物：很多烷基化剂长期摄入体内有致癌作用，应予注意，其中包括硫酸二甲酯、对甲苯磺酸甲酯，*N*-甲基-*N*-亚硝基脲、亚硝基二甲胺、偶氮乙烷以及一些丙烯酯类等。一些芳香胺类，由于在肝脏中经代谢而生成 *N*-羟基化合物而具有致癌作用，其中包括 2-乙酰氨基芴、4-乙酰氨基联苯、2-乙酰氨基苯酚、2-萘胺、4-二甲氨基偶氮苯等。部分稠环芳香烃化合物，如 3, 4-苗并蒽、1, 2, 5, 6-二苯并蒽和 9-及 10-甲基-1, 2-苯并蒽等都是致癌物，而 9, 10-二甲基-1, 2-苯并蒽则属于强致癌物。

使用有毒药品时必须小心，了解其性质与使用方法。不要沾污皮肤、吸入蒸气及溅入口中。最好在通风橱内操作，必要时戴防护眼镜及手套，小心开启瓶塞或安瓿，以免破损散出。使用过的仪器应立即冲洗干净，残渣废料丢在废物缸内。经常保持实验室及台面整洁，也是避免发生事故的重要措施。实验结束后必须养成洗手的习惯，手上抹少许油脂，保持皮肤润滑，对保护皮肤也很有好处。

参 考 文 献

[1] 兰州大学、复旦大学有机化学教研室. 有机化学实验[M]. 2 版. 北京:高等教育出版社，1994.

[2] 李兆陇，阴金香，林天舒. 有机化学实验[M]. 北京：清华大学出版社，2003.

[3] 黄涛. 有机化学实验[M]. 3 版. 北京：高等教育出版社，1998.

[4] 张枫，邹静恂. 基础化学实验（Ⅱ）[M]. 北京：化学工业出版社，2004.

[5] 李艳军，付磊 ，刘兴重，等. 有机化学实验[M]. 北京：高等教育出版社，2005.

[6] 曾昭琼. 有机化学实验[M]. 北京：高等教育出版社，2004.